Günther Stelzner

AF514069

Zur Modellierung und Simulation biomechanischer Mehrkörpersysteme

Universität Karlsruhe (TH)

Schriftenreihe des Instituts für Technische Mechanik

Band 11

Zur Modellierung und Simulation biomechanischer Mehrkörpersysteme

von
Günther Stelzner

universitätsverlag karlsruhe

Dissertation, Universität Karlsruhe (TH)
Fakultät für Maschinenbau
Tag der mündlichen Prüfung: 06.03.2008
Referent: Prof. Dr.-Ing. Wolfgang Seemann
Korreferent: Prof. Dr. Hermann Schwameder

Impressum

Universitätsverlag Karlsruhe
c/o Universitätsbibliothek
Straße am Forum 2
D-76131 Karlsruhe
www.uvka.de

Universitätsverlag Karlsruhe 2009
Print on Demand

ISSN: 1614-3914
ISBN: 978-3-86644-340-2

Vorwort

Die vorliegende Arbeit entstand während meiner Tätigkeit als wissenschaftlicher Mitarbeiter am Institut für Technische Mechanik der Universität Karlsruhe (TH).

Herrn Prof. Dr.-Ing. Wolfgang Seemann danke ich herzlich für die wissenschaftliche Betreuung, die Übernahme des Hauptreferates und ganz besonders für das mir entgegengebrachte Vertrauen und wohlwollende Förderung.

Herrn Prof. Dr. Hermann Schwameder vom Institut für Sport und Sportwissenschaft der Universität Karlsruhe (TH) danke ich für die Übernahme des Korreferates und das entgegengebrachte Interesse. Dem Vorsitzenden des Prüfungsausschusses, Herrn Prof. Dr.-Ing. Martin Gabi vom Fachgebiet Strömungsmaschinen der Universität Karlsruhe (TH) gilt ebenfalls mein Dank.

Besonderer Dank gilt Herrn Prof. Dr.-Ing. Dr.h.c. Jörg Wauer für seine stets engagierte Unterstützung und die über die Mechanik hinausgehenden wertvollen Ratschläge. Seine gründliche Durchsicht der Arbeit und seine stets förderlichen Diskussionsbeiträge trugen wesentlich zum Gelingen dieser Arbeit bei.

Ebenfalls danke ich Prof. Dr.-Ing. Dr.h.c. Jens Wittenburg für die wissenschaftliche Begleitung und seine stete Diskussionsbereitschaft. Den Herren Prof. Dr.-Ing. Walter Wedig und Prof. Dr.-Ing. Carsten Proppe gilt ebenfalls meinen Dank für das mir entgegengebrachte Vertrauen und die stets angenehme Zusammenarbeit.

Mein herzlicher Dank gilt allen Mitarbeiterinnen und Mitarbeitern des Instituts für Technische Mechanik, die nicht nur die hier vorliegende Arbeit sondern insbesondere auch meine Zeit am ITM geprägt haben. Es sind die individuellen Beiträge zu einer angenehmen Arbeitsatmosphäre, die dem beruflichen Alltag am Institut eine menschliche Note verleihen.

Für die angenehme Zusammenarbeit im Rahmen des SFB gilt auch den Kollegen vom Institut für Sport und Sportwissenschaft und Institut für Algorithmen und Kognitive Systeme der Universität Karlsruhe (TH) ein herzliches Dankeschön.

Meinen Eltern Helene und Eugen, meinem Großonkel Josef, meiner Schwester Henriette sowie meiner lieben Nicole danke ich von tiefstem Herzen für ihre Unterstützung.

Karlsruhe, im November 2008
Günther Stelzner

Inhaltsverzeichnis

Einleitung

Im Jahre 2001 wurde an der Universität Karlsruhe der Sonderforschungsbereich 588 *Humanoide Roboter - Lernende und kooperierende multimodale Roboter* ins Leben gerufen. Ziel des Projektes ist die Entwicklung eines humanoiden Roboters, der seinen Arbeitsraum mit dem Menschen teilt. Die Modellierung und Simulation der verschiedenen mechatronischen und biomechanischen Systeme ist einer der Schwerpunkte des Sonderforschungsbereichs. Die Einsatzgebiete für die Simulation sind dabei sehr vielfältig und erfordern die Entwicklung von problemspezifischen Modellen, welche die wesentlichsten Effekte abbilden können. Dies ermöglicht den Projektpartnern die effiziente Entwicklung, Auslegung und Erprobung von Roboterkomponenten, lange bevor die echte Hardware vorhanden ist.

Die vorliegende Arbeit ist im Rahmen des Teilprojektes M4 innerhalb des Sonderforschungsbereichs entstanden. Um die Grundidee erfolgreich zu verwirklichen, Serviceroboter mit humanoider Gestalt und Kinematik zu entwickeln, müssen die als Vorbild dienenden Basisbewegungen des Menschen untersucht und verstanden werden. Dazu sollen die im Rahmen dieser Arbeit entstandenen Methoden, Modelle und Werkzeuge einen Beitrag leisten. Eine wesentliche Aufgabe bestand demnach in der Entwicklung von Simulationsmodellen für realitätsnahe Simulationen der Kinematik und Dynamik von Mensch und Roboter. Um dabei die Effizienz der Simulationsmodelle zu gewährleisten, wurden geeignete Methoden und Verfahren der rechnergestützten Mechanik analysiert, ausgewählt und implementiert. In diesem Zusammenhang ist im Rahmen dieses Teilprojektes eine Simulationsumgebung in Form einer Matlab-Toolbox entstanden, die zur Modellierung und Simulation mechatronischer und biomechanischer Starrkörpersysteme dient. Sie beinhaltet auch projektübergreifende Menschmodelle des Sonderforschungsbereichs sowie weitere Mensch- und Robotermodelle in verschiedenen Detailstufen.

Motivation und Thema der Arbeit

Die vorliegende Arbeit ist durch Problemstellungen motiviert, die im Rahmen der Arbeiten am Sonderforschungsbereich 588 entstanden sind. Sie gliedert sich in zwei große Themenbereiche. Den ersten Schwerpunkt bilden computergestützte Modellierungsmethoden für Starrkörpersysteme. Hierbei werden die theoretischen Grundlagen eingeführt, die als Basis für die vorliegende Arbeit dienen. Der zweite Themenkomplex widmet sich der Modellierung der Kinematik und Dynamik des Menschen und der Übertragung von experimentell ermittelten Bewegungen des Menschen auf technisch realisierbare Starrkörpersysteme. In diesem Zusammenhang ist die Entwicklung von Simulationsmodellen des Menschen ein wesentliches Ziel der Arbeit.

Im Hinblick auf die detaillierte Nachbildung des menschlichen Bewegungsapparates ist eine gesonderte Behandlung seiner Kinematik notwendig. Die äußerst komplizierten Gelenke des Menschen können nur teilweise durch ideale Standardgelenke modelliert werden. Aus diesem Grund liegt dabei das Hauptaugenmerk auf einer geeigneten Formulierung der Gelenkkinematik im Zusammenspiel mit einer rekursiven Methode zur Generierung der Bewegungsgleichungen. Ein wichtiges Ziel dabei ist, verschiedene Ansätze aus dem Bereich der Mehrkörperdynamik mit einander zu kombinieren und diese auf eine gemeinsame Grunddarstellung zurückzuführen. Die vorliegende Arbeit widmet sich daher zunächst den dazu notwendigen theoretischen Grundlagen, wobei eine rein numerische Implementierung stets im Vordergrund steht.

Im Hinblick auf die Analyse von Basisbewegungen des Menschen und deren Übertragung auf technische Robotersysteme werden im Rahmen dieser Arbeit zwei unterschiedliche Ansätze verfolgt. Sie haben jedoch beide das gemeinsame Ziel, nämlich die Übertragung von experimentell ermittelten Bewegungen des Menschen auf Starrkörpersysteme. Ausgangspunkt bilden stets die im Rahmen des Sonderforschungsbereichs durchgeführten Messungen (Teilprojekt M3) mit Hilfe des optischen Motion-Capture-Systems *Vicon*. Dabei werden die absoluten Trajektorien anatomischer Punkte des Menschen (sog. Markerpunkte) mit Hilfe von Infrarotkameras ermittelt.

Der erste Ansatz im Hinblick auf die Untersuchung der menschlichen Bewegung verfolgt die Grundidee, die Messdaten mit Hilfe einer optimierungsbasierten inversen Kinematik auf vordefinierte Starrkörpermodelle zu übertragen. Dabei wurde die Methode sowohl auf detaillierte Menschmodelle als auch auf Robotermodelle mit deutlich weniger Freiheitsgraden erfolgreich angewendet. Dabei steht und fällt die Qualität und die Aussagekraft der Ergebnisse mit der Güte der zu Grunde gelegten Modelle. Deshalb wurden im Rahmen dieser Arbeit sowohl detaillierte Modelle des Menschen als auch Robotermodelle entwickelt und eingesetzt. Im Hinblick auf die Zahl der Körper und Freiheitsgrade, anthropometrische Daten, physiologische Gelenknachbildung und Reduktion auf ideale Gelenke, usw. waren zunächst wichtige Fragestellungen zu klären. Die in diesem Zusammenhang gewonnenen Erkenntnisse dienten als Ausgangspunkt für die Entwicklung detaillierter Menschmodelle. Dabei spielen neben den kinematischen Eigenschaften auch die dynamischen Größen eine wichtige Rolle. Damit liegt das Hauptaugenmerk nicht nur auf kinematischen Untersuchungen, sondern auch auf verschiedenen Problemstellungen im Hinblick auf die Dynamik dieser Systeme. Um den Anforderungen an Genauigkeit und Rechenzeit gerecht zu werden, werden problemangepasste Modelle mit unterschiedlicher Modellierungstiefe entwickelt und bereitgestellt. Dabei findet die Freiheitsgradreduktion grundsätzlich auf Modellierungsebene statt, ohne jedoch die wesentlichen Effekte zu beeinträchtigen.

Der zweite Ansatz verfolgt den Grundgedanken, aus den experimentell ermittelten Motion-Capture Daten direkt und ohne Modellinformationen zu Grunde zu legen, die kinematischen Zusammenhänge abzuleiten. Dabei werden zunächst einzelne Markerpunkte zu Starrkörpern zusammengefasst und aus deren Relativbewegung die passenden kinematischen Bindungen ermittelt. Das so erzeugte Starrkörpersystem stellt dabei eine gute Näherung des realen Systems dar, das der Messung zu Grunde gelegt wurde. Damit können die wichtigsten Charakteristiken der menschlichen Kinematik identifiziert und eine zur menschlichen Bewegung optimal passende Kinematik entworfen werden, wobei die humanoide Gestalt und Bewegungsfreiheit stets eine zwingende Rahmenbedingung darstellt.

Gliederung der Arbeit

Die vorliegende Arbeit gliedert sich in fünf Kapitel. Kapitel 1 beginnt mit den Grundlagen der Starrkörperkinematik, gefolgt von einer Einführung in die Kinematik von Starrkörperketten. Dabei erfolgt die Beschreibung der Kinematik von Starrkörpersystemen sowohl in Absolut- als auch in Minimalkoordinaten.

Ein wesentlicher Teil im Hinblick auf die Generierung von Bewegungsgleichungen für Starrkörpersysteme stellt Kapitel 2 dar. Es beschäftigt sich zunächst mit der Dynamik eines Starrkörpers, gefolgt von der Modellierung von Kraftelementen. Auf der Grundlage des Prinzips von d'Alembert in der Lagrange'schen Fassung erfolgt die Formulierung der Bewegungsgleichungen sowohl in Minimalkoordinaten als auch in überzähligen Absolutkoordinaten. Dabei wird kurz auf die Besonderheiten und auf die Problematik beider Formalismen eingegangen. Kapitel 2 schließt mit einer kurzen Diskussion der inversen Dynamik von allgemeinen Starrkörpersystemen.

Die inverse Kinematik und die Übertragung von gemessenen Bewegungen auf Starrkörpersysteme ist Thema des Kapitels 3. Dabei wird zunächst die inverse Kinematik von Starrkörperketten vor dem Hintergrund einer numerischen Umsetzung diskutiert. Das in dieser Arbeit angewendete Verfahren zur Übertragung einer gemessenen Bewegung auf Starrkörpermodelle wird im Anschluss dargestellt. Zwei Anwendungsbeispiele schließen Kapitel 3 ab.

Die Modellierung der menschlichen Kinematik ist Gegenstand des Kapitels 4 und soll einen Überblick über die im Rahmen dieser Arbeit entstandenen Menschmodelle liefern. Dabei liegt der Schwerpunkt auf der detaillierten Nachbildung der menschlichen Gelenkkinematik und deren Reduktion auf ideale Gelenke.

Im Hinblick auf Messung und Übertragung menschlicher Bewegungen auf Starrkörpersysteme lässt sich aus Sicht der Kinematik eine äußerst interessante Problemstellung formulieren. Ausgehend von den gemessenen Absolutkoordinaten ausgewählter Markerpunkte stellt sich die Frage nach der Reproduzierbarkeit des der Messung zu Grunde liegenden Systems. Mit anderen Worten: gesucht ist eine einfache Kinematik, die menschliche Bewegungsmuster möglichst gut abbilden kann. Dieser Fragestellung widmet sich Kapitel 5 und schließt mit einem Anwendungsbeispiel ab.

Der Anhang A liefert einen groben Überblick über die Eigenschaften und Funktionsumfang des Simulationswerkzeuges *MkdTools*. Dabei werden die wichtigsten Modellierungselemente erläutert, und es wird kurz auf die Bedienung eingegangen. Die in den Kapiteln 1, 2 und 3 dargestellten Methoden können dabei als eine Zusammenfassung der theoretischen Grundlagen verstanden werden, die in *MkdTools* Anwendung finden.

Anmerkungen zur Schreibweise

Matrizen

Matrizen der Dimension $n \times m$ werden mit fetten Großbuchstaben bezeichnet, wobei die Dimensionsangabe i.Allg. im Text erfolgt. Die skalare Größe M_{ij} kennzeichnet dabei den Eintrag in der i-ten Zeile und j-ten Spalte. Die Partitionierung einer Matrix $\mathbf{M}$ in zwei Teilmatrizen $\mathbf{A}$ und $\mathbf{B}$ wird über

$$\mathbf{M} = \begin{bmatrix} \mathbf{A} \\ \mathbf{B} \end{bmatrix} \text{ bzw. } \mathbf{M} = \begin{bmatrix} \mathbf{A} & \mathbf{B} \end{bmatrix}.$$

angedeutet. Die Transposition bzw. die Inversion der Matrix $\mathbf{M}$ wird über $\mathbf{M}^T$ bzw. $\mathbf{M}^{-1}$ gekennzeichnet. Ein $\mathbf{I}$ symbolisiert die Einheitsmatrix und $\mathbf{0}$ die Nullmatrix.

Koordinatensysteme

Ein Koordinatensystem (auch Bezugsystem oder Basis genannt) bezeichnet im Folgenden grundsätzlich ein kartesisches Koordinatensystem und wird mit $\mathcal{K}_i$ bezeichnet, wobei i den Koordinatenindex darstellt. In der vorliegenden Arbeit werden ausschließlich orthogonale, rechtshändige Systeme mit den Basisvektoren $\vec{e}_x$, $\vec{e}_y$, $\vec{e}_z$ verwendet. Ein Koordinatensystem $\mathcal{K}_i$ ist durch seinen Ursprung $\mathcal{O}_i$ und seine Basisvektoren vollständig bestimmt. Zur Unterscheidung wird das Bezugssystem basisbezogener Größen als Index rechts oben angegeben.

Vektoren

Physikalische Größen mit vektoriellem Charakter werden in dieser Arbeit grundsätzlich in der Koordinatenschreibweise dargestellt. Diese Schreibweise ist vor allem im Hinblick auf die numerische Auswertung von vektoriellen Beziehungen unerlässlich.

Jeder Vektor $\vec{r}$ lässt sich in Komponenten in Richtung der Basisvektoren $\vec{e}_x$, $\vec{e}_y$ und $\vec{e}_z$ eines orthogonalen, rechtshändigen Koordinatensystems $\mathcal{K}_i$ zerlegen. Für die Koordinaten des Vektors $\vec{r}$ gilt beispielsweise

$$r_x^i = \vec{r} \cdot \vec{e}_x, \quad r_y^i = \vec{r} \cdot \vec{e}_y, \quad r_y^i = \vec{r} \cdot \vec{e}_y.$$

Die Koordinaten des Vektors $\vec{r}$ werden zu dem Koordinatenvektor

$$\mathbf{r}^i = \begin{bmatrix} r_x^i \\ r_y^i \\ r_z^i \end{bmatrix}$$

zusammengefasst, der fett geschrieben wird. Der Koordinatenindex wird rechts oben angegeben und entfällt, wenn es sich um das Inertialsystem $\mathcal{K}_0$ handelt. Besteht kein Zweifel über das zu Grunde liegende Koordinatensystem, so wird auf die Angabe des Koordinatenindex ebenfalls verzichtet.

Ortsvektoren

Ortsvektoren sind im Folgenden immer bezüglich des Ursprungs zu verstehen. Somit stellt ein Ortsvektor im Gegensatz zu einem freien bzw. einem linienflüchtigen Vektor stets die Lage eines Punktes im dreidimensionalen Raum bezüglich des Referenzsystems dar und kann damit als Spaltenmatrix formuliert werden.

Skalar- und Vektorprodukt

Für das Skalarprodukt $c = \vec{a} \cdot \vec{b}$ zweier Vektoren $\vec{a}$ und $\vec{b}$ mit den Koordinatenvektoren $\mathbf{a}$ bzw. $\mathbf{b}$ bezüglich einer Basis $\mathcal{K}$ gilt

$$c = \mathbf{a}^T \mathbf{b} = \mathbf{b}^T \mathbf{a}.$$

Einem Koordinatenvektor $\mathbf{a} = \begin{bmatrix} a_x & a_y & a_z \end{bmatrix}^T$ lässt sich eindeutig eine schiefsymmetrische Matrix $\tilde{\mathbf{a}}$ zuordnen, wobei per Definition der Zusammenhang

$$\tilde{\mathbf{a}} = \begin{bmatrix} 0 & -a_z & a_y \\ a_z & 0 & -a_x \\ -a_y & a_x & 0 \end{bmatrix}$$

besteht. Damit gelingt die Darstellung des Kreuzprodukts $\vec{c} = \vec{a} \times \vec{b}$ zweier Vektoren in Koordinatendarstellung über die Beziehung

$$\mathbf{c} = \tilde{\mathbf{a}} \mathbf{b} = -\tilde{\mathbf{b}} \mathbf{a}.$$

Zeitliche Ableitung von Vektorkoordinaten

Sind die zeitlich veränderlichen Koordinaten eines Vektors

$$\mathbf{r}^i = \begin{bmatrix} r_x(t) & r_y(t) & r_z(t) \end{bmatrix}^T$$

bezüglich einem Bezugsystem $\mathcal{K}_i$ gegeben, so stellt

$$\dot{\mathbf{r}}^i = \begin{bmatrix} \frac{dr_x(t)}{dt} & \frac{dr_y(t)}{dt} & \frac{dr_z(t)}{dt} \end{bmatrix}^T = \begin{bmatrix} \dot{r}_x(t) & \dot{r}_y(t) & \dot{r}_z(t) \end{bmatrix}^T$$

die zeitliche Ableitung der Vektorkoordinaten bezüglich $\mathcal{K}_i$ dar.

Die Spezifikation der Basis, in der differenziert wird, ist bei Verwendung der Koordinatenschreibweise überflüssig. Ferner behält der Punktoperator seinen Charakter als zeitliche Ableitung.

Differentiation in Matrixschreibweise

Bezeichnet $\mathbf{q}$ die Spaltenmatrix von n skalaren Größen in der Form

$$\mathbf{q} = \begin{bmatrix} q_1 \\ \vdots \\ q_n \end{bmatrix},$$

so wird die partielle Ableitung einer skalaren Funktion $f(\mathbf{q})$ nach $\mathbf{q}$ als Zeilenmatrix

$$\frac{\partial f(\mathbf{q})}{\partial \mathbf{q}} = \begin{bmatrix} \frac{\partial f(\mathbf{q})}{\partial q_1} & \cdots & \frac{\partial f(\mathbf{q})}{\partial q_n} \end{bmatrix}$$

definiert. Entsprechend ergibt die partielle Ableitung einer Vektorfunktion

$$\mathbf{f}(\mathbf{q}) = \begin{bmatrix} f_1(\mathbf{q}) \\ \vdots \\ f_m(\mathbf{q}) \end{bmatrix}$$

die $m \times n$-Funktionalmatrix (Jacobi-Matrix)

$$\frac{\partial \mathbf{f}(\mathbf{q})}{\partial \mathbf{q}} = \mathbf{f_q} = \begin{bmatrix} \frac{\partial f_1(\mathbf{q})}{\partial q_1} & \cdots & \frac{\partial f_1(\mathbf{q})}{\partial q_n} \\ \vdots & \ddots & \vdots \\ \frac{\partial f_m(\mathbf{q})}{\partial q_1} & \cdots & \frac{\partial f_m(\mathbf{q})}{\partial q_n} \end{bmatrix}.$$

Kapitel 1

Kinematik

Ziel des Kapitels ist eine Einführung in die Kinematik von Starrkörpersystemen. Es soll zunächst die nötigen Grundlagen vermitteln und darf als Zusammenfassung der angewandten Methoden in dieser Arbeit verstanden werden. Eine Einführung in diesen Themenkomplex ist z.B. in [63] und [79] zu finden.

1.1 Allgemeine Bewegung

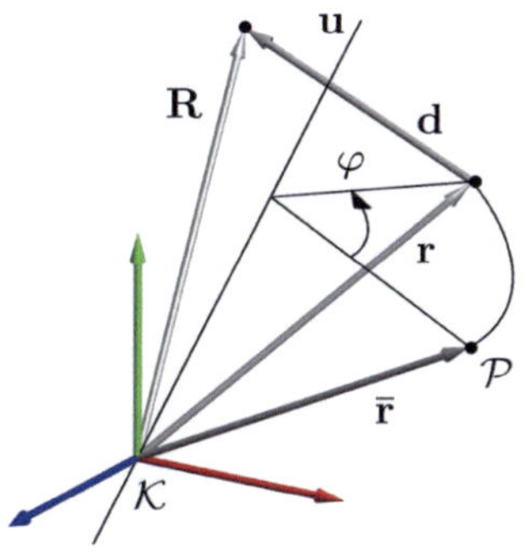

Abbildung 1.1: Allgemeine Bewegung im dreidimensionalen Raum

Gegeben sei ein kartesisches Koordinatensystem $\mathcal{K}$, das im Folgenden eine Basis für alle darin darzustellenden Vektoren bildet. Die Basisvektoren von $\mathcal{K}$ erfahren keine zeitliche Änderung und bilden demzufolge ein inertiales Koordinatensystem. Die Lage eines Punktes $\mathcal{P}$ in Bezug auf das Koordinatensystem $\mathcal{K}$ wird durch den Ortsvektor $\bar{\mathbf{r}}$ beschrieben (siehe Abbildung 1.1). Die allgemeine Bewegung im dreidimensionalen Raum setzt sich in Bezug auf das Koordinatensystem $\mathcal{K}$ aus einer Translation (Schiebung entlang des Vektors $\mathbf{d}$) und einer Rotation (Vektordrehung um die Achse $\mathbf{u}$ um den Winkel φ) zusammen [63, 79]. Dieser Sachverhalt lässt sich durch die matrizielle Beziehung

$$\mathbf{R} = \mathbf{A}\bar{\mathbf{r}} + \mathbf{d} \tag{1.1}$$

erfassen. Dabei bezeichnet $\mathbf{R}$ den Koordinatenvektor bezüglich $\mathcal{K}$ infolge der Translation und Rotation, $\mathbf{A}$ den sog. Drehtensor und $\mathbf{d}$ den Schiebevektor. Für eine reine Drehung ($\mathbf{d} = \mathbf{0}$) gilt für den Koordinatenvektor $\mathbf{r}$ des gedrehten Punktes $\mathcal{P}$

$$\mathbf{r} = \mathbf{A}\bar{\mathbf{r}}. \tag{1.2}$$

Die lineare Abbildung (1.2) stellt den Zusammenhang zwischen den Koordinaten des gedrehten Vektors $\mathbf{r}$ und den Koordinaten des ursprünglichen Vektors $\bar{\mathbf{r}}$ bezüglich des gemeinsamen Koordinatensystems $\mathcal{K}$ dar und wird auch als Vektordrehung bezeichnet. Abbildung 1.1 soll diesen Sachverhalt verdeutlichen.

Eigenschaften des Drehtensors

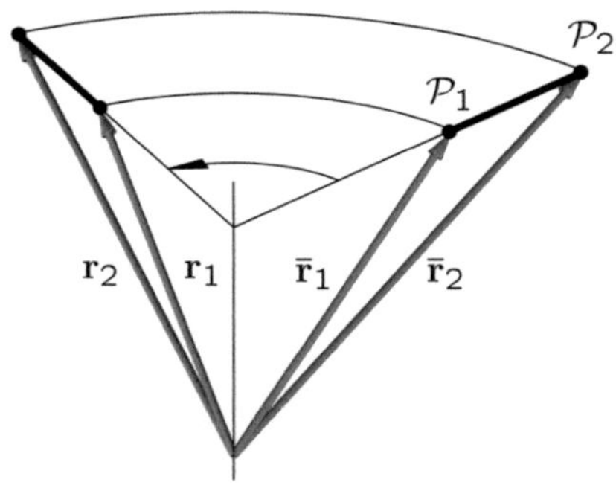

Abbildung 1.2: Starrkörperdrehung

Den folgenden Betrachtungen sei ebenfalls ein inertiales, kartesisches Koordinatensystem $\mathcal{K}$ zu Grunde gelegt. Gegeben seien die Koordinaten $\bar{\mathbf{r}}_1$ bzw. $\bar{\mathbf{r}}_2$ zweier körperfester Punkte $\mathcal{P}_1$ bzw. $\mathcal{P}_2$ eines Starrkörpers in $\mathcal{K}$. Eine Starrkörperdrehung gemäß Gleichung (1.2) in der Form

$$\mathbf{r}_1 = \mathbf{A}\bar{\mathbf{r}}_1 \text{ und } \mathbf{r}_2 = \mathbf{A}\bar{\mathbf{r}}_2 \tag{1.3}$$

muss die Starrkörperbedingung wahren, d.h. der Abstand beider Punkte bleibt unverändert. Diese Forderung lässt sich über die Beziehung

$$(\mathbf{r}_2 - \mathbf{r}_1)^T (\mathbf{r}_2 - \mathbf{r}_1) = (\bar{\mathbf{r}}_2 - \bar{\mathbf{r}}_1)^T \mathbf{A}^T\mathbf{A} (\bar{\mathbf{r}}_2 - \bar{\mathbf{r}}_1) \stackrel{!}{=} (\bar{\mathbf{r}}_2 - \bar{\mathbf{r}}_1)^T (\bar{\mathbf{r}}_2 - \bar{\mathbf{r}}_1) \tag{1.4}$$

ausdrücken. Die Gleichung (1.4) ist nur dann erfüllt, wenn

$$\mathbf{A}^T\mathbf{A} = \mathbf{I} \tag{1.5}$$

gilt. Eine Matrix die der Bedingung (1.5) genügt, heißt orthogonal. Daraus folgen die wichtigen Eigenschaften des Drehtensors [20, 79, 135]

$$\mathbf{A}^{-1} = \mathbf{A}^T \tag{1.6}$$

und

$$\det(\mathbf{I}) = \det\left(\mathbf{A}^T\mathbf{A}\right) = \det(\mathbf{A})^2 = 1, \tag{1.7}$$

was $\det(\mathbf{A}) = \pm 1$ zur Folge hat. Orthogonale Matrizen mit $\det(\mathbf{A}) = -1$ beschreiben Spiegelungen und werden im Folgenden nicht betrachtet. Gilt $\det(\mathbf{A}) = 1$, so beschreibt eine Beziehung in der Form $\mathbf{r} = \mathbf{A}\bar{\mathbf{r}}$ eine reine Drehung.

Satz von Cayley

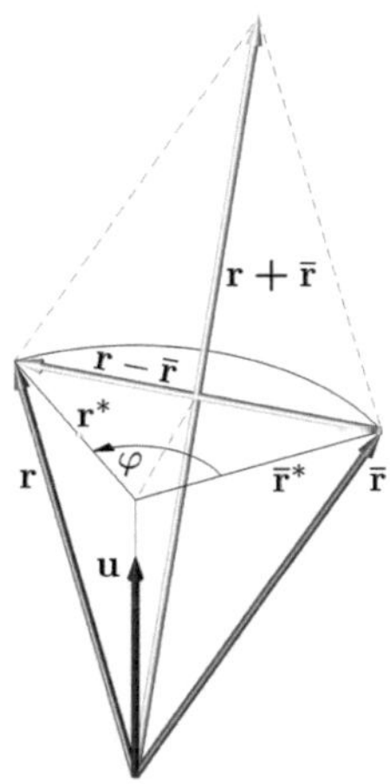

Abbildung 1.3: Zum Satz von Cayley

Geht man von einer Starrkörperdrehung in der Form (1.2) aus, so folgt aus der Bedingung $\mathbf{r}^T\mathbf{r} = \bar{\mathbf{r}}^T\bar{\mathbf{r}}$ die Orthogonalität der Vektoren $\mathbf{r} + \bar{\mathbf{r}}$ und $\mathbf{r} - \bar{\mathbf{r}}$, d.h. es gilt

$$(\mathbf{r} - \bar{\mathbf{r}})^T (\mathbf{r} + \bar{\mathbf{r}}) = 0. \tag{1.8}$$

Mit den Umformungen $\mathbf{r} + \bar{\mathbf{r}} = (\mathbf{A} + \mathbf{I})\,\bar{\mathbf{r}}$ und $\mathbf{r} - \bar{\mathbf{r}} = (\mathbf{A} - \mathbf{I})\,\bar{\mathbf{r}}$ ergibt sich aus Gleichung (1.8) der Zusammenhang

$$\mathbf{r} - \bar{\mathbf{r}} = (\mathbf{A} - \mathbf{I})\,(\mathbf{A} + \mathbf{I})^{-1}\,(\mathbf{r} + \bar{\mathbf{r}}). \tag{1.9}$$

Die Matrix

$$\mathbf{S} = (\mathbf{A} - \mathbf{I})\,(\mathbf{A} + \mathbf{I})^{-1} \tag{1.10}$$

hat nun die Eigenschaft, dass für einen beliebigen Vektor $\mathbf{x}$ die lineare Abbildung $\mathbf{Sx}$ zu dem Vektor selbst senkrecht steht. Der Satz von Cayley folgt aus Gleichung (1.10): jede eigentlich orthogonale Matrix $\mathbf{A}$ mit $\det(\mathbf{A}) = 1$ lässt sich in der Form

$$\mathbf{A} = (\mathbf{I} - \mathbf{S})^{-1}\,(\mathbf{I} + \mathbf{S}) \tag{1.11}$$

darstellen. Die schiefsymmetrische Matrix $\mathbf{S} = -\mathbf{S}^T$

$$\mathbf{S} = \begin{bmatrix} 0 & -s_3 & s_2 \\ s_3 & 0 & -s_1 \\ -s_2 & s_1 & 0 \end{bmatrix} \tag{1.12}$$

hat nur drei unabhängige Elemente, die zu einer Spaltenmatrix $\mathbf{s} = [\ s_1 \quad s_2 \quad s_3\ ]^T$ zusammengefasst werden. Die schiefsymmetrische Matrix $\mathbf{S}$ eines Vektors $\mathbf{s}$ wird üblicherweise mit $\tilde{\mathbf{s}}$ gekennzeichnet und vermittelt das Kreuzprodukt. Für einen beliebigen Vektor $\mathbf{x}$ besteht somit die nützliche Beziehung $\mathbf{S}\mathbf{x} = \tilde{\mathbf{s}}\mathbf{x} = \mathbf{s} \times \mathbf{x}$.

Mit $\mathbf{r} = \mathbf{r}^* + \mathbf{u}^T\mathbf{r}\mathbf{u}$, $\bar{\mathbf{r}} = \bar{\mathbf{r}}^* + \mathbf{u}^T\bar{\mathbf{r}}\mathbf{u}$, $\mathbf{u}^T\mathbf{r} = \mathbf{u}^T\bar{\mathbf{r}}$ und $\tilde{\mathbf{s}}\mathbf{u} = \mathbf{0}$ folgt aus $\mathbf{r} - \bar{\mathbf{r}} = \tilde{\mathbf{s}}\,(\mathbf{r} + \bar{\mathbf{r}})$ zunächst die Gleichung

$$\mathbf{r}^* - \bar{\mathbf{r}}^* = \tilde{\mathbf{s}}\,(\mathbf{r}^* + \bar{\mathbf{r}}^*) \quad \Leftrightarrow \quad |\mathbf{r}^* - \bar{\mathbf{r}}^*| = |\mathbf{s}|\,|\mathbf{r}^* + \bar{\mathbf{r}}^*|\,. \tag{1.13}$$

Aus geometrischen Überlegungen lässt sich eine Beziehung für den Winkel φ (siehe Abbildung 1.3)

$$\tan\left(\frac{\varphi}{2}\right) = \frac{|\mathbf{r}^* - \bar{\mathbf{r}}^*|}{|\mathbf{r}^* + \bar{\mathbf{r}}^*|} = \frac{|\mathbf{r} - \bar{\mathbf{r}}|}{|\mathbf{r} + \bar{\mathbf{r}} - \mathbf{u}^T\,(\mathbf{r} + \bar{\mathbf{r}})\,\mathbf{u}|} \tag{1.14}$$

angeben. Ein Vergleich mit (1.13) liefert den Betrag von $\mathbf{s}$

$$|\mathbf{s}| = \tan\left(\frac{\varphi}{2}\right). \tag{1.15}$$

Eine Drehung in der Form (1.2) kann folglich als eine Rotation um eine Achse $\mathbf{u}$ um einen Drehwinkel φ interpretiert werden. Für den Drehwinkel gilt die Beziehung (1.14) oder $\cos(\varphi) = \frac{1}{2}\,(Sp\mathbf{A} - 1)$, während die Drehachse durch den sog. Rodrigues-Vektor

$$\mathbf{s} = \tan\left(\frac{\varphi}{2}\right)\mathbf{u} \tag{1.16}$$

bestimmt wird. Abbildung 1.3 dient der Veranschaulichung dieses Sachverhalts [79].

1.1.1 Parametrisierung des Drehtensors

Die Orthogonalitätsbedingung $\mathbf{A}^T\mathbf{A} = \mathbf{I}$ des Drehtensors $\mathbf{A}$ impliziert sechs Bindungsgleichungen für deren neun Elemente. Dies hat zur Folge, dass nur drei von neun Elementen unabhängig sind. Eine minimale Parametrisierung wird demzufolge erreicht, wenn zur Beschreibung des Drehtensors mindestens drei Parameter zur Verfügung stehen. Aus den zahlreichen Möglichkeiten die Parametrisierung des Drehtensors durchzuführen, sollen hier nur die für diese Arbeit relevanten herausgegriffen werden [63, 79, 109, 135].

Parametrisierung mit drei Parametern: Rodrigues-Parameter

Eine minimale Parametrisierung wird z.B. durch die Rodrigues-Parameter erreicht. Mit dem Zusammenhang

$$\tilde{\mathbf{s}}\tilde{\mathbf{s}} = \mathbf{s}\mathbf{s}^T - \mathbf{s}^T\mathbf{s}\mathbf{I} \tag{1.17}$$

folgt aus Gleichung (1.11) die Darstellung des Drehtensors in Abhängigkeit der drei Rodrigues-Parameter in der Form

$$\mathbf{A} = \mathbf{I} + \frac{2\left(\tilde{\mathbf{s}} + \tilde{\mathbf{s}}\tilde{\mathbf{s}}\right)}{1 + \mathbf{s}^T\mathbf{s}}, \tag{1.18}$$

wobei $\mathbf{I}$ die 3×3 - Einheitsmatrix darstellt. Aus Gleichung (1.14) ist ersichtlich, dass für $\varphi = (2k+1)\pi, k = 0, 1, 2, ...$ der Rodrigues-Vektor nicht definiert ist.

Parametrisierung mit vier Parametern: Drehzeiger

Der Drehtensor $\mathbf{A}$ lässt sich anschaulich mit Hilfe des sog. Drehzeigers $\beta = \beta(\mathbf{u}, \varphi)$ darstellen. Betrachtet man eine Fixpunktdrehung im Sinne von (1.2), so stellt $\mathbf{u}$, $(\mathbf{u}^T\mathbf{u} = 1)$ die Drehachse und φ den Drehwinkel dar. Mit $\mathbf{s} = \tan\left(\frac{\varphi}{2}\right)\mathbf{u}$ folgt aus Gleichung (1.18) die Darstellung

$$\mathbf{A} = \mathbf{I} + \sin\varphi\tilde{\mathbf{u}} + (1 - \cos\varphi)\,\tilde{\mathbf{u}}\tilde{\mathbf{u}} = \cos\varphi\mathbf{I} + \sin\varphi\tilde{\mathbf{u}} + (1 - \cos\varphi)\,\mathbf{u}\mathbf{u}^T. \tag{1.19}$$

Parametrisierung durch 3 aufeinanderfolgende Drehungen

Eine Fixpunktdrehung der Form (1.2) lässt sich auch mit Hilfe von drei aufeinanderfolgenden Elementardrehungen um verschiedene Achsen darstellen. Aufgrund der Nichtkommutativität endlicher Drehungen sind nicht nur die Achsen anzugeben, sondern auch die Drehreihenfolge.

Kardan-Winkel

Mit Hilfe der Kardan-Winkel lässt sich der Drehtensor $\mathbf{A}$ durch drei aufeinanderfolgende Elementardrehungen um drei Achsen beschreiben, wobei die Reihenfolge zu beachten ist. Charakteristisches Merkmal der Kardanwinkel ist die x-y-z-Drehreihenfolge. Für die Elemetardrehung um die x-Achse folgt mit $\mathbf{u} = \mathbf{u}_x = [1, 0, 0]^T$ und $\varphi = \alpha$ durch Auswertung der Gleichung (1.19):

$$\mathbf{A}_x = \begin{bmatrix} 1 & 0 & 0 \\ 0 & \cos\alpha & -\sin\alpha \\ 0 & \sin\alpha & \cos\alpha \end{bmatrix}. \tag{1.20}$$

Analoges gilt für die Drehung um die y- und z-Achse um die Winkel β und γ. Für $\mathbf{u} = \mathbf{u}_y = [0, 1, 0]^T$ und $\mathbf{u} = \mathbf{u}_z = [0, 0, 1]^T$ ergeben sich aus Gleichung (1.19)

$$\mathbf{A}_y = \begin{bmatrix} \cos\beta & 0 & \sin\beta \\ 0 & 1 & 0 \\ -\sin\beta & 0 & \cos\beta \end{bmatrix} \text{ und } \mathbf{A}_z = \begin{bmatrix} \cos\gamma & -\sin\gamma & 0 \\ \sin\gamma & \cos\gamma & 0 \\ 0 & 0 & 1 \end{bmatrix}. \tag{1.21}$$

Die Gesamtdrehung setzt sich aus

$$\begin{aligned} \mathbf{A} &= \mathbf{A}_x(\mathbf{u}_x, \alpha)\,\mathbf{A}_y(\mathbf{u}_y, \beta)\,\mathbf{A}_z(\mathbf{u}_z, \gamma) \\ &= \begin{bmatrix} c_\beta c_\gamma & -c_\beta s_\gamma & s_\beta \\ s_\alpha s_\beta c_\gamma + c_\alpha s_\gamma & -s_\alpha s_\beta s_\gamma + c_\alpha c_\gamma & -s_\alpha c_\beta \\ -c_\alpha s_\beta c_\gamma + s_\alpha s_\gamma & c_\alpha s_\beta s_\gamma + s_\alpha c_\gamma & c_\alpha c_\beta \end{bmatrix} \end{aligned} \tag{1.22}$$

zusammen, wobei die Koordinaten der Drehachsen $\mathbf{u}_1$, $\mathbf{u}_2$ und $\mathbf{u}_3$ bezüglich den gedrehten Zwischensystemen zu verstehen sind. Dabei gelten die Abkürzungen $s_\varphi = \sin\varphi$ und $c_\varphi = \cos\varphi$ für $\varphi = \alpha, \beta, \gamma$. Die Drehreihenfolge y-z-x und z-x-y ist ebenfalls zulässig, ergibt aber ein anderes Ergebnis.

Euler-Winkel

Für die Euler-Winkel gilt Analoges, jedoch sind die Euler-Winkel dadurch gekennzeichnet, dass die erste und die dritte Einzeldrehung um dieselbe Achse erfolgt. Für eine z-x-z-Drehreihenfolge gilt mit den Abkürzungen $s_\varphi = \sin\varphi$ und $c_\varphi = \cos\varphi$ für $\varphi = \alpha, \beta, \gamma$ die Transformationsmatrix

$$\begin{aligned}\mathbf{A} &= \mathbf{A}_z(\mathbf{u}_z, \alpha)\,\mathbf{A}_x(\mathbf{u}_x, \beta)\,\mathbf{A}_z(\mathbf{u}_z, \gamma)\\ &= \begin{bmatrix} c_\alpha c_\gamma - s_\alpha c_\beta s_\gamma & -c_\alpha s_\gamma - s_\alpha c_\beta c_\gamma & s_\alpha s_\beta \\ s_\alpha c_\gamma + c_\alpha c_\beta s_\gamma & -s_\alpha s_\gamma + c_\alpha c_\beta c_\gamma & -c_\alpha s_\beta \\ s_\beta s_\gamma & s_\beta c_\gamma & c_\beta \end{bmatrix}.\end{aligned} \tag{1.23}$$

Statt der Drehachsenfolge z,x,z sind auch die Folgen x-y-x und y-z-y möglich. Da endliche Drehungen nichtkommutativ sind, führen dieselben Teildrehungen in unterschiedlicher Reihenfolge von einer gegebenen Ausgangslage zu unterschiedlichen Endlagen.

1.1.2 Schraubungen im dreidimensionalen Raum

Rodrigues-Formel für Drehungen

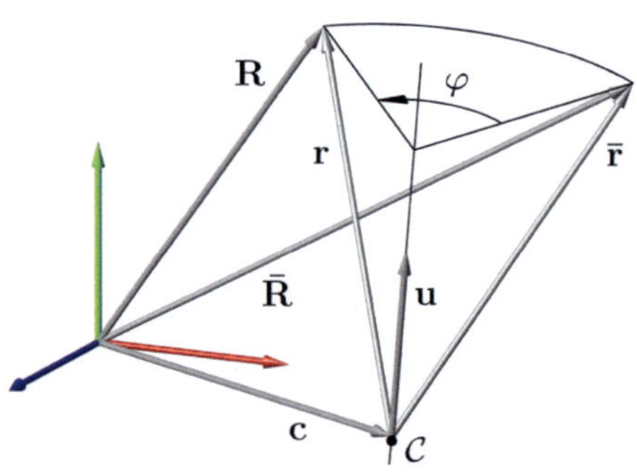

Abbildung 1.4: Drehung

Aus der Gleichung

$$\mathbf{r} - \bar{\mathbf{r}} = \mathbf{S}\,(\mathbf{r} + \bar{\mathbf{r}}) \tag{1.24}$$

lässt sich die Rodrigues-Formel für Drehungen herleiten. Betrachtet wird wieder eine Fixpunktdrehung in der Form $\mathbf{r} = \mathbf{A}\bar{\mathbf{r}}$. Gegeben sei weiterhin ein Punkt $\mathcal{C}$ mit dem Koordinatenvektor $\mathbf{c}$ auf der Drehachse $\mathbf{u}$. Aus Abbildung 1.4 ist ersichtlich, dass

$\mathbf{r} = \mathbf{R} - \mathbf{c}$ und $\bar{\mathbf{r}} = \bar{\mathbf{R}} - \mathbf{c}$ gilt. Mit (1.24) folgt die Rodrigues-Formel für Drehungen [63, 79]

$$\mathbf{R} - \bar{\mathbf{R}} = \mathbf{S}\left(\mathbf{R} + \bar{\mathbf{R}} - 2\mathbf{c}\right). \tag{1.25}$$

Rodrigues-Formel für Schraubungen

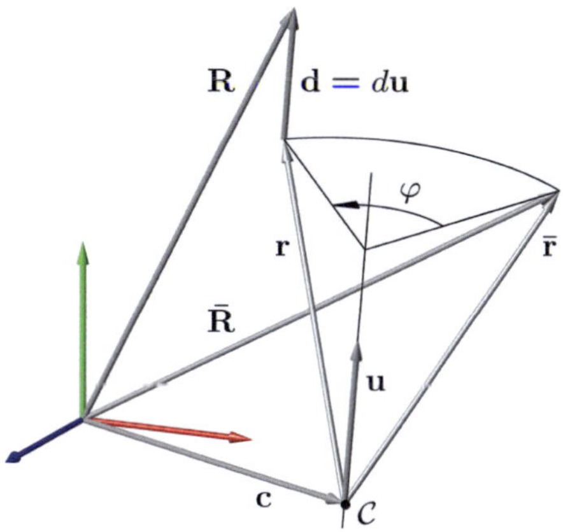

Abbildung 1.5: Schraubung

Eine Schraubung ist definiert als eine Rotation um eine normierte Drehachse $\mathbf{u}$ um den Winkel φ und einer Schiebung in Richtung der Drehachse um die Strecke d, wie in Abbildung 1.5 dargestellt. Für den Schiebevektor gilt somit $\mathbf{d} = d\mathbf{u}$. Die Rodrigues-Formel für eine allgemeine Schraubung erhält man wieder aus Gleichung (1.24). Mit $\mathbf{r} = \mathbf{R} - \mathbf{c} - \mathbf{d}$ und $\bar{\mathbf{r}} = \bar{\mathbf{R}} - \mathbf{c}$ folgt die Rodrigues-Formel für Schraubungen [63, 79]

$$\mathbf{R} - \bar{\mathbf{R}} = \mathbf{S}\left(\mathbf{R} + \bar{\mathbf{R}} - 2\mathbf{c}\right) + \mathbf{d}. \tag{1.26}$$

Zu beachten ist, dass sich sowohl in Gleichung (1.25) als auch in (1.26) die schiefsymmetrische Matrix $\mathbf{S}$ aus dem Drehwinkel φ und der Drehachse $\mathbf{u}$ über die Beziehung (1.16) berechnen lässt.

1.1.3 Koordinatentransformation

Eine Vektordrehung der Form (1.2) kann auch als Koordinatentransformation aufgefasst werden [63, 137]. Gegeben seien zwei kartesische Bezugssysteme $\mathcal{K}_i$ und $\mathcal{K}_j$ mit den Basisvektoren $\vec{e}_{i,x}$, $\vec{e}_{i,y}$, $\vec{e}_{i,z}$ bzw. $\vec{e}_{j,x}$, $\vec{e}_{j,y}$, $\vec{e}_{j,z}$. Zwischen den Koordinaten $\mathbf{r}^i$ bzw. $\mathbf{r}^j$ des Vektors $\mathbf{r}$ in den unterschiedlichen Koordinatensystemen $\mathcal{K}_i$ bzw. $\mathcal{K}_j$ gilt der Zusammenhang

$$\mathbf{r}^i = \mathbf{A}_{ij}\mathbf{r}^j, \tag{1.27}$$

wobei die Transformationsmatrix als

$$\mathbf{A}_{ij} = \begin{bmatrix} \vec{e}_{i,x} \cdot \vec{e}_{j,x} & \vec{e}_{i,x} \cdot \vec{e}_{j,y} & \vec{e}_{i,x} \cdot \vec{e}_{j,z} \\ \vec{e}_{i,y} \cdot \vec{e}_{j,x} & \vec{e}_{i,y} \cdot \vec{e}_{j,y} & \vec{e}_{i,y} \cdot \vec{e}_{j,z} \\ \vec{e}_{i,z} \cdot \vec{e}_{j,x} & \vec{e}_{i,z} \cdot \vec{e}_{j,y} & \vec{e}_{i,z} \cdot \vec{e}_{j,z} \end{bmatrix} \tag{1.28}$$

definiert ist. In den Spalten von $\mathbf{A}_{ij}$ stehen die Koordinaten der Basisvektoren $\vec{e}_{j,x}$, $\vec{e}_{j,y}$, $\vec{e}_{j,z}$ des Koordinatensystems $\mathcal{K}_j$, dargestellt im System $\mathcal{K}_i$. In den Zeilen von $\mathbf{A}_{ij}$ stehen die Koordinaten der Einheitsvektoren $\vec{e}_{i,x}$, $\vec{e}_{i,y}$, $\vec{e}_{i,z}$ des Koordinatensystems $\mathcal{K}_i$, dargestellt im System $\mathcal{K}_j$.

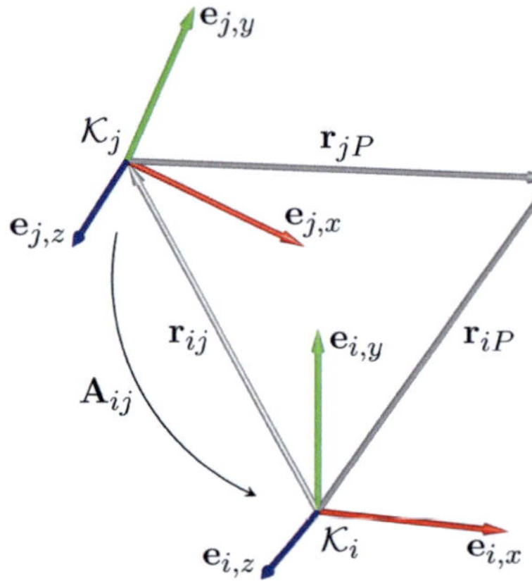

Abbildung 1.6: Koordinatentransformation

Enthält $\mathbf{r}^i_{iP}$ die Koordinaten des Ortsvektors zu einem Punkt $\mathcal{P}$ bezüglich $\mathcal{K}_i$, $\mathbf{r}^j_{jP}$ die Koordinaten des Ortsvektors zu dem Punkt $\mathcal{P}$ bezüglich $\mathcal{K}_j$ und $\mathbf{r}^i_{ij}$ die Koordinaten des Vektors vom Ursprung des Systems $\mathcal{K}_i$ zum Ursprung des Koordinatensystems $\mathcal{K}_j$, so lässt sich ein Wechsel des Bezugssystems von $\mathcal{K}_j$ nach $\mathcal{K}_i$ mit Hilfe von

$$\mathbf{r}^i_{iP} = \mathbf{r}^i_{ij} + \mathbf{A}_{ij}\mathbf{r}^j_{jP} = \mathbf{r}^i_{ij} + \mathbf{r}^i_{jP} \tag{1.29}$$

vollziehen. Bei der Transformation von Ortsvektoren ist die relative Lage der Bezugssysteme also stets zu berücksichtigen (siehe Abbildung 1.6).

Zwei Betrachtungsweisen einer Drehbewegung

Gegeben sei ein Koordinatensystem $\mathcal{K}_i$, das als Bezugsystem für eine Vektordrehung im Sinne von (1.2) dient. Damit lautet die lineare Abbildung (1.2)

$$\mathbf{r}^i = \mathbf{A}\bar{\mathbf{r}}^i. \tag{1.30}$$

Eine Vektordrehung in der Form (1.2) wird als Abbildung des Vektors $\bar{\mathbf{r}}$ in den gedrehten Vektor $\mathbf{r}$ verstanden. Diese lineare Abbildung $\mathbf{r}^i = \mathbf{A}\bar{\mathbf{r}}^i$ erfolgt mit Hilfe des Drehtensors $\mathbf{A}$ und stellt einen Zusammenhang zwischen den Koordinaten der unterschiedlichen Vektoren $\bar{\mathbf{r}}$ und $\mathbf{r}$ dargestellt im gemeinsamen Bezugsystem $\mathcal{K}_i$ dar.

Im Gegensatz dazu stellt die Transformationsmatrix aus Gleichung (1.27) einen Zusammenhang zwischen den Koordinaten $\mathbf{r}^i$ und $\mathbf{r}^j$ des selben Vektors $\mathbf{r}$ her, dargestellt in den unterschiedlichen Bezugssystemen $\mathcal{K}_i$ und $\mathcal{K}_j$. Beachtet man die Tatsache, dass bei einer Vektordrehung die Koordinaten des Vektors und das Koordinatensystem die gleiche Drehung erfahren, so gilt $\bar{\mathbf{r}}^i = \mathbf{r}^j$, d.h. die Koordinaten des Vektors $\bar{\mathbf{r}}$ im Ausgangssystem $\mathcal{K}_i$ und die des Vektors $\mathbf{r}$ im gedrehten System $\mathcal{K}_j$ sind identisch. Vergleicht man nun die Darstellung (1.30) mit (1.27), so stellt man fest, dass die Koordinaten des Drehtensors $\mathbf{A}$ mit denen der Transformationsmatrix $\mathbf{A}_{ij}$ übereinstimmen. Aus diesem Grund soll im Folgenden eine lineare Abbildung in der Form (1.27) bzw. (1.30) stets als Koordinatentransformation verstanden werden.

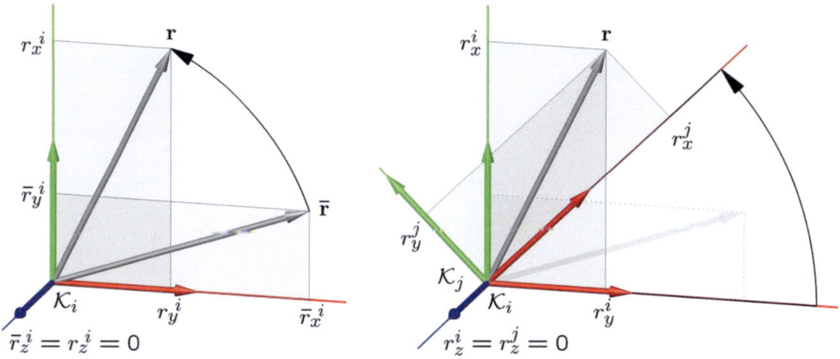

Abbildung 1.7: Zwei Betrachtungsweisen einer Drehung

Abbildung 1.7 soll diesen Sachverhalt verdeutlichen [63, 137]. Links ist eine Vektordrehung im Sinne von (1.2) dargestellt. Die rechte Abbildung ist als eine Koordinatentransformation nach Gleichung (1.27) zu verstehen.

1.1.4 Die Winkelgeschwindigkeit

Ausgehend von Gleichung (1.27) lässt sich die relative Winkelgeschwindigkeit des Koordinatensystems $\mathcal{K}_j$ bezüglich $\mathcal{K}_i$ aus der zeitlich veränderlichen Transformationsmatrix $\mathbf{A}_{ij}$ ermitteln [119, 120]. Die Zeitableitung von (1.27) liefert die Beziehung

$$\dot{\mathbf{r}}^i = \dot{\mathbf{A}}_{ij}\mathbf{r}^j + \mathbf{A}_{ij}\dot{\mathbf{r}}^j. \tag{1.31}$$

Bezeichnet $\mathbf{r}^j$ in $\mathcal{K}_j$ einen konstanten Koordinatenvektor, so folgt mit $\dot{\mathbf{r}}^j = \mathbf{0}$ und $\mathbf{A}_{ij}^T\mathbf{r}^i = \mathbf{r}^j$ der Zusammenhang

$$\dot{\mathbf{r}}^i = \dot{\mathbf{A}}_{ij}\mathbf{A}_{ij}^T\mathbf{r}^i. \tag{1.32}$$

Die schiefsymmetrische Matrix $\dot{\mathbf{A}}_{ij}\mathbf{A}_{ij}^T$ bezeichnet man als Winkelgeschwindigkeitsmatrix, und definiert über die kinematische Differentialgleichung

$$\dot{\mathbf{A}}_{ij}\mathbf{A}_{ij}^T = \tilde{\boldsymbol{\omega}}_{ij}^i = \begin{bmatrix} 0 & -\omega_{ij,z} & \omega_{ij,y} \\ \omega_{ij,z} & 0 & -\omega_{ij,x} \\ -\omega_{ij,y} & \omega_{ij,x} & 0 \end{bmatrix} \tag{1.33}$$

auch gleichzeitig den Winkelgeschwindigkeitsvektor

$$\boldsymbol{\omega}_{ij}^i = \begin{bmatrix} \omega_{ij,x} \\ \omega_{ij,y} \\ \omega_{ij,z} \end{bmatrix} \tag{1.34}$$

des Koordinatensystems $\mathcal{K}_j$ bezüglich $\mathcal{K}_i$. Damit gilt für $\dot{\mathbf{r}}^i$ die Beziehung

$$\dot{\mathbf{r}}^i = \tilde{\boldsymbol{\omega}}_{ij}^i \mathbf{r}^i = \boldsymbol{\omega}_{ij}^i \times \mathbf{r}^i. \tag{1.35}$$

Aus Gleichung (1.33) folgt die nützliche Beziehung

$$\dot{\mathbf{A}}_{ij} = \tilde{\boldsymbol{\omega}}_{ij} \mathbf{A}_{ij}. \tag{1.36}$$

1.1.5 Parametrisierung der Winkelgeschwindigkeit

Kardanwinkel

Aus Gleichung (1.33) ist ersichtlich, dass die Koordinaten des Winkelgeschwindigkeitsvektors $\boldsymbol{\omega}_{ij}$ von der Parametrisierung der Transformationsmatrix $\mathbf{A}_{ij}$ abhängt. Wählt man für die Parametrisierung der Transformationsmatrix die drei Kardanwinkel

$$\boldsymbol{\theta}_{ij} = \begin{bmatrix} \alpha & \beta & \gamma \end{bmatrix}^T, \tag{1.37}$$

so folgt durch Auswertung von (1.22) die Transformationsmatrix $\mathbf{A}_{ij}$. Mit Hilfe der Berechnungsvorschrift (1.33) erhält man schließlich die Koordinaten der relativen Winkelgeschwindigkeit

$$\boldsymbol{\omega}_{ij}^i = \underbrace{\begin{bmatrix} 1 & 0 & \sin\beta \\ 0 & \cos\alpha & -\sin\alpha\cos\beta \\ 0 & \sin\alpha & \cos\alpha\cos\beta \end{bmatrix}}_{\mathbf{G}_{ij}} \underbrace{\begin{bmatrix} \dot{\alpha} \\ \dot{\beta} \\ \dot{\gamma} \end{bmatrix}}_{\dot{\boldsymbol{\theta}}_{ij}} = \mathbf{G}_{ij}\dot{\boldsymbol{\theta}}_{ij}. \tag{1.38}$$

des Koordinatensystems $\mathcal{K}_j$ bezüglich $\mathcal{K}_i$, dargestellt im System $\mathcal{K}_i$. Die kinematische Differentialgleichung (1.38) liefert den Zusammenhang zwischen der Winkelgeschwindigkeit des Systems $\mathcal{K}_j$ relativ zum Ausgangssystem $\mathcal{K}_i$ und den zeitlichen Ableitungen der Kardanwinkel. Die Spalten der Matrix $\mathbf{G}_{ij} = \begin{bmatrix} \mathbf{u}_1^i & \mathbf{u}_2^i & \mathbf{u}_3^i \end{bmatrix}$ stellen die Koordinaten der Drehachsen in $\mathcal{K}_i$ dar. Somit lässt sich die relative Winkelgeschwindigkeit des Systems $\mathcal{K}_j$ gegenüber dem System $\mathcal{K}_i$ als Summe der Teilwinkelgeschwindigkeiten $\boldsymbol{\omega}_{ij}^i = \mathbf{u}_1^i\dot{\alpha} + \mathbf{u}_2^i\dot{\beta} + \mathbf{u}_3^i\dot{\gamma}$ darstellen. Die zeitliche Änderung der Kardanwinkel $\dot{\boldsymbol{\theta}}_{ij}$ lässt sich bei gegebener Winkelgeschwindigkeit über

$$\dot{\boldsymbol{\theta}}_{ij} = \mathbf{G}_{ij}^{-1}\boldsymbol{\omega}_{ij}^i = \frac{1}{\cos\beta}\begin{bmatrix} \cos\beta & \sin\alpha\sin\beta & -\cos\alpha\sin\beta \\ 0 & \cos\alpha\cos\beta & \sin\alpha\cos\beta \\ 0 & -\sin\alpha & \cos\alpha \end{bmatrix}\boldsymbol{\omega}_{ij}^i \tag{1.39}$$

ermitteln. Dabei ist ersichtlich, dass für $\beta = n\pi + \pi/2$ $(n = 0, 1, 2, \ldots)$ die Matrix $\mathbf{G}_{ij}^{-1}$ singulär wird.

Die Koordinaten der relativen Winkelgeschwindigkeit $\boldsymbol{\omega}_{ij}$ in dem System $\mathcal{K}_j$ können mit Hilfe der Koordinatentransformation

$$\boldsymbol{\omega}_{ij}^j = \mathbf{A}_{ij}^T\boldsymbol{\omega}_{ij}^i \tag{1.40}$$

ermittelt werden.

Euler-Winkel

Die Parametrisierung der Transformationsmatrix über die drei Euler-Winkel

$$\boldsymbol{\theta}_{ij} = \begin{bmatrix} \alpha & \beta & \gamma \end{bmatrix}^T \tag{1.41}$$

führt analog zu (1.38) auf die kinematische Differentialgleichung

$$\boldsymbol{\omega}_{ij}^i = \underbrace{\begin{bmatrix} 0 & \cos\alpha & \sin\alpha\sin\beta \\ 0 & \sin\alpha & -\cos\alpha\sin\beta \\ 1 & 0 & \cos\beta \end{bmatrix}}_{\mathbf{G}_{ij}} \underbrace{\begin{bmatrix} \dot{\alpha} \\ \dot{\beta} \\ \dot{\gamma} \end{bmatrix}}_{\dot{\boldsymbol{\theta}}_{ij}} = \mathbf{G}_{ij}\dot{\boldsymbol{\theta}}_{ij}. \tag{1.42}$$

Die Auflösung von (1.42) nach $\dot{\boldsymbol{\theta}}_{ij}$ liefert

$$\dot{\boldsymbol{\theta}}_{ij} = \mathbf{G}_{ij}^{-1}\boldsymbol{\omega}_{ij}^i = \frac{1}{\sin\beta}\begin{bmatrix} -\sin\alpha\cos\beta & \cos\alpha\cos\beta & \sin\beta \\ \cos\alpha\sin\beta & \sin\alpha\sin\beta & 0 \\ \sin\alpha & -\cos\alpha & 0 \end{bmatrix}\boldsymbol{\omega}_{ij}^i. \tag{1.43}$$

Auch hier wird die Matrix $\mathbf{G}_{ij}^{-1}$ für $\beta = n\pi$ $(n = 0, 1, 2, \ldots)$ singulär.

Rodrigues-Parameter

Wählt man die Rodrigues-Parameterdarstellung (1.18), so ergibt sich mit $\mathbf{s} = \tan\frac{\varphi}{2}\mathbf{u}_{ij}^i$ die kinematische Differentialgleichung

$$\boldsymbol{\omega}_{ij}^i = \frac{2\,(\dot{\mathbf{s}} + \tilde{\mathbf{s}}\dot{\mathbf{s}})}{1 + \mathbf{s}^T\mathbf{s}} = \underbrace{\frac{2}{1 + \mathbf{s}^T\mathbf{s}}\left[(\mathbf{I} + \tilde{\mathbf{s}})\right]}_{\mathbf{G}_{ij}}\dot{\mathbf{s}} \tag{1.44}$$

oder

$$\boldsymbol{\omega}_{ij}^i = \dot{\varphi}\mathbf{u}_{ij}^i + \sin\varphi\dot{\mathbf{u}}_{ij}^i + (1 - \cos\varphi)\,\tilde{\mathbf{u}}_{ij}^i\dot{\mathbf{u}}_{ij}^i. \tag{1.45}$$

1.2 Kinematik des Starrkörpers

Für die Beschreibung der Bewegung eines starren Körpers i relativ zum raumfesten System $\mathcal{K}_0$ wird ein körperfestes Koordinatensystem K_i definiert, dessen Ursprung nicht mit dem Massenmittelpunkt zusammenfällt.

Gegeben sei der Ortsvektor $\mathbf{r}_P$ eines beliebigen körperfesten Punktes $\mathcal{P}$ relativ zu dem körperfesten Koordinatensystem $\mathcal{K}_i$. Für die absolute Lage $\mathbf{R}_P$ des Punktes $\mathcal{P}$ bezüglich des Inertialsystems $\mathcal{K}_0$ gilt

$$\mathbf{R}_P = \mathbf{R}_i + \mathbf{A}_i\mathbf{r}_P^i. \tag{1.46}$$

Dabei bezeichnet $\mathbf{A}_i$ die Transformationsmatrix von $\mathcal{K}_i$ nach $\mathcal{K}_0$ und $\mathbf{R}_i$ den Ortsvektor zum Ursprung des körperfesten Koordinatensystems $\mathcal{K}_i$. Durch zeitliche Ableitung

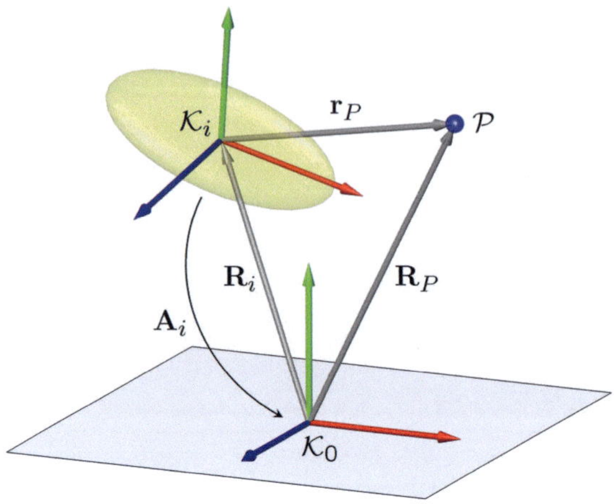

Abbildung 1.8: Punktkinematik

folgt aus Gleichung (1.46) mit $\mathbf{r}_P = \mathbf{A}_i \mathbf{r}_P^i$, $\dot{\mathbf{A}}_i = \tilde{\boldsymbol{\omega}}_i \mathbf{A}_i$ und $\dot{\mathbf{r}}_P^i = \mathbf{0}$ die Absolutgeschwindigkeit des körperfesten Punktes $\mathcal{P}$

$$\dot{\mathbf{R}}_P = \dot{\mathbf{R}}_i + \dot{\mathbf{A}}_i \mathbf{r}_P^i = \dot{\mathbf{R}}_i + \tilde{\boldsymbol{\omega}}_i \mathbf{r}_P, \tag{1.47}$$

wobei $\boldsymbol{\omega}_i$ die Winkelgeschwindigkeit des Koordinatensystems $\mathcal{K}_i$ bezüglich des Inertialsystems $\mathcal{K}_0$ bezeichnet. Die zeitliche Ableitung der Absolutgeschwindigkeit $\dot{\mathbf{R}}_P$ führt mit $\dot{\mathbf{r}}_P = \tilde{\boldsymbol{\omega}}_i \mathbf{r}_P$ auf die Absolutbeschleunigung

$$\ddot{\mathbf{R}}_P = \ddot{\mathbf{R}}_i + \dot{\tilde{\boldsymbol{\omega}}}_i \mathbf{r}_P + \tilde{\boldsymbol{\omega}}_i \tilde{\boldsymbol{\omega}}_i \mathbf{r}_P = \ddot{\mathbf{R}}_i - \tilde{\mathbf{r}}_P \dot{\boldsymbol{\omega}}_i + \tilde{\boldsymbol{\omega}}_i \tilde{\boldsymbol{\omega}}_i \mathbf{r}_P \tag{1.48}$$

des Punktes $\mathcal{P}$ bezüglich des Inertialsystems. Zweckmäßig ist die Darstellung von (1.47) und (1.48) in der Form

$$\dot{\mathbf{R}}_P = \begin{bmatrix} \mathbf{I} & -\tilde{\mathbf{r}}_P \end{bmatrix} \begin{bmatrix} \dot{\mathbf{R}}_i \\ \boldsymbol{\omega}_i \end{bmatrix}, \tag{1.49}$$

$$\ddot{\mathbf{R}}_P = \begin{bmatrix} \mathbf{I} & -\tilde{\mathbf{r}}_P \end{bmatrix} \begin{bmatrix} \ddot{\mathbf{R}}_i \\ \dot{\boldsymbol{\omega}}_i \end{bmatrix} + \left[\tilde{\boldsymbol{\omega}}_i \tilde{\boldsymbol{\omega}}_i \mathbf{r}_P\right]. \tag{1.50}$$

Zur vollständigen Beschreibung von Lage und Orientierung des Körpers i relativ zu $\mathcal{K}_0$ sind drei translatorische und drei rotatorische Größen notwendig. Aus Abschnitt (1.1.5) wird deutlich, dass die Winkelgeschwindigkeit i.Allg. nicht aus der zeitlichen Ableitung irgendwelcher Koordinaten gebildet werden kann, sondern sie ist über einen kinematischen Zusammenhang der Form

$$\boldsymbol{\omega}_i = \mathbf{G}_i \dot{\boldsymbol{\theta}}_i \text{ bzw. } \dot{\boldsymbol{\omega}}_i = \mathbf{G}_i \ddot{\boldsymbol{\theta}}_i + \dot{\mathbf{G}}_i \dot{\boldsymbol{\theta}}_i. \tag{1.51}$$

definiert.

Wählt man für die translatorischen Freiheitsgrade des Starrkörpers die drei absoluten Koordinaten $\mathbf{R}_i$ des körperfesten Koordinatenursprungs $\mathcal{K}_i$ und für die Beschreibung der Orientierung drei unabhängige Parameter $\boldsymbol{\theta}_i$ (z.B. Euler- oder Kardan-Winkel), so liefert das Einsetzen von (1.51) in (1.49) und (1.50) die absolute Geschwindigkeit

$$\dot{\mathbf{R}}_P = \begin{bmatrix} \mathbf{I} & -\tilde{\mathbf{r}}_P \mathbf{G}_i \end{bmatrix} \begin{bmatrix} \dot{\mathbf{R}}_i \\ \dot{\boldsymbol{\theta}}_i \end{bmatrix} \tag{1.52}$$

und die absolute Beschleunigung

$$\ddot{\mathbf{R}}_P = \begin{bmatrix} \mathbf{I} & -\tilde{\mathbf{r}}_P \mathbf{G}_i \end{bmatrix} \begin{bmatrix} \ddot{\mathbf{R}}_i \\ \ddot{\boldsymbol{\theta}}_i \end{bmatrix} + \left[\tilde{\boldsymbol{\omega}}_i \tilde{\boldsymbol{\omega}}_i \mathbf{r}_P - \tilde{\mathbf{r}}_P \dot{\mathbf{G}}_i \dot{\boldsymbol{\theta}}_i \right] \tag{1.53}$$

des körperfesten Punktes $\mathcal{P}$. Dabei bezeichnet $\mathbf{I}$ die 3×3 - Einheitsmatrix. Somit ist die absolute Geschwindigkeit und Beschleunigung des körperfesten Punktes $\mathcal{P}$ vollständig bestimmt. Die sechs Freiheitsgrade $\mathbf{R}_i$ und $\boldsymbol{\theta}_i$ des Starrkörpers i werden im Folgenden zu dem Spaltenvektor

$$\bar{\mathbf{q}}_i = \begin{bmatrix} \mathbf{R}_i \\ \boldsymbol{\theta}_i \end{bmatrix} \tag{1.54}$$

zusammengefasst.

Virtuelle Verschiebung

Die virtuelle Verschiebung des Punktes $\mathcal{P}$ ergibt sich formal aus Gleichung (1.47). Daraus folgt die Beziehung

$$\delta \mathbf{R}_P = \delta \mathbf{R}_i + \delta \mathbf{A}_i \mathbf{r}_P^i = \delta \mathbf{R}_i + \delta \mathbf{A}_i \mathbf{A}_i^T \mathbf{r}_P = \delta \mathbf{R}_i - \tilde{\mathbf{r}}_P \delta \boldsymbol{\pi}_i. \tag{1.55}$$

Dabei definiert die schiefsymmetrische Matrix [53]

$$\delta \mathbf{A}_i \mathbf{A}_i^T = \delta \tilde{\boldsymbol{\pi}}_{\boldsymbol{i}} \tag{1.56}$$

die sog. virtuelle Verdrehung $\delta \boldsymbol{\pi}_i$. Im Hinblick auf (1.51) verknüpft der lineare Zusammenhang

$$\delta \boldsymbol{\pi}_i = \mathbf{G}_i \delta \boldsymbol{\theta}_i \tag{1.57}$$

die virtuelle Änderung der rotatorischen Freiheitsgrade $\delta \boldsymbol{\theta}_i$ mit der virtuellen Verdrehung $\delta \boldsymbol{\pi}_i$, die analog zur Winkelgeschwindigkeit Vektorcharakter hat. Die zu (1.55) entsprechende Matrixform lautet

$$\delta \mathbf{R}_P = \begin{bmatrix} \mathbf{I} & -\tilde{\mathbf{r}}_P \mathbf{G}_i \end{bmatrix} \begin{bmatrix} \delta \mathbf{R}_i \\ \delta \boldsymbol{\theta}_i \end{bmatrix} = \begin{bmatrix} \mathbf{I} & -\tilde{\mathbf{r}}_P \end{bmatrix} \begin{bmatrix} \delta \mathbf{R}_i \\ \delta \boldsymbol{\pi}_i \end{bmatrix}. \tag{1.58}$$

1.3 Kinematik von Starrkörperketten

1.3.1 Kinematik in Gelenkkoordinaten

Relativkinematik

Im Folgenden werden zwei Körper i und j einer Starrkörperkette betrachtet. Gegeben seien zwei körperfeste Koordinatensysteme $\mathcal{K}_i$ und $\mathcal{K}_j$ gemäß Abbildung 1.9. Die absoluten Lagen der Systeme $\mathcal{K}_i$ bzw. $\mathcal{K}_j$ bezüglich des Inertialsystems $\mathcal{K}_0$ werden durch die Koordinatenvektoren $\mathbf{R}_i$ bzw. $\mathbf{R}_j$ beschrieben. Die relative Lage des Koordinatensystems $\mathcal{K}_j$ bezüglich $\mathcal{K}_i$ wird durch den i.Allg. zeitlich veränderlichen Relativvektor $\mathbf{r}_{ij}$ erfasst. Analoges gilt für die absolute bzw. relative Orientierung, die durch die Transformationsmatrizen $\mathbf{A}_i$, $\mathbf{A}_j$ bzw. $\mathbf{A}_{ij}$ beschrieben wird. Weiterhin seien die Körper i und j über ein Gelenk $\mathcal{G}_{ij}$ verbunden. Ein Gelenk definiert im Folgenden einen kinematischen Zusammenhang zwischen den Koordinatensystemen $\mathcal{K}_i$ und $\mathcal{K}_j$, beschrieben durch die relativen Größen $\mathbf{r}_{ij}$ und $\mathbf{A}_{ij}$.

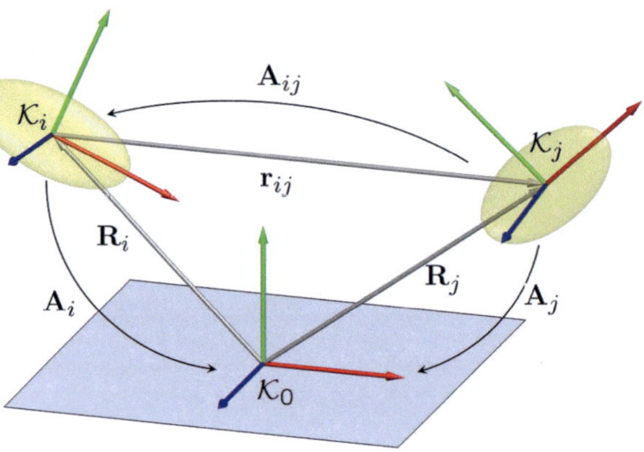

Abbildung 1.9: Relativkinematik

Unter der Annahme, dass Körper i der innere Nachbarkörper und j der nach außen folgende Körper einer offenen Starrkörperkette sind, gilt die Rekursionsvorschrift für Lage und Orientierung

$$\mathbf{R}_j = \mathbf{R}_i + \mathbf{A}_i \mathbf{r}_{ij}^i, \tag{1.59}$$

$$\mathbf{A}_j = \mathbf{A}_i \mathbf{A}_{ij}. \tag{1.60}$$

Zu beachten ist, dass sowohl $\mathbf{r}_{ij}$ als auch $\mathbf{A}_{ij}$ von den Gelenkkoordinaten des Gelenks $\mathcal{G}_{ij}$ abhängen, die im Folgenden mit $\mathbf{q}_{ij}$ bezeichnet werden. Die angedeuteten Gelenke seien regulär nummeriert, d.h. entlang einer offenen Starrkörperkette ausgehend von dem Basiskörper monoton steigend, wobei die Anzahl der Freiheitsgrade f des Gelenks zwischen 0 und 6 sein kann.

Die Rekursion für Geschwindigkeit und Winkelgeschwindigkeit ergibt sich durch die zeitliche Ableitung der Gleichungen (1.59) und (1.60). Damit ergibt sich die Rekursionsvorschrift für Geschwindigkeit und Winkelgeschwindigkeit

$$\dot{\mathbf{R}}_j = \dot{\mathbf{R}}_i + \tilde{\boldsymbol{\omega}}_i \mathbf{r}_{ij} + \mathbf{A}_i \dot{\mathbf{r}}_{ij}^i, \tag{1.61}$$

$$\boldsymbol{\omega}_j = \boldsymbol{\omega}_i + \mathbf{A}_i \boldsymbol{\omega}_{ij}^i = \boldsymbol{\omega}_i + \boldsymbol{\omega}_{ij}. \tag{1.62}$$

Auch hier ist die relative Geschwindigkeit $\dot{\mathbf{r}}_{ij}$ und Winkelgeschwindigkeit $\boldsymbol{\omega}_{ij}$ von den kinematischen Eigenschaften des Gelenks $\mathcal{G}_{ij}$ abhängig. Aus Gleichung (1.61) und (1.62) folgt die Darstellung in Matrixform

$$\begin{bmatrix} \dot{\mathbf{R}}_j \\ \boldsymbol{\omega}_j \end{bmatrix} = \begin{bmatrix} \mathbf{I} & -\tilde{\mathbf{r}}_{ij} \\ \mathbf{0} & \mathbf{I} \end{bmatrix} \begin{bmatrix} \dot{\mathbf{R}}_i \\ \boldsymbol{\omega}_i \end{bmatrix} + \begin{bmatrix} \mathbf{A}_i \dot{\mathbf{r}}_{ij}^i \\ \mathbf{A}_i \boldsymbol{\omega}_{ij}^i \end{bmatrix}. \tag{1.63}$$

Analoges gilt für die Beschleunigung und Winkelbeschleunigung, die man aus den Gleichungen (1.61) und (1.62) ebenfalls durch zeitliche Ableitung erhält:

$$\ddot{\mathbf{R}}_j = \ddot{\mathbf{R}}_i - \tilde{\mathbf{r}}_{ij} \dot{\boldsymbol{\omega}}_i + \tilde{\boldsymbol{\omega}}_i \tilde{\boldsymbol{\omega}}_i \mathbf{r}_{ij} + 2\tilde{\boldsymbol{\omega}}_i \mathbf{A}_i \dot{\mathbf{r}}_{ij}^i + \mathbf{A}_i \ddot{\mathbf{r}}_{ij}^i, \tag{1.64}$$

$$\dot{\boldsymbol{\omega}}_j = \dot{\boldsymbol{\omega}}_i + \tilde{\boldsymbol{\omega}}_i \boldsymbol{\omega}_{ij} + \mathbf{A}_i \dot{\boldsymbol{\omega}}_{ij}^i. \tag{1.65}$$

Die Zusammenfassung der Gleichungen (1.64) und (1.65) führt analog zu (1.63) auf die endgültige Form

$$\begin{bmatrix} \ddot{\mathbf{R}}_j \\ \dot{\boldsymbol{\omega}}_j \end{bmatrix} = \begin{bmatrix} \mathbf{I} & -\tilde{\mathbf{r}}_{ij} \\ \mathbf{0} & \mathbf{I} \end{bmatrix} \begin{bmatrix} \ddot{\mathbf{R}}_i \\ \dot{\boldsymbol{\omega}}_i \end{bmatrix} + \begin{bmatrix} \tilde{\boldsymbol{\omega}}_i \tilde{\boldsymbol{\omega}}_i \mathbf{r}_{ij} + 2\tilde{\boldsymbol{\omega}}_i \mathbf{A}_i \dot{\mathbf{r}}_{ij}^i + \mathbf{A}_i \ddot{\mathbf{r}}_{ij}^i \\ \tilde{\boldsymbol{\omega}}_i \boldsymbol{\omega}_{ij} + \mathbf{A}_i \dot{\boldsymbol{\omega}}_{ij}^i \end{bmatrix}. \tag{1.66}$$

Um die kinematischen Zusammenhänge (1.63) und (1.66) in eine kompakte Form zu bringen, ist es zweckmäßig sog. Quasikoordinaten einzuführen [137]. Quasikoordinaten sind Koordinaten, von denen nur die Differentiale bzw. die Zeitableitungen definiert sind. Für den Winkelgeschwindigkeitsvektor gilt mit den Quasikoordinaten $\boldsymbol{\pi}$ somit $\boldsymbol{\omega} = \dot{\boldsymbol{\pi}}$. Damit ergeben sich im Folgenden die Abkürzungen

$$\delta\boldsymbol{\alpha}_i = \begin{bmatrix} \delta\mathbf{R}_i \\ \delta\boldsymbol{\pi}_i \end{bmatrix}, \boldsymbol{\alpha}_i = \begin{bmatrix} \mathbf{R}_i \\ \boldsymbol{\pi}_i \end{bmatrix}, \dot{\boldsymbol{\alpha}}_i = \begin{bmatrix} \dot{\mathbf{R}}_i \\ \boldsymbol{\omega}_i \end{bmatrix} \text{und } \ddot{\boldsymbol{\alpha}}_i = \begin{bmatrix} \ddot{\mathbf{R}}_i \\ \dot{\boldsymbol{\omega}}_i \end{bmatrix}, \tag{1.67}$$

womit sich Gleichung (1.63) formal in

$$\dot{\boldsymbol{\alpha}}_j = \boldsymbol{\Phi}_{ij} \dot{\boldsymbol{\alpha}}_i + \dot{\boldsymbol{\alpha}}_{ij} \tag{1.68}$$

umschreiben lässt. Analog dazu, ergibt sich aus Gleichung (1.66) die Rekursion

$$\ddot{\boldsymbol{\alpha}}_j = \boldsymbol{\Phi}_{ij} \ddot{\boldsymbol{\alpha}}_i + \dot{\boldsymbol{\Phi}}_{ij} \dot{\boldsymbol{\alpha}}_i + \ddot{\boldsymbol{\alpha}}_{ij}. \tag{1.69}$$

Die 6×6-Matrix

$$\boldsymbol{\Phi}_{ij} = \begin{bmatrix} \mathbf{I} & -\tilde{\mathbf{r}}_{ij} \\ \mathbf{0} & \mathbf{I} \end{bmatrix} \tag{1.70}$$

besitzt die nützliche Eigenschaft $\boldsymbol{\Phi}_{ij}^{-1} = \boldsymbol{\Phi}_{ji} = \begin{bmatrix} \mathbf{I} & -\tilde{\mathbf{r}}_{ji} \\ \mathbf{0} & \mathbf{I} \end{bmatrix} = \begin{bmatrix} \mathbf{I} & \tilde{\mathbf{r}}_{ij} \\ \mathbf{0} & \mathbf{I} \end{bmatrix}$.

Gelenkkinematik

Wie oben erwähnt, definiert das Gelenk $\mathcal{G}_{ij}$ über die relativen Größen $\mathbf{r}_{ij}$ bzw. $\mathbf{A}_{ij}$ einen kinematischen Zusammenhang zwischen den körperfesten Koordinatensystemen $\mathcal{K}_i$ und $\mathcal{K}_j$ und schränkt damit die Relativbewegung der beiden Körper i und j in Abhängigkeit von den Gelenkkoordinaten $\mathbf{q}_{ij}$ ein. Zu beachten ist, dass die Koordinaten aller relativen Größen im Folgenden im körperfesten Koordinatensystem $\mathcal{K}_i$ des Körpers i ausgedrückt werden.

Die relative Lage $\mathbf{r}^i_{ij}$ kann durch einen i.Allg. nichtlinearen Zusammenhang der Form

$$\mathbf{r}^i_{ij} = \mathbf{f}^r(\mathbf{q}_{ij}) \tag{1.71}$$

dargestellt werden, wobei zunächst die explizite Zeitabhängigkeit vernachlässigt werden kann. Die relative Lage auf Geschwindigkeits- und Beschleunigungsebene ergibt sich aus Gleichung (1.71) durch zeitliche Ableitung. Es gelten somit die Zusammenhänge

$$\dot{\mathbf{r}}^i_{ij} = \mathbf{F}^r_q \dot{\mathbf{q}}_{ij}, \tag{1.72}$$

$$\ddot{\mathbf{r}}^i_{ij} = \mathbf{F}^r_q \ddot{\mathbf{q}}_{ij} + \dot{\mathbf{F}}^r_q \dot{\mathbf{q}}_{ij}. \tag{1.73}$$

Dabei ergibt sich die Funktionalmatrix (Jacobi-Matrix) $\mathbf{F}^r_q$ aus den partiellen Ableitungen der Vektorfunktion $\mathbf{f}^r(\mathbf{q}_{ij})$ nach den Gelenkkoordinaten $\mathbf{q}_{ij}$ des Gelenks $\mathcal{G}_{ij}$. Mit den Abkürzungen $\mathbf{F}^r_q = \mathbf{J}^r_{ij}$ und $\dot{\mathbf{F}}^r_q \dot{\mathbf{q}}_{ij} = \mathbf{\Gamma}^r_{ij}$ folgt aus Gleichung (1.73) die Beziehung für die translatorische Relativbeschleunigung

$$\ddot{\mathbf{r}}^i_{ij} = \mathbf{J}^r_{ij} \ddot{\mathbf{q}}_{ij} + \mathbf{\Gamma}^r_{ij}. \tag{1.74}$$

Analoges gilt für die Orientierung. Bezeichnet $\mathbf{w}_{ij}$ die 3×1-Matrix dreier Winkel $\mathbf{w}_{ij} = \begin{bmatrix} w_{ij,1} & w_{ij,2} & w_{ij,3} \end{bmatrix}^T$, die drei aufeinander folgende Drehungen um die Achsen $\mathbf{u}_{ij,1}$, $\mathbf{u}_{ij,2}$ und $\mathbf{u}_{ij,3}$ beschreiben, so gilt auch hier der i.Allg. nichtlineare Zusammenhang

$$\mathbf{w}_{ij} = \mathbf{f}^w(\mathbf{q}_{ij}) \tag{1.75}$$

mit den zeitlichen Ableitungen der Vektorfunktion $\mathbf{w}_{ij}$

$$\dot{\mathbf{w}}_{ij} = \mathbf{F}^w_q \dot{\mathbf{q}}_{ij}, \tag{1.76}$$

$$\ddot{\mathbf{w}}_{ij} = \mathbf{F}^w_q \ddot{\mathbf{q}}_{ij} + \dot{\mathbf{F}}^w_q \dot{\mathbf{q}}_{ij}. \tag{1.77}$$

Die relative Transformationsmatrix $\mathbf{A}_{ij}$ kann mit Hilfe von Gleichung (1.19) aus den drei Einzeldrehungen

$$\mathbf{A}_{ij,k}(w_{ij,k}, \mathbf{u}_{ij,k}) = \mathbf{I} + \sin w_{ij,k} \tilde{\mathbf{u}}_{ij,k} + (1 - \cos w_{ij,k}) \tilde{\mathbf{u}}_{ij,k} \tilde{\mathbf{u}}_{ij,k}, \quad k = 1, ..., 3 \tag{1.78}$$

über die Beziehung

$$\mathbf{A}_{ij} = \mathbf{A}_{ij,1}(w_{ij,1}, \mathbf{u}_{ij,1}) \mathbf{A}_{ij,2}(w_{ij,2}, \mathbf{u}_{ij,2}) \mathbf{A}_{ij,3}(w_{ij,3}, \mathbf{u}_{ij,3}) \tag{1.79}$$

berechnet werden. Dabei bezeichnen $\mathbf{u}_{ij,1}$, $\mathbf{u}_{ij,2}$ und $\mathbf{u}_{ij,3}$ die Koordinaten dreier Einheitsvektoren in Richtung der Drehachsen und $w_{ij,1}$, $w_{ij,2}$ und $w_{ij,3}$ die dazu entsprechenden Drehwinkel. Die Koordinaten der Drehachsen $\mathbf{u}_1$, $\mathbf{u}_2$ und $\mathbf{u}_3$ beziehen sich dabei auf die gedrehten Zwischensysteme. Aus $\dot{\mathbf{A}}_{ij}\mathbf{A}_{ij}^T = \tilde{\boldsymbol{\omega}}_{ij}^i$ lässt sich damit die relative Winkelgeschwindigkeit $\boldsymbol{\omega}_{ij}$ als eine lineare Beziehung der Form

$$\boldsymbol{\omega}_{ij}^i = \underbrace{\begin{bmatrix} \mathbf{u}_{ij,1} & \mathbf{A}_{ij,1}\mathbf{u}_{ij,2} & \mathbf{A}_{ij,1}\mathbf{A}_{ij,2}\mathbf{u}_{ij,3} \end{bmatrix}}_{\mathbf{G}_{ij}} \begin{bmatrix} \dot{w}_{ij,1} \\ \dot{w}_{ij,2} \\ \dot{w}_{ij,3} \end{bmatrix} = \mathbf{G}_{ij}\dot{\mathbf{w}}_{ij} \tag{1.80}$$

ausdrücken. Durch zeitliche Ableitung ergibt sich daraus die Winkelbeschleunigung

$$\dot{\boldsymbol{\omega}}_{ij}^i = \mathbf{G}_{ij}\ddot{\mathbf{w}}_{ij} + \dot{\mathbf{G}}_{ij}\dot{\mathbf{w}}_{ij}, \tag{1.81}$$

wobei für die zeitliche Ableitung der 3×3-Matrix $\mathbf{G}_{ij}$ der Ausdruck

$$\dot{\mathbf{G}}_{ij} = \begin{bmatrix} \mathbf{0} & \dot{w}_{ij,1}\tilde{\mathbf{u}}_{ij,1}\mathbf{A}_{ij,1}\mathbf{u}_{ij,2} & \left(\dot{w}_{ij,1}\tilde{\mathbf{u}}_{ij,1}\mathbf{A}_{ij,1} + \dot{w}_{ij,2}\mathbf{A}_{ij,1}\tilde{\mathbf{u}}_{ij,2}\right)\mathbf{A}_{ij,2}\mathbf{u}_{ij,3} \end{bmatrix} \tag{1.82}$$

gilt. Einsetzen von Gleichung (1.76) bzw. (1.77) in (1.80) bzw. (1.81) führt auf die endgültige Form der relativen Winkelgeschwindigkeit bzw. Winkelbeschleunigung

$$\boldsymbol{\omega}_{ij}^i = \mathbf{G}_{ij}\mathbf{F}_q^w\dot{\mathbf{q}}_{ij}, \tag{1.83}$$

$$\dot{\boldsymbol{\omega}}_{ij}^i = \mathbf{G}_{ij}\mathbf{F}_q^w\ddot{\mathbf{q}}_{ij} + \left(\mathbf{G}_{ij}\dot{\mathbf{F}}_q^w + \dot{\mathbf{G}}_{ij}\mathbf{F}_q^w\right)\dot{\mathbf{q}}_{ij} \tag{1.84}$$

in Abhängigkeit von den generalisierten Gelenkkoordinaten $\mathbf{q}_{ij}$ des Gelenks $\mathcal{G}_{ij}$. Analog zu (1.74) führen die Abkürzungen $\mathbf{G}_{ij}\mathbf{F}_q^w = \mathbf{J}_{ij}^\omega$ und $\left(\mathbf{G}_{ij}\dot{\mathbf{F}}_q^w + \dot{\mathbf{G}}_{ij}\mathbf{F}_q^w\right)\dot{\mathbf{q}}_{ij} = \boldsymbol{\Gamma}_{ij}^\omega$ zu der Beziehung

$$\dot{\boldsymbol{\omega}}_{ij}^i = \mathbf{J}_{ij}^\omega\ddot{\mathbf{q}}_{ij} + \boldsymbol{\Gamma}_{ij}^\omega. \tag{1.85}$$

Die Gleichungen (1.72) und (1.83) können zu der kompakten Darstellung

$$\begin{bmatrix} \dot{\mathbf{r}}_{ij}^i \\ \boldsymbol{\omega}_{ij}^i \end{bmatrix} = \begin{bmatrix} \mathbf{J}_{ij}^r \\ \mathbf{J}_{ij}^\omega \end{bmatrix}\dot{\mathbf{q}}_{ij} \tag{1.86}$$

zusammengefasst werden, wobei die Matrizen $\mathbf{J}_{ij}^r$ bzw. $\mathbf{J}_{ij}^\omega$ die Jacobi-Matrizen der Translation bzw. Rotation darstellen. Die entsprechende Darstellung der expliziten Gelenkkinematik auf Beschleunigungsebene ergibt sich aus (1.74) und (1.85)

$$\begin{bmatrix} \ddot{\mathbf{r}}_{ij}^i \\ \dot{\boldsymbol{\omega}}_{ij}^i \end{bmatrix} = \begin{bmatrix} \mathbf{J}_{ij}^r \\ \mathbf{J}_{ij}^\omega \end{bmatrix}\ddot{\mathbf{q}}_{ij} + \begin{bmatrix} \boldsymbol{\Gamma}_{ij}^r \\ \boldsymbol{\Gamma}_{ij}^\omega \end{bmatrix}. \tag{1.87}$$

1.3.2 Standardgelenke

Zur Verdeutlichung werden im Folgenden die Gelenkmatrizen einiger Standardgelenke angeben. Dabei gilt hier stets die 1-2-3-Drehreihenfolge um die Drehachsen

$$\mathbf{u}_1 = \begin{bmatrix} 1 & 0 & 0 \end{bmatrix}^T, \mathbf{u}_2 = \begin{bmatrix} 0 & 1 & 0 \end{bmatrix}^T \text{ und } \mathbf{u}_3 = \begin{bmatrix} 0 & 0 & 1 \end{bmatrix}^T \tag{1.88}$$

um die Winkel w_1, w_2 und w_3. Die Einzeldrehungen sind durch Auswertung von Gleichung (1.19) gegeben, womit die relative Orientierung über

$$\mathbf{A}_{ij} = \mathbf{A}_1(w_1, \mathbf{u}_1)\,\mathbf{A}_2(w_2, \mathbf{u}_2)\,\mathbf{A}_3(w_3, \mathbf{u}_3) \tag{1.89}$$

gegeben ist. Zu beachten ist, dass die Koordinaten der Drehachsen $\mathbf{u}_1$, $\mathbf{u}_2$ und $\mathbf{u}_3$ sich auf die Zwischensysteme beziehen.

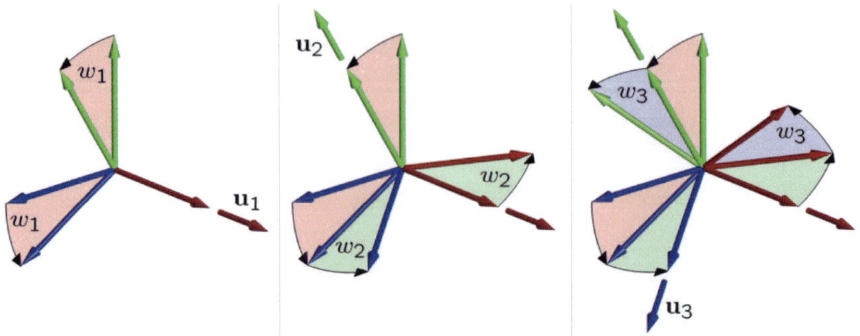

Abbildung 1.10: Einzeldrehungen $\mathbf{A}_i(w_i, \mathbf{u}_i)$, $i = 1, 2, 3$

Drehgelenk

Das im Folgenden betrachtete Drehgelenk erlaubt eine reine Drehung des Körpers j relativ zu Körper i um die körperfeste z-Achse des Systems $\mathcal{K}_j$ und besitzt somit einen Freiheitsgrad

$$\mathbf{q}_{ij} = [q(t)] \,. \tag{1.90}$$

Die relative Lage der körperfesten Koordinatensysteme $\mathcal{K}_i$ und $\mathcal{K}_j$ wird über den konstanten Koordinatenvektor $\mathbf{r}^i_{ij}$ beschrieben und definiert gleichzeitig die relative Lage der Drehachse. Über die beiden konstanten Winkel w_1 und w_2 lässt sich die Orientierung der Drehachse bezüglich des Systems $\mathcal{K}_i$ einstellen. Für das betrachtete Gelenk gilt somit

$$\mathbf{r}^i_{ij} = \begin{bmatrix} r_x \\ r_y \\ r_z \end{bmatrix} \text{ und } \mathbf{w}_{ij} = \begin{bmatrix} w_1 \\ w_2 \\ w_3(t) \end{bmatrix} = \begin{bmatrix} w_1 \\ w_2 \\ q(t) \end{bmatrix}. \tag{1.91}$$

Die Gelenkmatrizen gemäß Gleichung (1.87) lauten

$$\mathbf{J}_{ij} = \begin{bmatrix} \mathbf{J}^r_{ij} \\ \mathbf{J}^\omega_{ij} \end{bmatrix} = \begin{bmatrix} 0 \\ 0 \\ 0 \\ \sin w_2 \\ -\sin w_1 \cos w_2 \\ \cos w_1 \cos w_2 \end{bmatrix} \text{ und } \mathbf{\Gamma}_{ij} = \begin{bmatrix} \mathbf{\Gamma}^r_{ij} \\ \mathbf{\Gamma}^\omega_{ij} \end{bmatrix} = \begin{bmatrix} 0 \\ 0 \\ 0 \\ 0 \\ 0 \\ 0 \end{bmatrix}. \tag{1.92}$$

Drehschubgelenk

Das hier betrachtete Drehschubgelenk besitzt zusätzlich zu dem oben dargestellten Drehgelenk einen translatorischen Freiheitsgrad q_1 in Richtung der z-Achse. Damit besitzt das Gelenk zwei Freiheitsgrade

$$\mathbf{q}_{ij} = \begin{bmatrix} q_1(t) \\ q_2(t) \end{bmatrix}, \tag{1.93}$$

wobei q_2 den rotatorischen Freiheitsgrad des Gelenkes bezeichnet. Die relative Lage und Orientierung des Systems K_j bezüglich K_i ist über

$$\mathbf{r}_{ij}^i = \begin{bmatrix} r_x \\ r_y \\ r_z(t) \end{bmatrix} = \begin{bmatrix} r_x \\ r_y \\ q_1(t) \end{bmatrix} \text{und } \mathbf{w}_{ij} = \begin{bmatrix} w_1 \\ w_2 \\ w_3(t) \end{bmatrix} = \begin{bmatrix} w_1 \\ w_2 \\ q_2(t) \end{bmatrix} \tag{1.94}$$

gegeben. Die Gelenkmatrizen des Drehschubgelenks im Sinne von (1.87) lauten damit

$$\mathbf{J}_{ij} = \begin{bmatrix} \mathbf{J}_{ij}^r \\ \mathbf{J}_{ij}^\omega \end{bmatrix} = \begin{bmatrix} 0 & 0 \\ 0 & 0 \\ 1 & 0 \\ 0 & \sin w_2 \\ 0 & -\sin w_1 \cos w_2 \\ 0 & \cos w_1 \cos w_2 \end{bmatrix} \text{und } \mathbf{\Gamma}_{ij} = \begin{bmatrix} \mathbf{\Gamma}_{ij}^r \\ \mathbf{\Gamma}_{ij}^\omega \end{bmatrix} = \begin{bmatrix} 0 \\ 0 \\ 0 \\ 0 \\ 0 \\ 0 \end{bmatrix}. \tag{1.95}$$

Schubgelenk

Durch Vernachlässigung des rotatorischen Freiheitsgrades q_2 des o.g. Drehgelenks, ergeben sich die kinematischen Zusammenhänge des Drehschubgelenks mit nur einem translatorischen Freiheitsgrad

$$\mathbf{q}_{ij} = [q(t)] \tag{1.96}$$

in der Form

$$\mathbf{r}_{ij}^i = \begin{bmatrix} r_x \\ r_y \\ r_z(t) \end{bmatrix} = \begin{bmatrix} r_x \\ r_y \\ q(t) \end{bmatrix} \text{und } \mathbf{w}_{ij} = \begin{bmatrix} w_1 \\ w_2 \\ w_3 \end{bmatrix}. \tag{1.97}$$

Die Gelenkmatrizen auf Beschleunigungsebene lauten damit

$$\mathbf{J}_{ij} = \begin{bmatrix} \mathbf{J}_{ij}^r \\ \mathbf{J}_{ij}^\omega \end{bmatrix} = \begin{bmatrix} 0 \\ 0 \\ 1 \\ 0 \\ 0 \\ 0 \end{bmatrix} \text{und } \mathbf{\Gamma}_{ij} = \begin{bmatrix} \mathbf{\Gamma}_{ij}^r \\ \mathbf{\Gamma}_{ij}^\omega \end{bmatrix} = \begin{bmatrix} 0 \\ 0 \\ 0 \\ 0 \\ 0 \\ 0 \end{bmatrix}. \tag{1.98}$$

Kardangelenk

Das hier betrachtete Kardangelenk zeichnet sich dadurch aus, dass die relative Orientierung des Körpers j bezüglich i durch zwei aufeinanderfolgende Elementardrehungen um die y-Achse bzw. z-Achse beschrieben wird. Es besitzt somit zwei rotatorische Freiheitsgrade, die zu der Spaltenmatrix

$$\mathbf{q}_{ij} = \begin{bmatrix} q_1(t) \\ q_2(t) \end{bmatrix} \tag{1.99}$$

zusammengefasst werden. Die relative Lage und Orientierung

$$\mathbf{r}^i_{ij} = \begin{bmatrix} r_x \\ r_y \\ r_z \end{bmatrix} \text{ und } \mathbf{w}_{ij} = \begin{bmatrix} w_1 \\ w_2(t) \\ w_3(t) \end{bmatrix} = \begin{bmatrix} w_1 \\ q_1(t) \\ q_2(t) \end{bmatrix} \tag{1.100}$$

führt nach Auswertung der Gelenkkinematik auf die Gelenkmatrizen

$$\mathbf{J}_{ij} = \begin{bmatrix} \mathbf{J}^r_{ij} \\ \mathbf{J}^\omega_{ij} \end{bmatrix} = \begin{bmatrix} 0 & 0 \\ 0 & 0 \\ 0 & 0 \\ 0 & \sin q_1 \\ \cos w_1 & -\sin w_1 \cos q_1 \\ \sin w_1 & \cos w_1 \cos q_1 \end{bmatrix} \tag{1.101}$$

und

$$\boldsymbol{\Gamma}_{ij} = \begin{bmatrix} \boldsymbol{\Gamma}^r_{ij} \\ \boldsymbol{\Gamma}^\omega_{ij} \end{bmatrix} = \begin{bmatrix} 0 \\ 0 \\ 0 \\ -\dot{q}_1\dot{q}_2 \cos q_1 \\ -\dot{q}_1\dot{q}_2 \sin w_1 \sin q_1 \\ \dot{q}_1\dot{q}_2 \cos w_1 \sin q_1 \end{bmatrix}. \tag{1.102}$$

Kugelgelenk

Beschreibt man die relative Orientierung des Körpers j bezüglich i durch drei aufeinanderfolgende Elementardrehungen um die x-, y- bzw. z-Achse, so erreicht man dadurch die Modellierung eines Kugelgelenks. Die drei rotatorischen Freiheitsgrade werden zur Spaltenmatrix

$$\mathbf{q}_{ij} = \begin{bmatrix} q_1(t) \\ q_2(t) \\ q_3(t) \end{bmatrix} \tag{1.103}$$

zusammengefasst und führen mit

$$\mathbf{r}^i_{ij} = \begin{bmatrix} r_x \\ r_y \\ r_z \end{bmatrix} \text{ und } \mathbf{w}_{ij} = \begin{bmatrix} w_1(t) \\ w_2(t) \\ w_3(t) \end{bmatrix} = \begin{bmatrix} q_1(t) \\ q_2(t) \\ q_3(t) \end{bmatrix} \tag{1.104}$$

auf die Gelenkmatrizen des Kugelgelenks in der Form

$$\mathbf{J}_{ij} = \begin{bmatrix} \mathbf{J}^r_{ij} \\ \mathbf{J}^\omega_{ij} \end{bmatrix} = \begin{bmatrix} 0 & 0 & 0 \\ 0 & 0 & 0 \\ 0 & 0 & 0 \\ 1 & 0 & \sin q_2 \\ 0 & \cos q_1 & -\sin q_1 \cos q_2 \\ 0 & \sin q_1 & \cos q_1 \cos q_2 \end{bmatrix} \tag{1.105}$$

und

$$\mathbf{\Gamma}_{ij} = \begin{bmatrix} \mathbf{\Gamma}_{ij}^r \\ \mathbf{\Gamma}_{ij}^\omega \end{bmatrix} = \begin{bmatrix} 0 \\ 0 \\ 0 \\ -\dot{q}_2\dot{q}_3 \cos q_2 \\ -\dot{q}_2 \sin q_1 \left(\dot{q}_3 \sin q_2 - \dot{q}_1\right) + \dot{q}_1\dot{q}_3 \cos q_1 \cos q_2 \\ \dot{q}_2 \cos q_1 \left(\dot{q}_3 \sin q_2 - \dot{q}_1\right) + \dot{q}_1\dot{q}_3 \sin q_1 \cos q_2 \end{bmatrix}. \quad (1.106)$$

1.3.3 Erweiterte Gelenke

Für die mechanische Modellierung von biomechanischen Systemen sind Standardgelenke oft nicht ausreichend. Im Hinblick auf die komplizierte Gelenkkinematik des Menschen sind deshalb für die Beschreibung der Kinematik erweiterte Gelenktypen notwendig. In der vorliegenden Arbeit wird der Ansatz verfolgt, die kinematischen Zusammenhänge (1.71) und (1.75) mit Hilfe von Splines zu interpolieren. Ein Spline n-ten Grades ist eine Funktion, die stückweise aus $(n-1)$ mal stetig differenzierbaren Polynomen n-ten Grades zusammengesetzt ist.

Gegeben sei eine Funktion $f(q)$, die mit Hilfe von Splines interpoliert werden soll. Hierzu unterteilt man ein Intervall $[q_{\min}, q_{\max}]$ in n Bereiche

$$q_{\min} = q_1 < q_2 < \ldots < q_n < q_{n+1} = q_{\max} \quad (1.107)$$

und definiert die Stützstellen $[q_i, f_i(q_i)]$, $i = 1, \ldots, n+1$. In jedem Teilintervall j wird ein $(k-1)$-fach stetig differenzierbares Polynom k-ten Grades der Form

$$p_j\left(q\right) = \sum_{i=1}^{k} c_{ji}\left(q - q_j\right)^{k-i}, j = 1, \ldots, n \quad (1.108)$$

angesetzt. Dabei bezeichnet c_{ji} den i-ten Koeffizienten des j-ten Polynoms. Die Rand- und Interpolationsbedingungen an den Bereichsgrenzen führen schließlich auf ein lineares Gleichungssystem, dessen Lösung die unbekannten Koeffizienten c_{ji} liefert.

Mit Hilfe der Splineapproximation können nahezu beliebig komplizierte Gelenktypen nachgebildet werden. Dieser Ansatz findet z.B. Anwendung bei der Modellierung des menschlichen Kniegelenks. Zur Verdeutlichung des dargestellten Sachverhalts soll folgendes Beispiel dienen.

Beispiel

Betrachtet wird das mechanische System eines menschlichen Beines gemäß Abbildung 1.11. Es besteht aus zwei starren Körpern (Ober- und Unterschenkel), die zunächst keiner kinematischen Bindung unterliegen und somit als freie Körper betrachtet werden. Weiterhin seien die körperfesten Referenzkoordinatensysteme $\mathcal{K}_i$ (Oberschenkel) und $\mathcal{K}_j$ (Unterschenkel) definiert, wobei die Koordinaten des relativen Lagevektors mit $\mathbf{r}_{ij}^i$ bezeichnet werden.

Der nächste Schritt im Hinblick auf die Abschätzung der Gelenkkinematik ist die Übertragung der gemessenen Bewegung auf die zunächst freien Körper. Dies wird mit Hilfe des in Abschnitt 3.2 dargestellten Verfahrens realisiert. Dabei werden die absoluten Trajektorien anatomischer Punkte des Menschen (sog. Markerpunkte) mit Hilfe

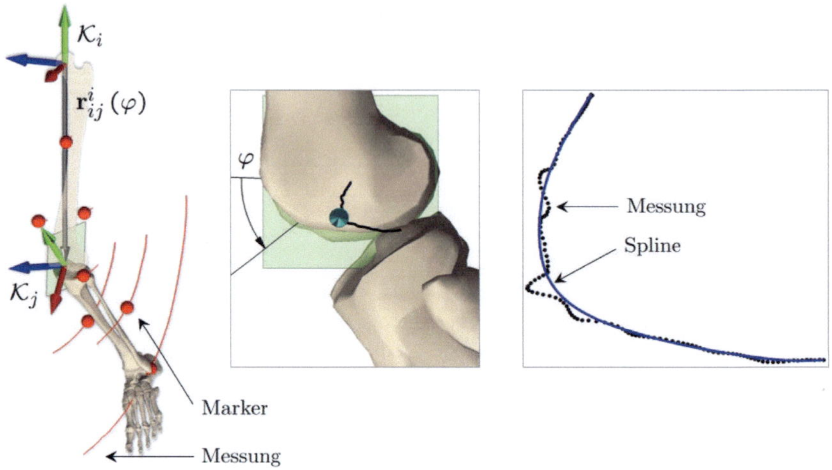

Abbildung 1.11: Beispiel eines erweiterten Gelenks

von Infrarotkameras ermittelt und mit Hilfe einer optimierungsbasierten inversen Kinematik auf die freien Starrkörper übertragen (siehe Abbildung 1.11-links).

Als Ergebnis liegen nun zu diskreten Zeitpunkten die absoluten Lagen $\mathbf{R}_i$ bzw. $\mathbf{R}_j$ und die Orientierungen $\mathbf{A}_i$ bzw. $\mathbf{A}_j$ beider Koordinatensysteme $\mathcal{K}_i$ und $\mathcal{K}_j$ vor, die im Folgenden als Ausgangspunkt der Untersuchung dienen. Erfolgt die Projektion der Relativbewegung beider Systeme auf die in Abbildung 1.11 dargestellte Ebene, so lässt sich daraus ein Verdrehwinkel φ bestimmen (Abbildung 1.11-mitte), der gleichzeitig als unabhängige Gelenkkoordinate dient. Die Bahnkurve des Koordinatenursprungs $\mathcal{K}_j$ relativ zu $\mathcal{K}_i$ ist dadurch ebenfalls berechenbar (Abbildung 1.11-rechts). Damit gilt

$$\begin{aligned} \mathbf{A}_i^T\mathbf{R}_j - \mathbf{A}_i^T\mathbf{R}_i &= \mathbf{r}_{ij}^i(\varphi), \\ \mathbf{A}_i^T\mathbf{A}_j = \mathbf{A}_{ij}(\varphi, \mathbf{u}) &= \mathbf{I} + \sin\varphi\tilde{\mathbf{u}} + (1-\cos\varphi)\,\tilde{\mathbf{u}}\tilde{\mathbf{u}}. \end{aligned} \tag{1.109}$$

Dabei stellt $\mathbf{u}$ die Drehachse senkrecht zur dargestellten Ebene dar, deren räumliche Orientierung ebenfalls aus der bekannten Relativbewegung abschätzbar ist.

Die Glättung und Splineapproximation der kinematischen Zusammenhänge (Abbildung 1.11-rechts) im Sinne von (1.71) und (1.75) ergibt schließlich die gesuchte Gelenkkinematik. Dabei werden die Koordinaten des Relativvektors $\mathbf{r}_{ij}^i$ und der Winkel $\mathbf{w}_{ij}$ als Funktion von φ dargestellt. Im Hinblick auf das vorliegende Beispiel ergeben sich die Zusammenhänge

$$\mathbf{r}_{ij}^i = \begin{bmatrix} r_x(\varphi) \\ r_y(\varphi) \\ 0 \end{bmatrix} \text{ und } \mathbf{w}_{ij} = \begin{bmatrix} 0 \\ 0 \\ \varphi \end{bmatrix}, \tag{1.110}$$

womit die Kinematik des Kniegelenks vollständig bestimmt ist. Die Modellierung erfolgt somit als eine kinematisch gekoppelte Translation und Rotation der Referenzkoordinatensysteme in Abhängigkeit einer generalisierten Koordinate. Dabei werden die

Bahnkurven der Referenzsysteme bzw. die Winkelverläufe über Splines angenähert. Der Unterschenkel wird dabei auf einer Bahn um den Oberschenkel translatorisch geführt und gleichzeitig um die wandernde Gelenkachse gedreht. Aufgrund der kinematischen Kopplung der Gelenkkoordinaten besitzt das Kniegelenk einen Freiheitsgrad. Ferner wird hier nur die Relativbewegung in der Sagittalebene berücksichtigt.

Mit diesem Ansatz kann auf eine analytische Darstellung der Kinematik vollständig verzichtet werden. Gelenkmatrizen in analytischer Form können ohnehin nur für eine einfache Gelenkkinematik angegeben werden. Im Hinblick auf die Modellierung des menschlichen Bewegungsapparates bietet dieser Ansatz einen entscheidenden Vorteil. Die Beschreibung der Gelenkkinematik erfolgt ohne Kenntnis des exakten kinematischen Zusammenhangs aus der Relativbewegung benachbarter Körper. Damit wird das Ziel verfolgt, ausgehend von der Absolutbewegung der Gliedmaßen auf die inneren kinematischen Eigenschaften der menschlichen Gelenke zu schließen.

1.3.4 Vorwärtskinematik bei offenen kinematischen Ketten

Die Voraussetzung für die rekursive Berechnung der Kinematik ist die Baumtopologie des betrachteten Systems. Unter dieser Voraussetzung besteht die Möglichkeit, ausgehend von der Relativbewegung benachbarter Körper, die Bewegung aller im System vorhandenen Körper zu ermitteln. Im Folgenden sei ohne Verletzung der Allgemeinheit eine reguläre Nummerierung vorausgesetzt, wobei die Indizes i (Vorgänger) und j (Nachfolger) ausgehend von $i = 0$ (Grundkörper) monoton ansteigen. Ferner gilt $j = i + 1$ und $i = 0, ..., n - 1$.

Bei gegebenen Gelenkkoordinaten $\mathbf{q}_{ij}$ der Gelenke ist eine rekursive Beschreibung der Kinematik einer Starrkörperkette bestehend aus n Starrkörper möglich. Im Hinblick auf die Formulierung der Bewegungsgleichungen ist es zweckmäßig, die kinematischen Zusammenhänge in Matrixform darzustellen. Dieser Sachverhalt soll im Folgenden dargestellt werden.

Die Rekursionsvorschrift auf Lageebene lautet im Hinblick auf (1.59), (1.60), (1.71) und (1.79)

$$\mathbf{R}_j = \mathbf{R}_i + \mathbf{A}_i \mathbf{r}_{ij}^i (\mathbf{q}_{ij}), \quad \mathbf{A}_j = \mathbf{A}_i \mathbf{A}_{ij} (\mathbf{q}_{ij}). \tag{1.111}$$

Die kinematischen Zusammenhänge auf Geschwindigkeitsebene ergeben sich durch Einsetzen der Gelenkkinematik (1.86) in die Rekursionsvorschrift (1.63)

$$\underbrace{\begin{bmatrix} \dot{\mathbf{R}}_j \\ \boldsymbol{\omega}_j \end{bmatrix}}_{\dot{\boldsymbol{\alpha}}_j} = \underbrace{\begin{bmatrix} \mathbf{I} & -\tilde{\mathbf{r}}_{ij} \\ \mathbf{0} & \mathbf{I} \end{bmatrix}}_{\boldsymbol{\Phi}_{ij}} \underbrace{\begin{bmatrix} \dot{\mathbf{R}}_i \\ \boldsymbol{\omega}_i \end{bmatrix}}_{\dot{\boldsymbol{\alpha}}_i} + \underbrace{\begin{bmatrix} \mathbf{A}_i \mathbf{J}_{ij}^r \\ \mathbf{A}_i \mathbf{J}_{ij}^\omega \end{bmatrix}}_{\mathbf{J}_{ij}} \dot{\mathbf{q}}_{ij}, \tag{1.112}$$

woraus sich die abgekürzte Form

$$\dot{\boldsymbol{\alpha}}_j = \boldsymbol{\Phi}_{ij} \dot{\boldsymbol{\alpha}}_i + \mathbf{J}_{ij} \dot{\mathbf{q}}_{ij} \tag{1.113}$$

anschreiben lässt.

Analoges gilt für die Beschleunigung und Winkelbeschleunigung. Setzt man Gleichung (1.87) in (1.66) ein, so ergibt sich die rekursive Berechnungsvorschrift

$$\underbrace{\begin{bmatrix} \ddot{\mathbf{R}}_j \\ \dot{\boldsymbol{\omega}}_j \end{bmatrix}}_{\ddot{\boldsymbol{\alpha}}_j} = \underbrace{\begin{bmatrix} \mathbf{I} & -\tilde{\mathbf{r}}_{ij} \\ \mathbf{0} & \mathbf{I} \end{bmatrix}}_{\boldsymbol{\Phi}_{ij}} \underbrace{\begin{bmatrix} \ddot{\mathbf{R}}_i \\ \dot{\boldsymbol{\omega}}_i \end{bmatrix}}_{\ddot{\boldsymbol{\alpha}}_i} + \underbrace{\begin{bmatrix} \mathbf{A}_i \mathbf{J}_{ij}^r \\ \mathbf{A}_i \mathbf{J}_{ij}^\omega \end{bmatrix}}_{\mathbf{J}_{ij}} \ddot{\mathbf{q}}_{ij} + \underbrace{\begin{bmatrix} \tilde{\boldsymbol{\omega}}_i \tilde{\boldsymbol{\omega}}_i \mathbf{r}_{ij} + 2\tilde{\boldsymbol{\omega}}_i \mathbf{A}_i \dot{\mathbf{r}}_{ij}^i + \mathbf{A}_i \boldsymbol{\Gamma}_{ij}^r \\ \tilde{\boldsymbol{\omega}}_i \boldsymbol{\omega}_{ij} + \mathbf{A}_i \boldsymbol{\Gamma}_{ij}^\omega \end{bmatrix}}_{\boldsymbol{\Theta}_{ij}}$$

(1.114)

für die Beschleunigung und Winkelbeschleunigung des Koordinatensystems $\mathcal{K}_j$ in Abhängigkeit der Gelenkkoordinaten $\mathbf{q}_{ij}$ des Gelenks $\mathcal{G}_{ij}$ und der Beschleunigung und Winkelbeschleunigung des Koordinatensystems $\mathcal{K}_i$, die im Folgenden ebenfalls in abgekürzter Form

$$\ddot{\boldsymbol{\alpha}}_j = \boldsymbol{\Phi}_{ij}\ddot{\boldsymbol{\alpha}}_i + \mathbf{J}_{ij}\ddot{\mathbf{q}}_{ij} + \boldsymbol{\Theta}_{ij} \tag{1.115}$$

formuliert werden. Alle Größen sind im Inertialsystem dargestellt, womit der Index des Koordinatensystems entfallen kann.

Betrachtet man die Rekursion über n Körper $j = 1, \ldots, n$, so ergibt sich mit (1.115)

$$\begin{bmatrix} \ddot{\boldsymbol{\alpha}}_1 \\ \ddot{\boldsymbol{\alpha}}_2 \\ \ddot{\boldsymbol{\alpha}}_3 \\ \vdots \\ \ddot{\boldsymbol{\alpha}}_n \end{bmatrix} = \begin{bmatrix} \mathbf{J}_{01} & \mathbf{0} & \mathbf{0} & \cdots & \mathbf{0} \\ \boldsymbol{\Phi}_{12}\mathbf{J}_{01} & \mathbf{J}_{12} & \mathbf{0} & \cdots & \mathbf{0} \\ \boldsymbol{\Phi}_{23}\boldsymbol{\Phi}_{12}\mathbf{J}_{01} & \boldsymbol{\Phi}_{23}\mathbf{J}_{12} & \mathbf{J}_{23} & \cdots & \mathbf{0} \\ \vdots & \vdots & \vdots & \vdots & \vdots \\ \boldsymbol{\Phi}_{n-1,n}\cdots\mathbf{J}_{01} & \boldsymbol{\Phi}_{n-1,n}\cdots\mathbf{J}_{12} & \boldsymbol{\Phi}_{n-1,n}\cdots\mathbf{J}_{23} & \cdots & \mathbf{J}_{n-1,n} \end{bmatrix} \begin{bmatrix} \ddot{\mathbf{q}}_{01} \\ \ddot{\mathbf{q}}_{12} \\ \ddot{\mathbf{q}}_{23} \\ \vdots \\ \ddot{\mathbf{q}}_{n-1,n} \end{bmatrix}$$
$$+ \begin{bmatrix} \boldsymbol{\Phi}_{01}\boldsymbol{\alpha}_0 + \boldsymbol{\Theta}_{01} \\ \boldsymbol{\Phi}_{12}\left(\boldsymbol{\Phi}_{01}\boldsymbol{\alpha}_0 + \boldsymbol{\Theta}_{01}\right) + \boldsymbol{\Theta}_{12} \\ \boldsymbol{\Phi}_{23}\left(\boldsymbol{\Phi}_{12}\left(\boldsymbol{\Phi}_{01}\boldsymbol{\alpha}_0 + \boldsymbol{\Theta}_{01}\right) + \boldsymbol{\Theta}_{12}\right) + \boldsymbol{\Theta}_{23} \\ \vdots \\ \boldsymbol{\Phi}_{n-1,n}\cdots + \boldsymbol{\Theta}_{n-1,n} \end{bmatrix}. \tag{1.116}$$

Greift man aus (1.116) eine beliebige Zeile heraus, so gilt mit der Spaltenmatrix aller Gelenkkoordinaten $\ddot{\mathbf{q}} = \begin{bmatrix} \ddot{\mathbf{q}}_{01}^T & \ddot{\mathbf{q}}_{12}^T & \cdots & \ddot{\mathbf{q}}_{n-1,n}^T \end{bmatrix}^T$ für die Beschleunigung und Winkelbeschleunigung eines beliebigen Körpers i die Darstellung

$$\ddot{\boldsymbol{\alpha}}_i = \mathbf{J}_i\ddot{\mathbf{q}} + \boldsymbol{\Gamma}_i. \tag{1.117}$$

Es ist ersichtlich, dass sich die Jacobi-Matrix $\mathbf{J}_i$ des Körpers i aus der Jacobi-Matrix des Vorgängerkörpers $i-1$ multipliziert von links mit $\boldsymbol{\Phi}_{i-1,i}$ ergibt. Hat das Gelenk $\mathcal{G}_{i-1,i}$ eine von 0 verschiedene Anzahl von Freiheitsgraden $\mathbf{q}_{i-1,i}$, so werden die entsprechenden Spalten der Jacobi-Matrix $\mathbf{J}_i$ mit $\mathbf{J}_{i-1,i}$ aufgefüllt. Entsprechendes gilt für $\boldsymbol{\Gamma}_i$. Die Spaltenmatrix $\boldsymbol{\Gamma}_i$ ergibt sich aus der Multiplikation von $\boldsymbol{\Gamma}_{i-1}$ mit $\boldsymbol{\Phi}_{i-1,i}$ und einer anschließenden Addition von $\boldsymbol{\Theta}_{i-1,i}$. Wie aus (1.116) ersichtlich, vereinfacht sich die Matrix $\boldsymbol{\Gamma}$ aller Nachfolgekörper wenn die Bewegung des Grundkörpers (Index 0) verschwindet.

Für das Gesamtsystem bestehend aus n Starrkörpern ergeben sich mit

$$\delta\boldsymbol{\alpha} = \begin{bmatrix} \delta\boldsymbol{\alpha}_1 \\ \vdots \\ \delta\boldsymbol{\alpha}_n \end{bmatrix}, \dot{\boldsymbol{\alpha}} = \begin{bmatrix} \dot{\boldsymbol{\alpha}}_1 \\ \vdots \\ \dot{\boldsymbol{\alpha}}_n \end{bmatrix}, \ddot{\boldsymbol{\alpha}} = \begin{bmatrix} \ddot{\boldsymbol{\alpha}}_1 \\ \vdots \\ \ddot{\boldsymbol{\alpha}}_n \end{bmatrix}, \mathbf{J} = \begin{bmatrix} \mathbf{J}_1 \\ \vdots \\ \mathbf{J}_n \end{bmatrix} \text{ und } \boldsymbol{\Gamma} = \begin{bmatrix} \boldsymbol{\Gamma}_1 \\ \vdots \\ \boldsymbol{\Gamma}_n \end{bmatrix} \tag{1.118}$$

die kinematischen Zusammenhänge

$$\delta\boldsymbol{\alpha} = \mathbf{J}\delta\mathbf{q}, \quad \dot{\boldsymbol{\alpha}} = \mathbf{J}\dot{\mathbf{q}} \quad \text{und} \quad \ddot{\boldsymbol{\alpha}} = \mathbf{J}\ddot{\mathbf{q}} + \boldsymbol{\Gamma}. \tag{1.119}$$

1.3.5 Schleifenschließbedingungen

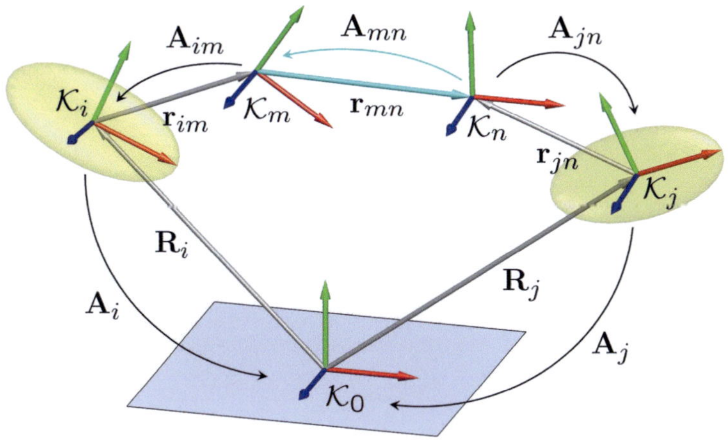

Abbildung 1.12: Zur Definition von impliziten Bindungen

Bei Starrkörpersystemen mit kinematischen Schleifen sind die Gelenkkoordinaten $\mathbf{q}$ nicht mehr unabhängig voneinander, sondern unterliegen einem Satz von impliziten Bindungsgleichungen. Das Aufstellen der Schließbedingungen erfolgt im Folgenden am Beispiel einer Einzelschleife.

Betrachtet werden im Folgenden zwei starre Körper i und j eines Mehrkörpersystems gemäß Abbildung 1.12, deren Lage bezüglich des Inertialsystems durch die Vektoren $\mathbf{R}_i$ bzw. $\mathbf{R}_j$ und deren Orientierung bezüglich $\mathcal{K}_0$ durch die Transformationsmatrizen $\mathbf{A}_i$ bzw. $\mathbf{A}_j$ beschrieben wird. Für die Formulierung von Zwangsbedingungen ist die Einführung von weiteren körperfesten Koordinatensystemen zweckmäßig. Dem Körper i wird demzufolge das körperfeste Koordinatensystem $\mathcal{K}_m$ zugeordnet, dessen relative Lage durch $\mathbf{r}_{im}$ und dessen relative Orientierung durch $\mathbf{A}_{im}$ beschrieben wird. Beide Größen sind bezüglich $\mathcal{K}_i$ zu verstehen. Entsprechendes gilt für das mit Körper j verbundene System $\mathcal{K}_n$. Die Formulierung von impliziten Schließbedingungen bedeutet, die Relativbewegung von $\mathcal{K}_n$ zu $\mathcal{K}_m$ über geometrische (unabhängige) Zwangsbedingungen einzuschränken.

Jede Schleifenschließbedingung lässt sich damit in impliziter Form

$$C\left(\mathbf{R}_m, \mathbf{A}_m, \mathbf{R}_n, \mathbf{A}_n\right) = \mathbf{0} \tag{1.120}$$

formulieren. Aus der Kinematik der offenen Schleife sind die Zusammenhänge

$$\begin{aligned}
\mathbf{R}_m(\mathbf{q}) &= \mathbf{R}_i(\mathbf{q}) + \mathbf{A}_i(\mathbf{q})\,\mathbf{r}^i_{im}, \\
\mathbf{R}_n(\mathbf{q}) &= \mathbf{R}_j(\mathbf{q}) + \mathbf{A}_j(\mathbf{q})\,\mathbf{r}^j_{jn}, \\
\mathbf{A}_m(\mathbf{q}) &= \mathbf{A}_i(\mathbf{q})\,\mathbf{A}_{im} \text{ und} \\
\mathbf{A}_n(\mathbf{q}) &= \mathbf{A}_j(\mathbf{q})\,\mathbf{A}_{jn}
\end{aligned} \tag{1.121}$$

bekannt, womit sich die nichtlinearen Schließbedingungen

$$C\left(\mathbf{q}\right) = \mathbf{0} \tag{1.122}$$

in den Gelenkkoordinaten $\mathbf{q}$ ergeben. Auf Geschwindigkeitsebene folgt mit den Funktionalmatrizen $\mathbf{C}_{R_i}$, $\mathbf{C}_{\omega_j}$, $\mathbf{C}_{R_i}$, $\mathbf{C}_{\omega_j}$, $\mathbf{C}_{\alpha_i}$ und $\mathbf{C}_{\alpha_j}$ aus (1.120) zunächst die Beziehung

$$\begin{bmatrix} \mathbf{C}_{R_i} & \mathbf{C}_{\omega_i} & \mathbf{C}_{R_j} & \mathbf{C}_{\omega_j} \end{bmatrix} \begin{bmatrix} \dot{\mathbf{R}}_i \\ \boldsymbol{\omega}_i \\ \dot{\mathbf{R}}_j \\ \boldsymbol{\omega}_j \end{bmatrix} = \begin{bmatrix} \mathbf{C}_{\alpha_i} & \mathbf{C}_{\alpha_j} \end{bmatrix} \begin{bmatrix} \dot{\boldsymbol{\alpha}}_i \\ \dot{\boldsymbol{\alpha}}_j \end{bmatrix} = \mathbf{0}. \tag{1.123}$$

Zusammen mit der Kinematik der offenen Starrkörperkette

$$\begin{bmatrix} \dot{\boldsymbol{\alpha}}_i \\ \dot{\boldsymbol{\alpha}}_j \end{bmatrix} = \begin{bmatrix} \mathbf{J}_i \\ \mathbf{J}_j \end{bmatrix} \dot{\mathbf{q}} \tag{1.124}$$

folgen die Schließbedingungen auf Geschwindigkeitsebene in den Gelenkkoordinaten $\mathbf{q}$ der offenen Schleife

$$\begin{bmatrix} \mathbf{C}_{\alpha_i} & \mathbf{C}_{\alpha_j} \end{bmatrix} \begin{bmatrix} \mathbf{J}_i \\ \mathbf{J}_j \end{bmatrix} \dot{\mathbf{q}} = \mathbf{0}. \tag{1.125}$$

Auf Beschleunigungsebene lauten die impliziten Schließbedingungen schließlich

$$\begin{bmatrix} \mathbf{C}_{\alpha_i} & \mathbf{C}_{\alpha_j} \end{bmatrix} \begin{bmatrix} \ddot{\boldsymbol{\alpha}}_i \\ \ddot{\boldsymbol{\alpha}}_j \end{bmatrix} + \begin{bmatrix} \dot{\mathbf{C}}_{\alpha_i} & \dot{\mathbf{C}}_{\alpha_j} \end{bmatrix} \begin{bmatrix} \dot{\boldsymbol{\alpha}}_i \\ \dot{\boldsymbol{\alpha}}_j \end{bmatrix} = \mathbf{0}. \tag{1.126}$$

Zusammen mit den kinematischen Beziehungen der offenen Schleife

$$\begin{bmatrix} \dot{\boldsymbol{\alpha}}_i \\ \dot{\boldsymbol{\alpha}}_j \end{bmatrix} = \begin{bmatrix} \mathbf{J}_i \\ \mathbf{J}_j \end{bmatrix} \dot{\mathbf{q}} \text{ und } \begin{bmatrix} \ddot{\boldsymbol{\alpha}}_i \\ \ddot{\boldsymbol{\alpha}}_j \end{bmatrix} = \begin{bmatrix} \mathbf{J}_i \\ \mathbf{J}_j \end{bmatrix} \ddot{\mathbf{q}} + \begin{bmatrix} \boldsymbol{\Gamma}_i \\ \boldsymbol{\Gamma}_j \end{bmatrix}, \tag{1.127}$$

folgen daraus die Schließbedingungen auf Beschleunigungsebene in den Gelenkkoordinaten $\mathbf{q}$

$$\begin{bmatrix} \mathbf{C}_{\alpha_i} & \mathbf{C}_{\alpha_j} \end{bmatrix} \begin{bmatrix} \mathbf{J}_i \\ \mathbf{J}_j \end{bmatrix} \ddot{\mathbf{q}} = -\left[\dot{\mathbf{C}}_{\alpha_i} \mathbf{J}_i \dot{\mathbf{q}} + \dot{\mathbf{C}}_{\alpha_j} \mathbf{J}_j \dot{\mathbf{q}} + \mathbf{C}_{\alpha_i} \boldsymbol{\Gamma}_i + \mathbf{C}_{\alpha_j} \boldsymbol{\Gamma}_j \right]. \tag{1.128}$$

Die oben dargestellte Behandlung von Schleifenschließbedingungen lässt sich sinngemäß auch auf Systeme mit mehreren geschlossenen Schleifen übertragen. Für n Schleifen ergibt sich aus (1.122) die allgemeine Form

$$\mathbf{C}\left(\mathbf{q}\right) = \begin{bmatrix} C_1\left(\mathbf{q}\right) \\ \vdots \\ C_n\left(\mathbf{q}\right) \end{bmatrix} = \mathbf{0}. \tag{1.129}$$

Auf Geschwindigkeitsebene folgt aus analog zu (1.123) die lineare Beziehung

$$\mathbf{C}_{\boldsymbol{\alpha}} \dot{\boldsymbol{\alpha}} = \mathbf{0}, \tag{1.130}$$

woraus sich mit $\dot{\boldsymbol{\alpha}} = \mathbf{J}\dot{\mathbf{q}}$ und $\mathbf{C}_{\boldsymbol{\alpha}}\mathbf{J} = \mathbf{C}_{\mathbf{q}}$ die Schließbedingungen auf Geschwindigkeitsebene in den Gelenkkoordinaten $\mathbf{q}$

$$\mathbf{C}_{\boldsymbol{\alpha}}\mathbf{J}\dot{\mathbf{q}} = \mathbf{C}_{\mathbf{q}}\dot{\mathbf{q}} = \mathbf{0}. \tag{1.131}$$

ergeben.

Im Hinblick auf (1.128) gelten im Folgenden ohne Einschränkung der Allgemeinheit die Schließbedingungen auf Beschleunigungsebene

$$\mathbf{C}_{\mathbf{q}}\ddot{\mathbf{q}} = \boldsymbol{\Gamma}_{\mathbf{q}}. \tag{1.132}$$

Die Zwangsbedingungen für die gängigsten Gelenke basieren auf drei Grundtypen unabhängiger Zwangsbedingungen [41, 53, 119, 120]. Dazu zählen die Punktverbindung, die Parallelitäts-, und die Orthogonalitätsbedingung, die im Folgenden kurz erläutert werden.

Punktverbindung

Die Definition einer Punktverbindung (Kugelgelenk) erfolgt über die Bedingung

$$\mathbf{r}_{mn} = \mathbf{R}_j + \mathbf{A}_j\mathbf{r}^j_{jn} - \mathbf{R}_i - \mathbf{A}_i\mathbf{r}^i_{im} = \mathbf{0}, \tag{1.133}$$

d.h. die absolute Lage $\mathbf{R}_m = \mathbf{R}_i + \mathbf{A}_i\mathbf{r}^i_{im}$ des Koordinatenursprungs $\mathcal{K}_m$ ist identisch mit der absoluten Lage $\mathbf{R}_n = \mathbf{R}_j + \mathbf{A}_j\mathbf{r}^j_{jn}$ des Koordinatenursprungs $\mathcal{K}_n$. Die impliziten Bindungsgleichungen $\mathbf{C}_s$ auf Lageebene lauten damit

$$\mathbf{C}_s\left(\mathbf{R}_m, \mathbf{R}_n\right) = \mathbf{R}_j + \mathbf{A}_j\mathbf{r}^j_{jn} - \mathbf{R}_i - \mathbf{A}_i\mathbf{r}^i_{im} = \mathbf{0}. \tag{1.134}$$

Durch zweimalige zeitliche Ableitung ergeben sich daraus die kinematischen Zusammenhänge auf Beschleunigungsebene in der Form

$$\begin{bmatrix} -\mathbf{I} & \tilde{\mathbf{r}}_{im} & \mathbf{I} & -\tilde{\mathbf{r}}_{jn} \end{bmatrix} \begin{bmatrix} \ddot{\mathbf{R}}_i \\ \dot{\boldsymbol{\omega}}_i \\ \ddot{\mathbf{R}}_j \\ \dot{\boldsymbol{\omega}}_j \end{bmatrix} = \left[\tilde{\boldsymbol{\omega}}_i\tilde{\boldsymbol{\omega}}_i\mathbf{r}_{im} - \tilde{\boldsymbol{\omega}}_j\tilde{\boldsymbol{\omega}}_j\mathbf{r}_{jn}\right]. \tag{1.135}$$

Orthogonalität

Die Bedingung für die Orthogonalität zweier Vektoren erfolgt in Form eines Skalarprodukts. Die Transformationsmatrizen der Koordinatensysteme $\mathcal{K}_m$ und $\mathcal{K}_n$ bezüglich des Inertialsystems und damit auch die Richtung der Einheitsvektoren sind durch die Transformationen

$$\mathbf{A}_m = \mathbf{A}_i\mathbf{A}_{im} = \begin{bmatrix} \mathbf{e}_{x,m} & \mathbf{e}_{y,m} & \mathbf{e}_{z,m} \end{bmatrix}, \tag{1.136}$$

$$\mathbf{A}_n = \mathbf{A}_j\mathbf{A}_{jn} = \begin{bmatrix} \mathbf{e}_{x,n} & \mathbf{e}_{y,n} & \mathbf{e}_{z,n} \end{bmatrix} \tag{1.137}$$

gegeben. Fordert man beispielsweise die Orthogonalität der z-Achsen, so ergibt sich die implizite Bindungsgleichung in Form eines Skalarprodukts

$$C_o\left(\mathbf{e}_{z,m}, \mathbf{e}_{z,n}\right) = \mathbf{e}^T_{z,m}\mathbf{e}_{z,n} = 0. \tag{1.138}$$

Analoges gilt für die x- bzw. y-Achse. Mit $\boldsymbol{\omega}_m = \boldsymbol{\omega}_i$, $\boldsymbol{\omega}_n = \boldsymbol{\omega}_j$ und der 1×3-Nullmatrix $\mathbf{0}$ folgt nach längerer Rechnung die Bindungsgleichung auf Beschleunigungsebene in der Form

$$\begin{bmatrix} \mathbf{0} & -\mathbf{e}_{z,n}^T\tilde{\mathbf{e}}_{z,m} & \mathbf{0} & -\mathbf{e}_{z,m}^T\tilde{\mathbf{e}}_{z,n} \end{bmatrix} \begin{bmatrix} \ddot{\mathbf{R}}_i \\ \dot{\boldsymbol{\omega}}_i \\ \ddot{\mathbf{R}}_i \\ \dot{\boldsymbol{\omega}}_j \end{bmatrix} = \mathbf{e}_{z,n}^T\left[\left(\tilde{\boldsymbol{\omega}}_j - \tilde{\boldsymbol{\omega}}_i\right)\tilde{\boldsymbol{\omega}}_i\mathbf{e}_{z,m}\right] + \mathbf{e}_{z,m}^T\left[\left(\tilde{\boldsymbol{\omega}}_i - \tilde{\boldsymbol{\omega}}_j\right)\tilde{\boldsymbol{\omega}}_j\mathbf{e}_{z,n}\right]. \tag{1.139}$$

Parallelität

Die Zwangsbedingungen für die Parallelität zweier Vektoren formuliert man ebenfalls im Sinne eines Skalarprodukts (1.138). Fordert man beispielsweise die Parallelität der z-Achsen, so ergeben sich die Bindungsgleichungen auf Lageebene

$$\mathbf{C}_p\left(\mathbf{e}_{z,m}, \mathbf{e}_{z,n}\right) = \begin{bmatrix} \mathbf{e}_{z,m}^T\mathbf{e}_{x,n} \\ \mathbf{e}_{z,m}^T\mathbf{e}_{y,n} \end{bmatrix} = \mathbf{0}. \tag{1.140}$$

Durch sukzessives Vertauschen der Indizes kann zur Berechnung der Bindungsgleichungen auf Beschleunigungsebene die Gleichung (1.139) herangezogen werden. Damit ergibt sich der Zusammenhang

$$\begin{bmatrix} \mathbf{0} & -\mathbf{e}_{x,n}^T\tilde{\mathbf{e}}_{z,m} & \mathbf{0} & -\mathbf{e}_{z,m}^T\tilde{\mathbf{e}}_{x,n} \\ \mathbf{0} & -\mathbf{e}_{z,m}^T\tilde{\mathbf{e}}_{y,n} & \mathbf{0} & -\mathbf{e}_{z,m}^T\tilde{\mathbf{e}}_{y,n} \end{bmatrix} \begin{bmatrix} \ddot{\mathbf{R}}_i \\ \dot{\boldsymbol{\omega}}_i \\ \ddot{\mathbf{R}}_i \\ \dot{\boldsymbol{\omega}}_j \end{bmatrix} = \begin{bmatrix} \mathbf{e}_{x,n}^T\left[\left(\tilde{\boldsymbol{\omega}}_j - \tilde{\boldsymbol{\omega}}_i\right)\tilde{\boldsymbol{\omega}}_i\mathbf{e}_{z,m}\right] + \mathbf{e}_{z,m}^T\left[\left(\tilde{\boldsymbol{\omega}}_i - \tilde{\boldsymbol{\omega}}_j\right)\tilde{\boldsymbol{\omega}}_j\mathbf{e}_{x,n}\right] \\ \mathbf{e}_{y,n}^T\left[\left(\tilde{\boldsymbol{\omega}}_j - \tilde{\boldsymbol{\omega}}_i\right)\tilde{\boldsymbol{\omega}}_i\mathbf{e}_{z,m}\right] + \mathbf{e}_{z,m}^T\left[\left(\tilde{\boldsymbol{\omega}}_i - \tilde{\boldsymbol{\omega}}_j\right)\tilde{\boldsymbol{\omega}}_j\mathbf{e}_{y,n}\right] \end{bmatrix}. \tag{1.141}$$

Abstandsbedingung

Die Formulierung einer Abstandsbedingung erfolgt im Sinne eines Skalarprodukts in der Form

$$C_a(\mathbf{r}_{mn}, \ell) = \mathbf{r}_{mn}^T\mathbf{r}_{mn} - \ell^2 = 0. \tag{1.142}$$

Dabei bezeichnet die skalare Größe ℓ den konstanten Relativabstand der Koordinatensysteme $\mathcal{K}_m$ und $\mathcal{K}_n$. Durch zweimalige zeitliche Ableitung ergibt sich mit

$$\dot{\mathbf{r}}_{mn} = \dot{\mathbf{R}}_j + \tilde{\boldsymbol{\omega}}_j\mathbf{r}_{jn} - \dot{\mathbf{R}}_i - \tilde{\boldsymbol{\omega}}_i\mathbf{r}_{im} \tag{1.143}$$

die Bindungsgleichung auf Beschleunigungsebene

$$2\mathbf{r}_{mn}^T \begin{bmatrix} -\mathbf{I} & \tilde{\mathbf{r}}_{im} & \mathbf{I} & -\tilde{\mathbf{r}}_{jn} \end{bmatrix} \begin{bmatrix} \ddot{\mathbf{R}}_i \\ \dot{\boldsymbol{\omega}}_i \\ \ddot{\mathbf{R}}_j \\ \dot{\boldsymbol{\omega}}_j \end{bmatrix} = \left[2\mathbf{r}_{mn}^T\left(\tilde{\boldsymbol{\omega}}_i\tilde{\boldsymbol{\omega}}_i\mathbf{r}_{im} - \tilde{\boldsymbol{\omega}}_j\tilde{\boldsymbol{\omega}}_j\mathbf{r}_{jn}\right) - 2\dot{\mathbf{r}}_{mn}^T\dot{\mathbf{r}}_{mn}\right]. \tag{1.144}$$

Standardgelenktypen

Die Formulierung von Zwangsbedingungen für gängige Standardgelenke erfolgt durch Kombination der oben dargestellten Basisbindungen[41, 53, 119, 120]. In Tabelle 1.1 sind die wichtigsten Gelenktypen dargestellt.

Gelenktyp	Zwangsbedingung	Bemerkung
Starres Gelenk	$\mathbf{C} = \begin{bmatrix} \mathbf{C}_s(\mathbf{R}_m, \mathbf{R}_n) \\ \mathbf{C}_p(\mathbf{e}_{z,m}, \mathbf{e}_{z,n}) \\ \mathbf{C}_o(\mathbf{e}_{x,m}, \mathbf{e}_{y,n}) \end{bmatrix}$	Lage und Orientierung der Koordinatensysteme $\mathcal{K}_m$ und $\mathcal{K}_n$ identisch
Drehgelenk	$\mathbf{C} = \begin{bmatrix} \mathbf{C}_s(\mathbf{R}_m, \mathbf{R}_n) \\ \mathbf{C}_p(\mathbf{e}_{z,m}, \mathbf{e}_{z,n}) \end{bmatrix}$	$\mathbf{e}_z$ ist Drehachse
Drehschubgelenk	$\mathbf{C} = \begin{bmatrix} \mathbf{C}_p(\mathbf{e}_{z,m}, \mathbf{e}_{z,n}) \\ \mathbf{C}_p(\mathbf{e}_{z,m}, \mathbf{r}_{mn}) \end{bmatrix}$	$\mathbf{e}_z$ ist Drehschubachse
Schubgelenk	$\mathbf{C} = \begin{bmatrix} \mathbf{C}_p(\mathbf{e}_{z,m}, \mathbf{e}_{z,n}) \\ \mathbf{C}_p(\mathbf{e}_{z,m}, \mathbf{e}_{z,n}) \\ \mathbf{C}_o(\mathbf{e}_{x,m}, \mathbf{e}_{y,n}) \end{bmatrix}$	$\mathbf{e}_z$ ist Schubachse
Kardangelenk	$\mathbf{C} = \begin{bmatrix} \mathbf{C}_s(\mathbf{R}_m, \mathbf{R}_n) \\ \mathbf{C}_o(\mathbf{e}_{x,m}, \mathbf{e}_{y,n}) \end{bmatrix}$	$\mathbf{R}_m = \mathbf{R}_n$ ist Gelenkpunkt, $\mathbf{e}_{x,m}$ bzw. $\mathbf{e}_{y,n}$ sind Drehachsen
Kugelgelenk	$\mathbf{C} = \begin{bmatrix} \mathbf{C}_s(\mathbf{K}_m, \mathbf{K}_n) \end{bmatrix}$	$\mathbf{R}_m = \mathbf{R}_n$ ist Gelenkpunkt

Tabelle 1.1: Standardgelenktypen

Ellipsoidgelenk

Unter einem Ellipsoidgelenk soll im Folgenden eine kinematische Zwangsbedingungen verstanden werden, die einen Punkt an die Oberfläche eines Ellipsoids bindet. Dieser Gelenktyp findet im Rahmen dieser Arbeit Anwendung bei der biomechanischen Modellierung des Kniegelenks bzw. des Schultergürtels.

Gegeben sei ein Ellipsoid mit den Halbachsen a, b und c, das in $\mathcal{K}_m$ die Darstellung

$$\frac{x^2}{a^2} + \frac{y^2}{b^2} + \frac{z^2}{c^2} - 1 = 0 \quad \Leftrightarrow \quad \begin{bmatrix} x & y & z \end{bmatrix} \underbrace{\begin{bmatrix} \frac{1}{a^2} & 0 & 0 \\ 0 & \frac{1}{b^2} & 0 \\ 0 & 0 & \frac{1}{c^2} \end{bmatrix}}_{\mathbf{D}_m} \begin{bmatrix} x \\ y \\ z \end{bmatrix} - 1 = 0 \quad (1.145)$$

besitzt. Somit liegt jeder Punkt mit den Koordinaten $\mathbf{r}_e^m = \begin{bmatrix} x & y & z \end{bmatrix}^T$ der die Gleichung $(\mathbf{r}_e^m)^T \mathbf{D}_m \mathbf{r}_e^m = 1$ erfüllt auf der Oberfläche des Ellipsoids. Weiterhin sei ein beliebiger Punkt $\mathcal{P}$ gegeben, der in $\mathcal{K}_j$ die konstanten Koordinaten $\mathbf{r}_P^j$ besitzt.

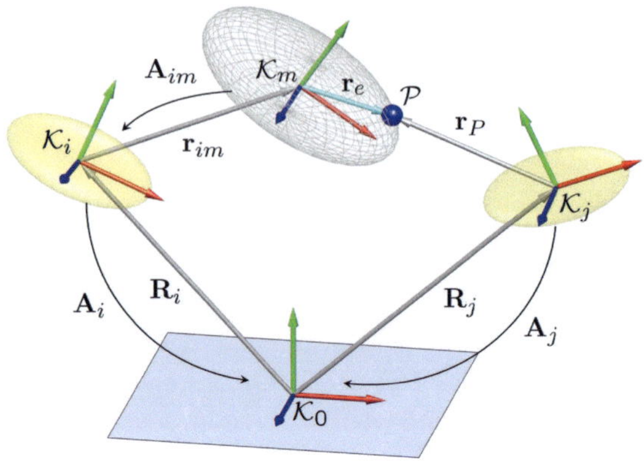

Abbildung 1.13: Zur Definition des Ellipsoidgelenks

Mit Hilfe der Transformation $\mathbf{r}_e = \mathbf{A}_i\mathbf{A}_{im}\mathbf{r}_e^m$ gelingt die Darstellung der Ellipsoidengleichung im Inertialsystem $\mathcal{K}_0$

$$\mathbf{r}_e^T \underbrace{\mathbf{A}_i\mathbf{A}_{im}\mathbf{D}_m\mathbf{A}_{im}^T\mathbf{A}_i^T}_{\mathbf{D}} \mathbf{r}_e = \mathbf{r}_e^T\mathbf{D}\mathbf{r}_e = 1, \tag{1.146}$$

wobei für den Koordinatenvektor $\mathbf{r}_e$ der Zusammenhang

$$\mathbf{r}_e = \mathbf{R}_j + \mathbf{A}_j\mathbf{r}_P^j - \mathbf{R}_i - \mathbf{A}_i\mathbf{r}_{im}^i \tag{1.147}$$

gilt. Damit ist die Zwangsbedingung des Ellipsoidgelenks in der impliziten Form

$$C_e(\mathbf{r}_e) = \mathbf{r}_e^T\mathbf{D}\mathbf{r}_e - 1 = 0 \tag{1.148}$$

vollständig bestimmt. Durch zweimalig zeitliche Ableitung folgt mit

$$\dot{\mathbf{r}}_e = \dot{\mathbf{R}}_j + \tilde{\boldsymbol{\omega}}_j\mathbf{r}_P - \dot{\mathbf{R}}_i - \tilde{\boldsymbol{\omega}}_i\mathbf{r}_{im} \tag{1.149}$$

daraus die Bindungsgleichung auf Beschleunigungsebene

$$2\mathbf{r}_e^T\mathbf{D}\begin{bmatrix} -\mathbf{I} & \tilde{\mathbf{r}}_{im} & \mathbf{I} & -\tilde{\mathbf{r}}_P \end{bmatrix}\begin{bmatrix} \ddot{\mathbf{R}}_i \\ \dot{\boldsymbol{\omega}}_i \\ \ddot{\mathbf{R}}_j \\ \dot{\boldsymbol{\omega}}_j \end{bmatrix} = -2\mathbf{r}_e^T\mathbf{D}\left[\tilde{\boldsymbol{\omega}}_j\tilde{\boldsymbol{\omega}}_j\mathbf{r}_P - \tilde{\boldsymbol{\omega}}_i\tilde{\boldsymbol{\omega}}_i\mathbf{r}_{im}\right] - 2\dot{\mathbf{r}}_e^T\mathbf{D}\dot{\mathbf{r}}_e. \tag{1.150}$$

Kinematik in Absolutkoordinaten

Alternativ zu den expliziten Bindungen der Form (1.119), wo die absolute Lage und Orientierung der Körper als Funktion der Gelenkkoordinaten $\mathbf{q}$ beschrieben wird, kann die Kinematik von Starrkörpersystemen auch in impliziter Form in den Absolutkoordinaten $\bar{\mathbf{q}}$ der einzelnen Starrkörper formuliert werden. Die Grundidee dieser Vorgehensweise besteht darin, die sechs Freiheitsgrade pro Starrkörper beizubehalten und deren Relativbewegung zueinander mit Hilfe von Zwangsbedingungen (sog. Gelenkbindungen) einzuschränken [41, 53, 119, 120].

Gegeben seien n_c Bindungsgleichungen der Form

$$\mathbf{C}(\bar{\mathbf{q}},t) = \begin{bmatrix} C_1(\bar{\mathbf{q}},t) \\ \vdots \\ C_{n_c}(\bar{\mathbf{q}},t) \end{bmatrix} = \mathbf{0}, \tag{1.151}$$

wobei die n_q generalisierten Koordinaten $\bar{\mathbf{q}}_i = \begin{bmatrix} \mathbf{R}_i^T & \boldsymbol{\theta}_i^T \end{bmatrix}^T$ zu der Spaltenmatrix $\bar{\mathbf{q}} = \begin{bmatrix} \bar{\mathbf{q}}_1^T & \cdots & \bar{\mathbf{q}}_{n_q}^T \end{bmatrix}^T$ zusammengefasst werden. Die Bindungsgleichung auf Geschwindigkeitsebene erhält man durch zeitliche Ableitung

$$\mathbf{C}_{\bar{\mathbf{q}}}\dot{\bar{\mathbf{q}}} + \mathbf{C}_t = \mathbf{0} \tag{1.152}$$

von Gleichung (1.151) mit der $n_c \times n_q$ Funktionalmatrix

$$\mathbf{C}_{\bar{\mathbf{q}}} = \begin{bmatrix} \dfrac{\partial C_1}{\partial \bar{q}_1} & \cdots & \dfrac{\partial C_1}{\partial \bar{q}_{n_q}} \\ \vdots & & \vdots \\ \dfrac{\partial C_{n_c}}{\partial \bar{q}_1} & \cdots & \dfrac{\partial C_{n_c}}{\partial \bar{q}_{n_q}} \end{bmatrix} \tag{1.153}$$

aller partiellen Ableitungen nach den generalisierten Koordinaten $\bar{\mathbf{q}}$ und der $n_c \times 1$ Spaltenmatrix

$$\mathbf{C}_t = \begin{bmatrix} \dfrac{\partial C_1}{\partial t} \\ \vdots \\ \dfrac{\partial C_{n_c}}{\partial t} \end{bmatrix}. \tag{1.154}$$

aller partiellen Ableitungen nach der Zeit. Durch nochmalige zeitliche Ableitung ergeben sich die Bindungsgleichungen auf Beschleunigungsebene zu

$$\mathbf{C}_{\bar{\mathbf{q}}}\ddot{\bar{\mathbf{q}}} + \left(\mathbf{C}_{\bar{\mathbf{q}}}\dot{\bar{\mathbf{q}}}\right)_{\bar{\mathbf{q}}}\dot{\bar{\mathbf{q}}} + 2\mathbf{C}_{\bar{\mathbf{q}}t}\dot{\bar{\mathbf{q}}} + \mathbf{C}_{tt} = \mathbf{0}, \tag{1.155}$$

die man in der kompakten Matrixform

$$\mathbf{C}_{\bar{\mathbf{q}}}\ddot{\bar{\mathbf{q}}} = \boldsymbol{\Gamma}_{\bar{\mathbf{q}}} \tag{1.156}$$

darstellen kann.

Mit der kinematischen Differentialgleichung $\boldsymbol{\omega}_k = \mathbf{G}_k\dot{\boldsymbol{\theta}}_k$ bzw. $\dot{\boldsymbol{\omega}}_k = \mathbf{G}_k\ddot{\boldsymbol{\theta}}_k + \dot{\mathbf{G}}_k\dot{\boldsymbol{\theta}}_k$ $(k = i, j)$ können alle in Abschnitt 1.3.5 dargestellten impliziten Bindungsgleichungen in die Form (1.151) bzw. (1.156) gebracht werden. Somit sind die als Schleifenschließbedingungen formulierten Beziehungen auch als Gelenkbindungen im Sinne von (1.151) bzw. (1.156) zu verstehen.

Kapitel 2

Dynamik

Die rechnergestützte Behandlung von Mehrkörpersystemen hat die Simulation komplexerer Systeme erst ermöglicht. Im Laufe der Zeit entstanden Computerprogramme, die sich in Funktionsumfang und in ihrer Arbeitsweise deutlich unterscheiden. Ziel solcher Programme ist es, ausgehend von der Struktur eines Mehrkörpersystems, den mechanischen und geometrischen Eigenschaften seiner Körper sowie ihrer Verbindungselemente, die Bewegungsgleichungen des Gesamtsystems aufzustellen und anschließend zu integrieren.

Man unterscheidet Systeme, die Bewegungsgleichungen symbolisch herleiten und solche, die voll numerisch arbeiten. Ein wichtiges Merkmal eines symbolisch arbeitenden Simulationswerkzeuges ist, dass die Systemgleichungen bis zu einer gewissen Ebene in symbolischer Form vorliegen. Dies ermöglicht einen direkten Eingriff in das dynamische Systemverhalten, z.B. durch Elimination schwacher Kopplungen [69]. Die symbolisch generierten Bewegungsgleichungen können damit auch im Hinblick auf die Echtzeitfähigkeit problemspezifisch optimiert werden. Eine freie Auswahl des numerischen Lösungsverfahrens, der Plattform und der Programmiersprache ist ebenfalls gegeben. Ein weiteres herausragendes Merkmal solcher Systeme ist die Tatsache, dass die numerische Effizienz in der Regel unabhängig vom verwendeten Formalismus ist, da nur der Aufwand bei der Auswertung der in symbolischer Form vorliegenden Bewegungsgleichungen in diesem Zusammenhang eine entscheidende Rolle spielt. Aufgrund der Tatsache, dass die Bewegungsgleichungen schon für kleine Systeme sehr komplex werden, steigt nicht nur der Aufwand zur Aufstellung der Gleichungen sondern auch deren Auswertung erheblich. Somit eignen sich solche Simulationswerkzeuge höchstens für akademische Problemstellungen. Die rein numerisch arbeitenden Simulationswerkzeuge zeichnen sich dadurch aus, dass der zu Grunde liegende Formalismus zu jedem Zeitschritt durchlaufen wird, womit die Effizienz solcher Systeme entscheidend davon abhängt. Die wohl wichtigste Eigenschaft solcher Simulationswerkzeuge ist aber die Tatsache, dass deren Einsatzgebiet auf beliebig komplexe Problemstellungen ausgedehnt werden kann. Aufgrund dieser Flexibilität verfolgen alle erfolgreichen MKS-Systeme diesen Ansatz.

Weiterhin lassen sich die MKS-Systeme bzw. Formalismen in zwei große Gruppen einteilen: solche, die synthetische und andere, die analytische Methoden anwenden. Zu den synthetischen Methoden zählen die Auswertung der Newton-Eulerschen Gleichungen. Im Gegensatz zur synthetischen Methode führt die analytische Methodik eine formale Analyse des Gesamtsystems mittels Energiebetrachtungen durch (Lagrangesche

Gleichungen).

Die Schlüsselfrage bei der Modellierung mechanischer Systeme und damit für die Aufstellung effektiver Mehrkörperprogramme ist die geeignete Wahl von Koordinaten. Das Arbeiten mit einer minimalen Anzahl von Koordinaten führt auf komplexe Bewegungsgleichungen. Alle Informationen über die Dynamik des Systems sind in einer minimalen Anzahl an Bewegungsgleichungen komprimiert [135]. Wählt man hingegen einen Satz von überzähligen Koordinaten, deren Anzahl die Zahl der Freiheitsgrade des Systems übersteigt, erhält man Bewegungsgleichungen in Deskriptorform (differential-algebraische Gleichungssysteme) [41, 53, 119, 120]. Die Struktur der systembeschreibenden Gleichungen ist zwar in diesem Fall erheblich einfacher, dies führt aber zu Schwierigkeiten bei der numerischen Behandlung [37, 38, 110, 132].

Die vorliegende Arbeit beschäftigt sich vorwiegend mit der Modellierung und Simulation des menschlichen Bewegungsapparates. Die Komplexität des betrachteten mechanischen Systems erfordert eine rein numerische Behandlung. Ziel dieses Kapitels ist somit die ableitungsfreie Formulierung der Bewegungsgleichungen. Es bildet gleichzeitig die Grundlage für das im Rahmen dieser Arbeit entstandene Simulationswerkzeug *MkdTools*. Verfolgt wird dabei die Formulierung der Bewegungsgleichungen in Minimalkoordinaten sowie in Absolutkoordinaten. Zunächst sind die Bewegungsgleichungen für einen starren Einzelkörper aufzustellen. Ausgehend davon führt die Einarbeitung der Kinematik in expliziter Form im Falle von offenen Starrkörperketten auf Bewegungsgleichungen in Form von gewöhnlichen Differentialgleichungen. Auftretende Schleifenschließbedingungen werden mit Hilfe von impliziten Gelenkbindungen realisiert, was auf differential-algebraische Gleichungssysteme führt. Die Formulierung der Gelenkbindungen in impliziter Form führt ebenfalls auf Bewegungsgleichungen in Deskriptor-Form, die im Hinblick auf die numerische Auswertung eine gesonderte Behandlung erfahren.

2.1 Dynamik des starren Körpers

Im Folgenden soll die Dynamik eines einzelnen, freien, homogenen, starren Körpers behandelt werden [53, 120, 135]. Gemäß Abbildung 2.1, bezeichnet $\mathcal{K}_i$ das körperfeste Bezugssystem des Körpers i, $\mathbf{R}_i$ bzw. $\mathbf{A}_i$ dessen Lage bzw. Orientierung bezüglich des Inertialsystems $\mathcal{K}_0$ und $\mathcal{S}$ bzw. $\mathbf{r}_S$ den Schwerpunkt bzw. dessen Lage bezüglich $\mathcal{K}_i$. Betrachtet man ein infinitesimales Massenelement dm mit dem Ortsvektor $\mathbf{r}$ bezüglich des körperfesten Bezugssystems $\mathcal{K}_i$ und den Absolutkoordinaten $\mathbf{R} = \mathbf{R}_i + \mathbf{A}_i\mathbf{r}^i = \mathbf{R}_i + \mathbf{r}$ gemäß (1.46), so lässt sich die virtuelle Arbeit der Trägheitskräfte des starren Körpers aus

$$\delta W_i^I = \int_V \rho \ddot{\mathbf{R}}^T \delta\mathbf{R} dV \tag{2.1}$$

berechnen. Mit $\ddot{\mathbf{R}} = \ddot{\mathbf{R}}_i + \dot{\tilde{\boldsymbol{\omega}}}_i\mathbf{r} + \tilde{\boldsymbol{\omega}}_i\tilde{\boldsymbol{\omega}}_i\mathbf{r}$ und $\delta\mathbf{R} = \delta\mathbf{R}_i - \tilde{\mathbf{r}}\delta\boldsymbol{\pi}_i$ folgt aus Gleichung (2.1)

$$\delta W_i^I = \left[\begin{array}{cc} \delta\mathbf{R}_i^T & \delta\boldsymbol{\pi}_i^T \end{array}\right] \left(\int_V \rho \left[\begin{array}{cc} \mathbf{I} & -\tilde{\mathbf{r}} \\ \tilde{\mathbf{r}} & -\tilde{\mathbf{r}}\tilde{\mathbf{r}} \end{array}\right] dV \left[\begin{array}{c} \ddot{\mathbf{R}}_i \\ \dot{\boldsymbol{\omega}}_i \end{array}\right] + \int_V \rho \left[\begin{array}{c} \tilde{\boldsymbol{\omega}}_i\tilde{\boldsymbol{\omega}}_i\mathbf{r} \\ \tilde{\mathbf{r}}\tilde{\boldsymbol{\omega}}_i\tilde{\boldsymbol{\omega}}_i\mathbf{r} \end{array}\right] dV \right). \tag{2.2}$$

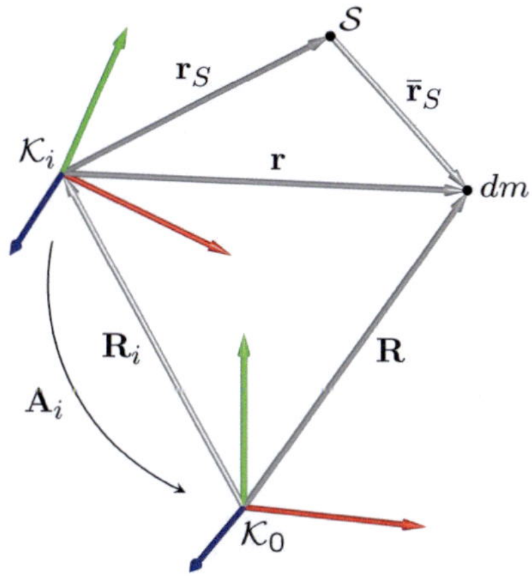

Abbildung 2.1: Zur Kinematik des Starrkörpers

Die Auswertung von Gleichung (2.2) liefert unter der Annahme konstanter Dichte ρ für das erste Element des ersten Integrals

$$\int_V \rho \mathbf{I} dV = m_i \mathbf{I}, \tag{2.3}$$

wobei m_i die Masse des Körpers i und $\mathbf{I}$ die 3×3-Einheitsmatrix bezeichnet. Mit $\tilde{\mathbf{r}} = \mathbf{A}_i \tilde{\mathbf{r}}^i \mathbf{A}_i^T$ und $\mathbf{r}^i = \mathbf{r}_S^i + \bar{\mathbf{r}}_S^i$ ergibt sich für das nächste Element des ersten Integrals

$$\int_V \rho \tilde{\mathbf{r}} dV = m_i \mathbf{A}_i \tilde{\mathbf{r}}_S^i \mathbf{A}_i^T. \tag{2.4}$$

Dabei bezeichnet $\bar{\mathbf{r}}_S^i$ die Lage eines beliebigen Massenelements dm bezüglich des Schwerpunktes $\mathcal{S}$. Für das letzte Element des ersten Integrals ergibt sich schließlich

$$\int_V -\rho \tilde{\mathbf{r}} \tilde{\mathbf{r}} dV = \mathbf{A}_i \mathbf{J}_i^i \mathbf{A}_i^T = \mathbf{J}_i. \tag{2.5}$$

In Gleichung (2.5) bezeichnet $\mathbf{J}_i^i$ den Trägheitstensor des Körpers i bezüglich $\mathcal{K}_i$. Für die symmetrische Massenmatrix ergibt sich somit die endgültige Form

$$\mathbf{M}_i = \begin{bmatrix} m_i \mathbf{I} & -m_i \mathbf{A}_i \tilde{\mathbf{r}}_S^i \mathbf{A}_i^T \\ m_i \mathbf{A}_i \tilde{\mathbf{r}}_S^i \mathbf{A}_i^T & \mathbf{A}_i \mathbf{J}_i^i \mathbf{A}_i^T \end{bmatrix} = \begin{bmatrix} m_i \mathbf{I} & -m_i \tilde{\mathbf{r}}_S \\ m_i \tilde{\mathbf{r}}_S & \mathbf{J}_i \end{bmatrix}. \tag{2.6}$$

Die Auswertung des zweiten Integrals aus (2.2) führt mit $\int_V \rho \bar{\mathbf{r}}_S^i dV = \mathbf{0}$ auf

$$\int_V \rho \tilde{\boldsymbol{\omega}}_i \tilde{\boldsymbol{\omega}}_i \mathbf{r} dV = \tilde{\boldsymbol{\omega}}_i \tilde{\boldsymbol{\omega}}_i \mathbf{A}_i \int_V \rho \mathbf{r}_S^i + \rho \bar{\mathbf{r}}_S^i dV = \tilde{\boldsymbol{\omega}}_i \tilde{\boldsymbol{\omega}}_i \mathbf{A}_i \int_V \rho \mathbf{r}_S^i dV = m_i \tilde{\boldsymbol{\omega}}_i \tilde{\boldsymbol{\omega}}_i \mathbf{r}_S \tag{2.7}$$

und

$$\int_V \rho \tilde{\mathbf{r}} \tilde{\boldsymbol{\omega}}_i \tilde{\boldsymbol{\omega}}_i \mathbf{r} dV = \tilde{\boldsymbol{\omega}}_i \mathbf{A}_i \mathbf{J}_i^i \mathbf{A}_i^T \boldsymbol{\omega}_i = \tilde{\boldsymbol{\omega}}_i \mathbf{J}_i \boldsymbol{\omega}_i. \tag{2.8}$$

Damit lautet die Matrix der Coriolis- und Zentrifugalkräfte

$$\mathbf{Q}_i^I = \begin{bmatrix} m_i\tilde{\boldsymbol{\omega}}_i\tilde{\boldsymbol{\omega}}_i\mathbf{r}_S \\ \tilde{\boldsymbol{\omega}}_i\mathbf{J}_i\boldsymbol{\omega}_i \end{bmatrix}. \tag{2.9}$$

Mit den Matrizen $\mathbf{M}_i$ und $\mathbf{Q}_i$ gelingt die Darstellung der virtuellen Arbeit (2.1) in Abhängigkeit von Beschleunigung und Winkelbeschleunigung

$$\delta W_i^I = \begin{bmatrix} \delta\mathbf{R}_i^T & \delta\boldsymbol{\pi}_i^T \end{bmatrix} \left[\mathbf{M}_i \begin{bmatrix} \ddot{\mathbf{R}}_i \\ \dot{\boldsymbol{\omega}}_i \end{bmatrix} + \mathbf{Q}_i^I\right], \tag{2.10}$$

woraus mit (1.67) die kompakte Darstellung

$$\delta W_i^I = \delta\boldsymbol{\alpha}_i^T \left[\mathbf{M}_i\ddot{\boldsymbol{\alpha}}_i + \mathbf{Q}_i^I\right] \tag{2.11}$$

folgt.

Mit Hilfe der kinematischen Differentialgleichung $\boldsymbol{\omega}_i = \mathbf{G}_i\dot{\boldsymbol{\theta}}_i$ lässt sich die virtuelle Arbeit in der Form (2.10) auch in Abhängigkeit von den Absolutkoordinaten $\bar{\mathbf{q}}_i = \begin{bmatrix} \mathbf{R}_i^T & \boldsymbol{\theta}_i^T \end{bmatrix}^T$ ausdrücken. Das Einsetzen von $\delta\boldsymbol{\pi}_i = \mathbf{G}_i\delta\boldsymbol{\theta}_i$ und $\dot{\boldsymbol{\omega}}_i = \mathbf{G}_i\ddot{\boldsymbol{\theta}}_i + \dot{\mathbf{G}}_i\dot{\boldsymbol{\theta}}_i$ in die Gleichung (2.10) führt auf die Darstellung

$$\delta W_i^I = \delta\bar{\mathbf{q}}_i^T \left[\bar{\mathbf{M}}_i\ddot{\bar{\mathbf{q}}}_i + \bar{\mathbf{Q}}_i^I\right]. \tag{2.12}$$

Dabei bezeichnet

$$\bar{\mathbf{M}}_i = \begin{bmatrix} m_i\mathbf{I} & -m_i\tilde{\mathbf{r}}_S\mathbf{G}_i \\ m_i\mathbf{G}_i^T\tilde{\mathbf{r}}_S & \mathbf{G}_i^T\mathbf{J}_i\mathbf{G}_i \end{bmatrix} \tag{2.13}$$

die Massenmatrix und

$$\bar{\mathbf{Q}}_i^I = \begin{bmatrix} m_i\tilde{\boldsymbol{\omega}}_i\tilde{\boldsymbol{\omega}}_i\mathbf{r}_S - m_i\tilde{\mathbf{r}}_S\dot{\mathbf{G}}_i\dot{\boldsymbol{\theta}}_i \\ \mathbf{G}_i^T\tilde{\boldsymbol{\omega}}_i\mathbf{J}_i\boldsymbol{\omega}_i + \mathbf{G}_i^T\mathbf{J}_i\dot{\mathbf{G}}_i\dot{\boldsymbol{\theta}}_i \end{bmatrix}. \tag{2.14}$$

die Matrix der Coriolis- und Zentrifugalkräfte.

2.2 Kräfte und Momente

Äußere Kräfte und Momente

Gegeben sei ein Starrkörper i, an dem die äußere Kraft $\mathbf{F}_{i,n}$ und das äußere Moment $\mathbf{M}_{i,m}$ angreifen. Die körperfesten Koordinaten des Kraftangriffspunktes seien durch $\mathbf{r}_{i,n}^i$ gegeben. Mit $\mathbf{R}_{i,n} = \mathbf{R}_i + \mathbf{A}_i\mathbf{r}_{i,n}^i$ ergibt sich die am Körper i verrichtete virtuelle Arbeit aus

$$\delta W_i^A = \delta\mathbf{R}_{i,n}^T\mathbf{F}_{i,n} + \delta\boldsymbol{\pi}_i^T\mathbf{M}_{i,m} = \delta\mathbf{R}_i^T\mathbf{F}_{i,n} + \delta\boldsymbol{\pi}_i^T\tilde{\mathbf{r}}_{i,n}\mathbf{F}_i + \delta\boldsymbol{\pi}_i^T\mathbf{M}_{i,m}. \tag{2.15}$$

Für $m = 1, \ldots, m_M$ Momente und $n = 1, \ldots, n_F$ Kräfte gilt damit

$$\delta W_i^A = \begin{bmatrix} \delta\mathbf{R}_i^T & \delta\boldsymbol{\pi}_i^T \end{bmatrix} \underbrace{\begin{bmatrix} \sum\limits_n^{n_F} \mathbf{F}_{i,n} \\ \sum\limits_n^{n_F} \tilde{\mathbf{r}}_{i,n}\mathbf{F}_{i,n} + \sum\limits_m^{n_M} \mathbf{M}_{i,m} \end{bmatrix}}_{\mathbf{Q}_i^A} = \delta\boldsymbol{\alpha}_i^T\mathbf{Q}_i^A, \tag{2.16}$$

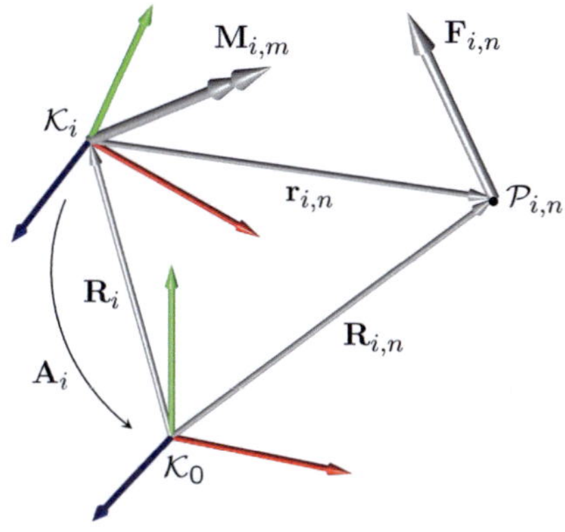

Abbildung 2.2: Äußere Kraft und Moment

wobei $\mathbf{Q}_i^A$ die generalisierten Kräfte und Momente beinhaltet. Analog zu Gleichung (2.12) gilt mit $\delta\boldsymbol{\pi}_i = \mathbf{G}_i\delta\boldsymbol{\theta}_i$ für die virtuelle Arbeit der eingeprägten Kräfte und Momente in Abhängigkeit von den generalisierten Koordinaten $\bar{\mathbf{q}}_i$

$$\delta\bar{W}_i^A = \begin{bmatrix} \delta\mathbf{R}_i^T & \delta\boldsymbol{\theta}_i^T \end{bmatrix} \underbrace{\begin{bmatrix} \sum\limits_n^{n_F} \mathbf{F}_{i,n} \\ \mathbf{G}_i^T \sum\limits_n^{n_F} \tilde{\mathbf{r}}_{i,n}\mathbf{F}_{i,n} + \mathbf{G}_i^T \sum\limits_m^{n_M} \mathbf{M}_{i,m} \end{bmatrix}}_{\bar{\mathbf{Q}}_i^A} = \delta\bar{\mathbf{q}}_i^T \bar{\mathbf{Q}}_i^A. \tag{2.17}$$

Feder-, Dämpfer- und Stellkräfte

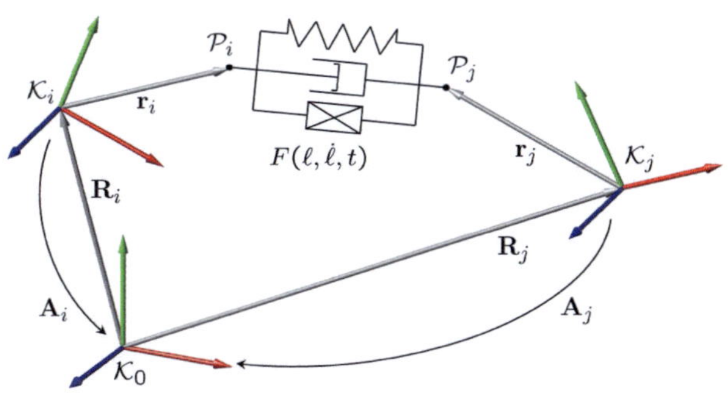

Abbildung 2.3: Feder-, Dämpfer- und Stellkräfte

Gegeben seien zwei Körper eines Mehrkörpersystems gemäß Abbildung 2.3, zwischen denen eine Feder, ein Dämpfer und eine Stellkraft wirken, deren Kraftangriffspunkte durch die Koordinaten der körperfesten Vektoren $\mathbf{r}_i^i$ und $\mathbf{r}_j^j$ gegeben sind. Die Koordinaten des Vektors $\mathbf{r}_{ij}$, der die beiden Punkte $\mathcal{P}_i$ und $\mathcal{P}_j$ verbindet, lauten bezüglich des Inertialsystems

$$\mathbf{r}_{ij} = \mathbf{R}_j + \mathbf{A}_j\mathbf{r}_j^j - \mathbf{R}_i - \mathbf{A}_i\mathbf{r}_i^i. \tag{2.18}$$

Die Relativgeschwindigkeit berechnet sich aus (2.18) durch zeitliche Ableitung

$$\dot{\mathbf{r}}_{ij} = \dot{\mathbf{R}}_j - \tilde{\mathbf{r}}_j\boldsymbol{\omega}_j - \dot{\mathbf{R}}_i + \tilde{\mathbf{r}}_i\boldsymbol{\omega}_i, \tag{2.19}$$

woraus sich mit $\mathbf{r}_i = \mathbf{A}_i\mathbf{r}_i^i$ und $\mathbf{r}_j = \mathbf{A}_j\mathbf{r}_j^j$ die virtuelle Änderung

$$\delta\mathbf{r}_{ij} = \delta\mathbf{R}_j - \tilde{\mathbf{r}}_j\delta\boldsymbol{\pi}_j - \delta\mathbf{R}_i + \tilde{\mathbf{r}}_i\delta\boldsymbol{\pi}_i \tag{2.20}$$

ergibt. Die Kraftwirkung des Feder-, Dämpfersystems wird durch eine skalare Funktion in der Form

$$F = F\left(\ell, \dot{\ell}, t\right) \tag{2.21}$$

formuliert, wobei der Abstand ℓ zwischen $\mathcal{P}_i$ und $\mathcal{P}_j$ sich aus dem Skalarprodukt

$$\ell^2 = \mathbf{r}_{ij}^T\mathbf{r}_{ij} \tag{2.22}$$

berechnen lässt und daraus dessen zeitliche Ableitung

$$\dot{\ell} = \frac{1}{\ell}\mathbf{r}_{ij}^T\dot{\mathbf{r}}_{ij}. \tag{2.23}$$

Mit Kenntnis des skalaren Abstands ℓ und der skalaren Relativgeschwindigkeit $\dot{\ell}$ kann ein beliebiger Kraftverlauf modelliert werden.

Für die virtuelle Arbeit der Kraft gilt der Zusammenhang

$$\delta W_{ij}^F = -F\delta\ell = \frac{F}{\ell}\begin{bmatrix} \delta\mathbf{R}_i^T & \delta\boldsymbol{\pi}_i^T \end{bmatrix}\begin{bmatrix} \mathbf{r}_{ij} \\ \tilde{\mathbf{r}}_i\mathbf{r}_{ij} \end{bmatrix} - \frac{F}{\ell}\begin{bmatrix} \delta\mathbf{R}_j^T & \delta\boldsymbol{\pi}_j^T \end{bmatrix}\begin{bmatrix} \mathbf{r}_{ij} \\ \tilde{\mathbf{r}}_j\mathbf{r}_{ij} \end{bmatrix}, \tag{2.24}$$

woraus sich durch Koeffizientenvergleich mit der Darstellung

$$\delta W_{ij}^F = \delta W_i^F + \delta W_j^F = \delta\boldsymbol{\alpha}_i^T\mathbf{Q}_i^F + \delta\boldsymbol{\alpha}_j^T\mathbf{Q}_j^F \tag{2.25}$$

die generalisierten Kräfte und Momente

$$\mathbf{Q}_i^F = \frac{F\left(\ell, \dot{\ell}, t\right)}{\ell}\begin{bmatrix} \mathbf{r}_{ij} \\ \tilde{\mathbf{r}}_i\mathbf{r}_{ij} \end{bmatrix} \text{ und } \mathbf{Q}_j^F = -\frac{F\left(\ell, \dot{\ell}, t\right)}{\ell}\begin{bmatrix} \mathbf{r}_{ij} \\ \tilde{\mathbf{r}}_j\mathbf{r}_{ij} \end{bmatrix} \tag{2.26}$$

ergeben. Die virtuelle Arbeit in Abhängigkeit von den Absolutkoordinaten $\bar{\mathbf{q}}$ lautet

$$\delta\bar{W}_{ij}^F = \frac{F}{\ell}\begin{bmatrix} \delta\mathbf{R}_i^T & \delta\boldsymbol{\theta}_i^T \end{bmatrix}\begin{bmatrix} \mathbf{r}_{ij} \\ \mathbf{G}_i^T\tilde{\mathbf{r}}_i\mathbf{r}_{ij} \end{bmatrix} - \frac{F}{\ell}\begin{bmatrix} \delta\mathbf{R}_j^T & \delta\boldsymbol{\theta}_j^T \end{bmatrix}\begin{bmatrix} \mathbf{r}_{ij} \\ \mathbf{G}_j^T\tilde{\mathbf{r}}_j\mathbf{r}_{ij} \end{bmatrix}, \tag{2.27}$$

und damit folgen aus der virtuellen Arbeit

$$\delta\bar{W}_{ij}^F = \delta\bar{W}_i^F + \delta\bar{W}_j^F = \delta\bar{\mathbf{q}}_i^T\bar{\mathbf{Q}}_i^F + \delta\bar{\mathbf{q}}_j^T\bar{\mathbf{Q}}_j^F \tag{2.28}$$

die generalisierten Kräfte und Momente

$$\bar{\mathbf{Q}}_i^F = \frac{F}{\ell}\begin{bmatrix} \mathbf{r}_{ij} \\ \mathbf{G}_i^T\tilde{\mathbf{r}}_i\mathbf{r}_{ij} \end{bmatrix}, \bar{\mathbf{Q}}_j^F = -\frac{F}{\ell}\begin{bmatrix} \mathbf{r}_{ij} \\ \mathbf{G}_j^T\tilde{\mathbf{r}}_j\mathbf{r}_{ij} \end{bmatrix}. \tag{2.29}$$

Greifen beispielsweise mehrere Feder-Dämpfersysteme an dem Körper i an, so wird deren Wirkung analog zu (2.16) bzw. (2.17) durch einfache Summation berücksichtigt.

Feder-, Dämpfer- und Stellmomente

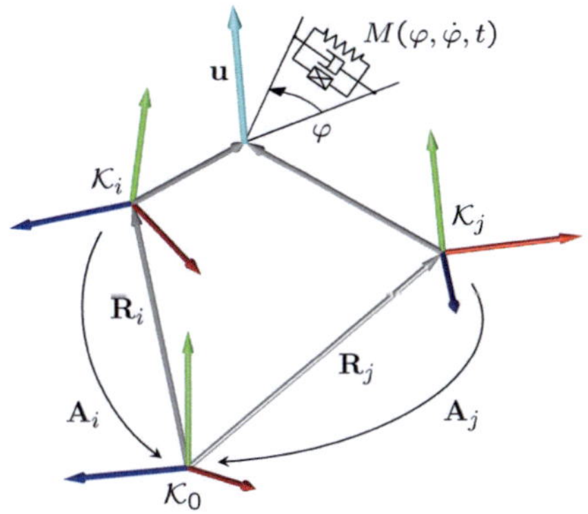

Abbildung 2.4: Feder-, Dämpfer- und Stellmomente

Betrachtet wird im Folgenden ein Drehfeder-, Drehdämpfersystem mit einem parallel geschalteten Stellmoment gemäß Abbildung 2.4, das an den Körpern i und j angreift. Ferner sei vorausgesetzt, dass die relative Rotation der beiden Körper um eine gemeinsame Achse in Richtung des Einheitsvektors $\mathbf{u}$ auftritt. Das skalare Moment kann auch hier als eine beliebige Funktion des Drehwinkels φ bzw. der relativen Winkelgeschwindigkeit $\dot{\varphi}$ in der Form

$$M = M\left(\varphi, \dot{\varphi}, t\right) \tag{2.30}$$

aufgestellt werden. Aus dem relativen Winkelgeschwindigkeitsvektor

$$\boldsymbol{\omega}_{ij} = \mathbf{u}\dot{\varphi} = \boldsymbol{\omega}_j - \boldsymbol{\omega}_i \tag{2.31}$$

folgt die Bestimmungsgleichung für die zeitliche Ableitung des Drehwinkels und dessen virtueller Änderung

$$\dot{\varphi} = \mathbf{u}^T\left(\boldsymbol{\omega}_j - \boldsymbol{\omega}_i\right) \text{ bzw. } \delta\varphi = \mathbf{u}^T\left(\delta\boldsymbol{\pi}_j - \delta\boldsymbol{\pi}_i\right). \tag{2.32}$$

Die virtuelle Arbeit des zwischen den beiden Körpern wirkenden Momentes lautet

$$\delta W_{ij}^M = -M\delta\varphi = M\left(\delta\boldsymbol{\pi}_i^T - \delta\boldsymbol{\pi}_j^T\right)\mathbf{u}, \tag{2.33}$$

woraus ein Vergleich mit der allgemeinen Form

$$\delta W_{ij}^M = \delta W_i^M + \delta W_j^M = \delta\boldsymbol{\alpha}_i^T\mathbf{Q}_i^M + \delta\boldsymbol{\alpha}_j^T\mathbf{Q}_j^M \tag{2.34}$$

die generalisierten Momente

$$\mathbf{Q}_i^M = \begin{bmatrix} \mathbf{0} \\ M\mathbf{u} \end{bmatrix} \text{ und } \mathbf{Q}_j^M = \begin{bmatrix} \mathbf{0} \\ -M\mathbf{u} \end{bmatrix} \tag{2.35}$$

liefert. Aus dem Ausdruck der virtuellen Arbeit

$$\delta\bar{W}_{ij}^{M} = \delta\bar{W}_{i}^{M} + \delta\bar{W}_{j}^{M} = \delta\bar{\mathbf{q}}_{i}^{T}\bar{\mathbf{Q}}_{i}^{M} + \delta\bar{\mathbf{q}}_{j}^{T}\bar{\mathbf{Q}}_{j}^{M} \tag{2.36}$$

folgen die generalisierten Momente in Abhängigkeit von den Absolutkoordinaten $\bar{\mathbf{q}}$

$$\bar{\mathbf{Q}}_{i}^{M} = \begin{bmatrix} \mathbf{0} \\ M\mathbf{G}_{i}^{T}\mathbf{u} \end{bmatrix} \text{ und } \bar{\mathbf{Q}}_{j}^{M} = \begin{bmatrix} \mathbf{0} \\ -M\mathbf{G}_{j}^{T}\mathbf{u} \end{bmatrix}. \tag{2.37}$$

Der oben geschilderte Sachverhalt gilt selbst für den Fall, dass die Drehachsen der beiden Körper nicht zusammenfallen. Zwingende Bedingung ist aber stets deren Parallelität. Auch in diesem Fall werden mehrere am System angreifende Feder-Dämpfersysteme analog zu (2.16) bzw. (2.17) durch Summation berücksichtigt.

2.3 Bewegungsgleichungen

Für ein System bestehend aus n_K Starrkörpern verschwindet die virtuelle Arbeit aller Zwangskräfte, eine Aussage, die sich in der Form [119, 120]

$$\sum_{i}^{n_K} \delta W_i^C = 0 \tag{2.38}$$

ausdrücken lässt. Damit lautet das Prinzip von d'Alembert in der Lagrange'schen Fassung

$$\sum_{i}^{n_K} \delta W_i^I = \sum_{i}^{n_K} \delta W_i^E \tag{2.39}$$

als verallgemeinertes Prinzip der virtuellen Arbeit. Dabei stellt δW_i^E die Summe der virtuellen Arbeiten aller eingeprägten Kräfte dar, die am Körper i angreifen. Somit beinhalten $\mathbf{Q}_i^E$ bzw. $\bar{\mathbf{Q}}_i^E$ die Summe aller generalisierten Kräfte und Momente $\mathbf{Q}_i^A$, $\mathbf{Q}_i^F$ und $\mathbf{Q}_i^M$ bzw. $\bar{\mathbf{Q}}_i^A$, $\bar{\mathbf{Q}}_i^F$ und $\bar{\mathbf{Q}}_i^M$. Damit ergibt sich unter Berücksichtigung von (2.11) zunächst die Summe über alle Körper

$$\sum_{i}^{n_K} \delta\boldsymbol{\alpha}_i^T \left[\mathbf{M}_i\ddot{\boldsymbol{\alpha}}_i + \mathbf{Q}_i^I - \mathbf{Q}_i^E\right] = 0. \tag{2.40}$$

Die Abkürzungen

$$\delta\boldsymbol{\alpha} = \begin{bmatrix} \delta\boldsymbol{\alpha}_1 \\ \vdots \\ \delta\boldsymbol{\alpha}_{n_K} \end{bmatrix}, \ddot{\boldsymbol{\alpha}} = \begin{bmatrix} \ddot{\boldsymbol{\alpha}}_1 \\ \vdots \\ \ddot{\boldsymbol{\alpha}}_{n_K} \end{bmatrix} \mathbf{M} = \begin{bmatrix} \mathbf{M}_1 & \cdots & \mathbf{0} \\ \vdots & & \vdots \\ \mathbf{0} & \cdots & \mathbf{M}_{n_K} \end{bmatrix}, \mathbf{Q} = \begin{bmatrix} -\mathbf{Q}_1^I + \mathbf{Q}_1^E \\ \vdots \\ -\mathbf{Q}_{n_K}^I + \mathbf{Q}_{n_K}^E \end{bmatrix} \tag{2.41}$$

erlauben die Darstellung der Bewegungsgleichungen in der kompakten Form

$$\delta\boldsymbol{\alpha}^T \left[\mathbf{M}\ddot{\boldsymbol{\alpha}} - \mathbf{Q}\right] = \mathbf{0}. \tag{2.42}$$

Erfolgt die Beschreibung der Starrkörperkinematik mit Hilfe der Absolutkoordinaten $\bar{\mathbf{q}}_i = \begin{bmatrix} \mathbf{R}_i^T & \boldsymbol{\theta}_i^T \end{bmatrix}^T$, so folgt aus (2.39)

$$\sum_i^{n_K} \delta\bar{\mathbf{q}}_i^T \left[\bar{\mathbf{M}}_i\ddot{\bar{\mathbf{q}}}_i + \bar{\mathbf{Q}}_i^I - \bar{\mathbf{Q}}_i^E\right] = 0. \tag{2.43}$$

Führt man analog zu (2.40) die Abkürzungen

$$\delta\bar{\mathbf{q}} = \begin{bmatrix} \delta\bar{\mathbf{q}}_1 \\ \vdots \\ \delta\bar{\mathbf{q}}_{n_K} \end{bmatrix}, \ddot{\bar{\mathbf{q}}} = \begin{bmatrix} \ddot{\bar{\mathbf{q}}}_1 \\ \vdots \\ \ddot{\bar{\mathbf{q}}}_{n_K} \end{bmatrix} \bar{\mathbf{M}} = \begin{bmatrix} \bar{\mathbf{M}}_1 & \cdots & \mathbf{0} \\ \vdots & & \vdots \\ \mathbf{0} & \cdots & \bar{\mathbf{M}}_{n_K} \end{bmatrix}, \bar{\mathbf{Q}} = \begin{bmatrix} -\bar{\mathbf{Q}}_1^I + \bar{\mathbf{Q}}_1^E \\ \vdots \\ -\bar{\mathbf{Q}}_{n_K}^I + \bar{\mathbf{Q}}_{n_K}^E \end{bmatrix} \tag{2.44}$$

ein, ergibt sich daraus die kompakte Form

$$\delta\bar{\mathbf{q}}^T \left[\bar{\mathbf{M}}\ddot{\bar{\mathbf{q}}} - \bar{\mathbf{Q}}\right] = \mathbf{0}. \tag{2.45}$$

Zur Auswertung von (2.42) bzw. (2.45) bestehen grundsätzlich zwei Möglichkeiten. Die Aufstellung der Bewegungsgleichungen in Minimalkoordinaten $\mathbf{q}$ oder Bewegungsgleichungen in Absolutkoordinaten $\bar{\mathbf{q}}$.

2.3.1 Bewegungsgleichungen in Absolutkoordinaten

Die Absolutkoordinaten $\bar{\mathbf{q}}$ aus Gleichung (2.45) sind für allgemeine, gelenkgekoppelte Starrkörpersysteme nicht unabhängig, sondern unterliegen aufgrund von Gelenkbindungen den Zwangsgleichungen (1.151). Die virtuelle Verschiebung muss ebenfalls mit den Bindungen verträglich sein; dies lässt sich im Hinblick auf (1.152) über die Beziehung

$$\mathbf{C}_{\bar{\mathbf{q}}}\delta\bar{\mathbf{q}} = \mathbf{0} \tag{2.46}$$

ausdrücken. Berücksichtigt man die Gelenkbindungen durch generalisierte Zwangskräfte, so kann man formal die virtuelle Änderung $\delta\bar{\mathbf{q}}$ in (2.45) als unabhängig betrachten. Damit gelten für das ungebundene System von starren Körpern die Bewegungsgleichungen $\bar{\mathbf{M}}\ddot{\bar{\mathbf{q}}} = \bar{\mathbf{Q}}$. Berücksichtigt man nun die Wirkung der Bindungen durch die generalisierten Zwangskräfte $\bar{\mathbf{Q}}^Z$, so ergibt sich daraus zunächst die Bewegungsgleichung

$$\bar{\mathbf{M}}\ddot{\bar{\mathbf{q}}} = \bar{\mathbf{Q}} + \bar{\mathbf{Q}}^Z. \tag{2.47}$$

Die noch unbekannten Zwangskräfte $\bar{\mathbf{Q}}^Z$ müssen stets zur Bewegungsrichtung orthogonal stehen; die Beziehung

$$\delta\bar{\mathbf{q}}^T\bar{\mathbf{Q}}^Z = \mathbf{0} \tag{2.48}$$

spiegelt diesen Sachverhalt wider. Ein Vergleich mit $\mathbf{C}_{\bar{\mathbf{q}}}\delta\bar{\mathbf{q}} = \mathbf{0}$ deutet darauf hin, dass sich die Richtung der Zwangskräfte bis auf das Vorzeichen durch $\mathbf{C}_{\bar{\mathbf{q}}}$ erfassen lässt.

Führt man nun die sog. Lagrange-Multiplikatoren $\bar{\boldsymbol{\lambda}}$ als zusätzliche Unbekannte ein, so gelingt die Darstellung

$$\bar{\mathbf{Q}}^Z = -\mathbf{C}_{\bar{\mathbf{q}}}^T \bar{\boldsymbol{\lambda}} \tag{2.49}$$

und damit folgen die Bewegungsgleichungen in der Form

$$\bar{\mathbf{M}}\ddot{\bar{\mathbf{q}}} + \mathbf{C}_{\bar{\mathbf{q}}}^T \bar{\boldsymbol{\lambda}} = \bar{\mathbf{Q}}, \tag{2.50}$$

wobei die $\bar{\mathbf{q}}$ den Bindungsgleichungen

$$\mathbf{C}(\bar{\mathbf{q}}, t) = \mathbf{0} \tag{2.51}$$

unterliegen. Durch die Einführung der Lagrange-Multiplikatoren $\bar{\boldsymbol{\lambda}}$ wird der Zustandsvektor des Systems auf $[\;\bar{\mathbf{q}}^T \;\; \dot{\bar{\mathbf{q}}}^T \;\; \bar{\boldsymbol{\lambda}}^T\;]^T$ erweitert und damit nehmen die Bewegungsgleichungen die Form [53, 119, 120]

$$\begin{aligned} \bar{\mathbf{M}}\ddot{\bar{\mathbf{q}}} + \mathbf{C}_{\bar{\mathbf{q}}}^T \boldsymbol{\lambda} &= \bar{\mathbf{Q}}, \\ \mathbf{C}(\bar{\mathbf{q}}, t) &= \mathbf{0} \end{aligned} \tag{2.52}$$

eines sog. Index-3 differential-algebraischen Gleichungssystems an. Der Term $\mathbf{C}_{\bar{\mathbf{q}}}^T \bar{\boldsymbol{\lambda}}$ lässt sich als die generalisierten Zwangskräfte interpretieren, die für die Einhaltung der Bindungsgleichungen sorgen. Die Aussage gemäß (2.38), dass die Zwangskräfte keine virtuelle Arbeit leisten, ist damit ebenfalls erfüllt. Für die numerische Behandlung der sog. Index-3 Systeme sind jedoch in der Regel spezielle Verfahren zur numerischen Integration notwendig. Um die Standardverfahren zur numerischen Lösung von gewöhnlichen Differentialgleichungssysteme einsetzen zu können, ist z.B eine sog. Indexreduktion sinnvoll. Dabei werden die Bindungsgleichungen auf Beschleunigungsebene (1.156) formuliert, womit die Index-1 Deskriptorform

$$\begin{bmatrix} \bar{\mathbf{M}} & \mathbf{C}_{\bar{\mathbf{q}}}^T \\ \mathbf{C}_{\bar{\mathbf{q}}} & \mathbf{0} \end{bmatrix} \begin{bmatrix} \ddot{\bar{\mathbf{q}}} \\ \bar{\boldsymbol{\lambda}} \end{bmatrix} = \begin{bmatrix} \bar{\mathbf{Q}} \\ \boldsymbol{\Gamma}_{\bar{\mathbf{q}}} \end{bmatrix}. \tag{2.53}$$

folgt. Die Elimination der Lagrange-Multiplikatoren aus (2.53) lässt eine Überführung in ein System von gewöhnlichen Differentialgleichungen zu. Aus $\bar{\mathbf{M}}\ddot{\bar{\mathbf{q}}} + \mathbf{C}_{\bar{\mathbf{q}}}^T \bar{\boldsymbol{\lambda}} = \bar{\mathbf{Q}}$ folgt für die zweite Ableitung der Absolutkoordinaten $\bar{\mathbf{q}}$

$$\ddot{\bar{\mathbf{q}}} = \bar{\mathbf{M}}^{-1} \left(\bar{\mathbf{Q}} - \mathbf{C}_{\bar{\mathbf{q}}}^T \bar{\boldsymbol{\lambda}} \right). \tag{2.54}$$

Das anschließende Einsetzen in $\mathbf{C}_{\bar{\mathbf{q}}}\ddot{\bar{\mathbf{q}}} = \boldsymbol{\Gamma}_{\bar{\mathbf{q}}}$ ermöglicht die Berechnung der Lagrange Multiplikatoren

$$\bar{\boldsymbol{\lambda}} = \left(\mathbf{C}_{\bar{\mathbf{q}}} \bar{\mathbf{M}}^{-1} \mathbf{C}_{\bar{\mathbf{q}}}^T \right)^{-1} \left(\mathbf{C}_{\bar{\mathbf{q}}} \bar{\mathbf{M}}^{-1} \bar{\mathbf{Q}} - \boldsymbol{\Gamma}_{\bar{\mathbf{q}}} \right). \tag{2.55}$$

Damit ergibt sich die endgültige Form der Bewegungsgleichungen

$$\bar{\mathbf{M}}\ddot{\bar{\mathbf{q}}} = \bar{\mathbf{Q}} - \mathbf{C}_{\bar{\mathbf{q}}}^T \left(\mathbf{C}_{\bar{\mathbf{q}}} \bar{\mathbf{M}}^{-1} \mathbf{C}_{\bar{\mathbf{q}}}^T \right)^{-1} \left(\mathbf{C}_{\bar{\mathbf{q}}} \bar{\mathbf{M}}^{-1} \bar{\mathbf{Q}} - \boldsymbol{\Gamma}_{\bar{\mathbf{q}}} \right), \tag{2.56}$$

die mit Standardverfahren numerisch integriert werden kann. Im Hinblick auf die numerische Effizienz, ist die direkte Auswertung von (2.53)

$$\begin{bmatrix} \ddot{\bar{\mathbf{q}}} \\ \bar{\boldsymbol{\lambda}} \end{bmatrix} = \begin{bmatrix} \bar{\mathbf{M}} & \mathbf{C}_{\bar{\mathbf{q}}}^T \\ \mathbf{C}_{\bar{\mathbf{q}}} & \mathbf{0} \end{bmatrix}^{-1} \begin{bmatrix} \bar{\mathbf{Q}} \\ \boldsymbol{\Gamma}_{\bar{\mathbf{q}}} \end{bmatrix} \tag{2.57}$$

ohne die explizite Elimination der Zwangskräfte jedoch sinnvoller. Die Index-Reduktion führt jedoch im Falle einer numerischen Integration zu erheblichen Problemen. Durch die zweimalige Differentiation der Bindungsgleichungen gehen Informationen verloren, die im Falle einer numerischen Integration zu dem sog. Drift-Effekt führen und damit eine Verletzung der Bindungsgleichungen bewirken. Betrachtet man beispielsweise einen auf einer Kreisbahn mit dem Radius ℓ in der xy-Ebene geführten Massenpunkt, so lautet die Bindungsgleichung des ebenen Problems $x^2 + y^2 = \ell^2$. Durch die zeitliche Ableitung erhält man die Bindungsgleichungen auf Beschleunigungsebene $x\ddot{x}+y\ddot{y} = -\dot{x}^2-\dot{y}^2$, woraus ersichtlich ist, dass die Information über den Radius der Kreisbahn durch das Verschwinden der zeitlichen Ableitung $\dot{\ell} = \ddot{\ell} = 0$ verloren geht.

Fehler in den Bindungsgleichungen

$$\mathbf{C}\left(\bar{\mathbf{q}}, t\right) = \mathbf{0} + \mathbf{\Delta}(t) \tag{2.58}$$

gehen in die Lagrange-Multiplikatoren mit zweiter Ableitung ein. Kleine Störungen mit hochfrequenten Anteilen, die bei der numerischen Integration häufig auftreten, sind in diesem Zusammenhang besonders problematisch. Trotz der numerischen Schwierigkeiten bleiben die Bewegungsgleichungen in Deskriptorform besonders attraktiv.

Koordinaten Projektion

Eine sehr effiziente Methode um den Drift-Effekt der Lösung zu korrigieren ist die sog. zweistufige Koordinatenprojektion [37, 38]. Dabei wird zuerst auf Lageebene und anschließend auf Geschwindigkeitsebene projiziert. Ausgangspunkt der Betrachtung ist das Index-1 DAE-System

$$\begin{aligned} \bar{\mathbf{M}}\left(\bar{\mathbf{q}}\right)\ddot{\bar{\mathbf{q}}} + \mathbf{C}_{\bar{\mathbf{q}}}^T\left(\bar{\mathbf{q}}\right)\bar{\boldsymbol{\lambda}}\left(t\right) &= \bar{\mathbf{Q}}\left(\bar{\mathbf{q}}, \dot{\bar{\mathbf{q}}}, t\right), \\ \mathbf{C}_{\bar{\mathbf{q}}}\left(\bar{\mathbf{q}}\right)\ddot{\bar{\mathbf{q}}} &= \mathbf{\Gamma}_{\bar{\mathbf{q}}}\left(\bar{\mathbf{q}}, \dot{\bar{\mathbf{q}}}, t\right). \end{aligned} \tag{2.59}$$

Durch numerische Integration erhält man nach jedem Zeitschritt t Näherungen des Zustandsvektors $[\ \bar{\mathbf{q}}_N^T \quad \dot{\bar{\mathbf{q}}}_N^T \quad \bar{\boldsymbol{\lambda}}_N^T\ ]^T$, welche die Bindungsgleichungen auf Lage und Geschwindigkeitsebene

$$\begin{aligned} \mathbf{C}\left(\bar{\mathbf{q}}_N, t\right) &\neq \mathbf{0} \\ \mathbf{C}_{\bar{\mathbf{q}}}\left(\bar{\mathbf{q}}_N\right)\dot{\bar{\mathbf{q}}}_N + \mathbf{C}_t\left(\bar{\mathbf{q}}_N, t\right) &\neq \mathbf{0} \end{aligned}$$

verletzen. Die Projektion besteht darin, die Koordinaten $\bar{\mathbf{q}}_N$ und deren Ableitungen $\dot{\bar{\mathbf{q}}}_N$ mit minimaler Änderung im Hinblick auf konsistente Bindungsgleichungen zu korrigieren. Dieser Sachverhalt lässt sich auf Lageebene mit

$$\begin{aligned} \left\|\bar{\mathbf{q}} - \bar{\mathbf{q}}_N\right\|_2 &= \min_{\bar{\mathbf{q}}}, \\ \mathbf{C}\left(\bar{\mathbf{q}}, t\right) &= \mathbf{0} \end{aligned} \tag{2.60}$$

und auf Geschwindigkeitsebene mit

$$\begin{aligned} \left\|\dot{\bar{\mathbf{q}}} - \dot{\bar{\mathbf{q}}}_N\right\|_2 &= \min_{\dot{\bar{\mathbf{q}}}}, \\ \mathbf{C}_{\bar{\mathbf{q}}}\left(\bar{\mathbf{q}}\right)\dot{\bar{\mathbf{q}}} + \mathbf{C}_t\left(\bar{\mathbf{q}}, t\right) &= \mathbf{0} \end{aligned} \tag{2.61}$$

darstellen. Während die Projektion auf Geschwindigkeitsebene ein lineares Problem darstellt, ist die nichtlineare Projektion auf Lageebene zunächst durch eine Linearisierung in ein solches zu überführen und iterativ zu lösen. Mit der Linearisierung um die Stelle $\bar{\mathbf{q}}^i$ und mit $\bar{\mathbf{q}}^{i+1} = \bar{\mathbf{q}}^i + \Delta\bar{\mathbf{q}}^i$ ergibt sich aus (2.60) zunächst

$$\begin{aligned} \left\|\bar{\mathbf{q}}^i - \bar{\mathbf{q}}_N + \Delta\bar{\mathbf{q}}^i\right\|_2 &= \min_{\Delta\bar{\mathbf{q}}}, \\ \mathbf{C}\left(\bar{\mathbf{q}}^i, t\right) + \mathbf{C}_{\bar{\mathbf{q}}}\left(\bar{\mathbf{q}}^i\right)\Delta\bar{\mathbf{q}}^i &= \mathbf{0}. \end{aligned} \tag{2.62}$$

Daraus folgt die Rekursionsvorschrift für die Korrektur der Lagekoordinaten $\bar{\mathbf{q}}$

$$\begin{aligned} \bar{\mathbf{q}}^0 &= \bar{\mathbf{q}}_N, \\ \bar{\mathbf{q}}^{i+1} &= \bar{\mathbf{q}}^i + \Delta\bar{\mathbf{q}}^i, \end{aligned} \tag{2.63}$$

wobei sich die Änderung $\Delta\bar{\mathbf{q}}^i$ mit Hilfe der Pseudo-Inversen von $\mathbf{C}_{\bar{\mathbf{q}}}\left(\bar{\mathbf{q}}^i\right)$

$$\mathbf{C}_{\bar{\mathbf{q}}}^+ = \mathbf{C}_{\bar{\mathbf{q}}}^T\left(\bar{\mathbf{q}}^i\right)\left[\mathbf{C}_{\bar{\mathbf{q}}}\left(\bar{\mathbf{q}}^i\right)\mathbf{C}_{\bar{\mathbf{q}}}^T\left(\bar{\mathbf{q}}^i\right)\right]^{-1} \tag{2.64}$$

aus der Beziehung

$$\Delta\bar{\mathbf{q}}^i = \mathbf{C}_{\bar{\mathbf{q}}}^+\mathbf{C}\left(\bar{\mathbf{q}}^i, t\right) + \left[\mathbf{I} - \mathbf{C}_{\bar{\mathbf{q}}}^+\left(\bar{\mathbf{q}}^i\right)\mathbf{C}_{\bar{\mathbf{q}}}\left(\bar{\mathbf{q}}^i\right)\right]\left(\bar{\mathbf{q}}_N - \bar{\mathbf{q}}^i\right) \tag{2.65}$$

berechnen lässt. Aus (2.61) folgt dann mit den korrigierten Lagekoordinaten $\bar{\mathbf{q}}$ die Berechnungsvorschrift für die Projektion auf Geschwindigkeitsebene

$$\dot{\bar{\mathbf{q}}} = \mathbf{C}_{\bar{\mathbf{q}}}^+\left(\bar{\mathbf{q}}\right)\mathbf{C}_t\left(\bar{\mathbf{q}}, t\right) + \left[\mathbf{I} - \mathbf{C}_{\bar{\mathbf{q}}}^+\left(\bar{\mathbf{q}}\right)\mathbf{C}_{\bar{\mathbf{q}}}\left(\bar{\mathbf{q}}\right)\right]\dot{\bar{\mathbf{q}}}_N. \tag{2.66}$$

Koordinaten Partitionierung

Anstatt alle überzähligen Koordinaten $\bar{\mathbf{q}}$ zu integrieren, besteht grundsätzlich die Möglichkeit, ein differential-algebraisches-System in der Form (2.52) in ein System von gewöhnlichen Differentialgleichungen zu überführen [119, 120]. Die Formulierung der Bewegungsgleichungen eines gelenkgekoppelten Systems gemäß Gleichung (2.45) führt auf die Beschreibung in Abhängigkeit von i.Allg. überzähligen Koordinaten. Unterteilt man die Koordinaten $\bar{\mathbf{q}}$ in unabhängige $\bar{\mathbf{q}}_u$ und abhängige $\bar{\mathbf{q}}_a$ Koordinaten auf, so lässt sich die Spaltenmatrix aller Systemkoordinaten und deren Ableitungen bzw. virtuelle Änderung formal in partitionierter Form

$$\delta\bar{\mathbf{q}} = \begin{bmatrix} \delta\bar{\mathbf{q}}_u \\ \delta\bar{\mathbf{q}}_a \end{bmatrix}, \bar{\mathbf{q}} = \begin{bmatrix} \bar{\mathbf{q}}_u \\ \bar{\mathbf{q}}_a \end{bmatrix}, \dot{\bar{\mathbf{q}}} = \begin{bmatrix} \dot{\bar{\mathbf{q}}}_u \\ \dot{\bar{\mathbf{q}}}_a \end{bmatrix} \text{und } \ddot{\bar{\mathbf{q}}} = \begin{bmatrix} \ddot{\bar{\mathbf{q}}}_u \\ \ddot{\bar{\mathbf{q}}}_a \end{bmatrix} \tag{2.67}$$

anschreiben, wobei die Anzahl der unabhängigen Koordinaten $\bar{\mathbf{q}}_u$ der Anzahl an Freiheitsgraden f entspricht. Mit der angedeuteten Partitionierung lässt sich die Beziehung $\mathbf{C}_{\bar{\mathbf{q}}}\delta\bar{\mathbf{q}} = \mathbf{0}$ formal in

$$\mathbf{C}_{\bar{\mathbf{q}}}\delta\bar{\mathbf{q}} = \begin{bmatrix} \mathbf{C}_{\bar{\mathbf{q}},u} & \mathbf{C}_{\bar{\mathbf{q}},a} \end{bmatrix}\begin{bmatrix} \delta\bar{\mathbf{q}}_u \\ \delta\bar{\mathbf{q}}_a \end{bmatrix} = \mathbf{0}$$

umschreiben, woraus mit der i.Allg. invertierbaren Matrix $\mathbf{C}_{\bar{\mathbf{q}},a}$ der Zusammenhang

$$\delta\bar{\mathbf{q}}_a = -\mathbf{C}_{\bar{\mathbf{q}},a}^{-1}\mathbf{C}_{\bar{\mathbf{q}},u}\delta\bar{\mathbf{q}}_u$$

folgt. Damit ergibt sich der lineare Zusammenhang

$$\delta\bar{\mathbf{q}} = \begin{bmatrix} \delta\bar{\mathbf{q}}_u \\ \delta\bar{\mathbf{q}}_a \end{bmatrix} = \underbrace{\begin{bmatrix} \mathbf{I} \\ -\mathbf{C}_{\bar{\mathbf{q}},a}^{-1}\mathbf{C}_{\bar{\mathbf{q}},u} \end{bmatrix}}_{\bar{\mathbf{B}}} \delta\bar{\mathbf{q}}_u = \bar{\mathbf{B}}\delta\bar{\mathbf{q}}_u \tag{2.68}$$

zwischen der virtuellen Änderung aller Systemkoordinaten $\delta\bar{\mathbf{q}}$ und der virtuellen Änderung der unabhängigen Koordinaten $\delta\bar{\mathbf{q}}_u$. Die Bindungsgleichungen auf Geschwindigkeitsebene können auch entsprechend umgeformt werden. Aus

$$\mathbf{C}_{\bar{\mathbf{q}}}\dot{\bar{\mathbf{q}}} = \begin{bmatrix} \mathbf{C}_{\bar{\mathbf{q}},u} & \mathbf{C}_{\bar{\mathbf{q}},a} \end{bmatrix} \begin{bmatrix} \dot{\bar{\mathbf{q}}}_u \\ \dot{\bar{\mathbf{q}}}_a \end{bmatrix} = \mathbf{C}_t \tag{2.69}$$

folgt $\dot{\bar{\mathbf{q}}}_a = -\mathbf{C}_{\bar{\mathbf{q}},a}^{-1}\mathbf{C}_{\bar{\mathbf{q}},u}\dot{\bar{\mathbf{q}}}_u - \mathbf{C}_{\bar{\mathbf{q}},a}^{-1}\mathbf{C}_t$, und damit ergibt sich schließlich

$$\dot{\bar{\mathbf{q}}} = \begin{bmatrix} \dot{\bar{\mathbf{q}}}_u \\ \dot{\bar{\mathbf{q}}}_a \end{bmatrix} = \underbrace{\begin{bmatrix} \mathbf{I} \\ -\mathbf{C}_{\bar{\mathbf{q}},a}^{-1}\mathbf{C}_{\bar{\mathbf{q}},u} \end{bmatrix}}_{\bar{\mathbf{B}}} \dot{\bar{\mathbf{q}}}_u - \underbrace{\begin{bmatrix} \mathbf{0} \\ \mathbf{C}_{\bar{\mathbf{q}},a}^{-1}\mathbf{C}_t \end{bmatrix}}_{\bar{\mathbf{c}}} = \bar{\mathbf{B}}\dot{\bar{\mathbf{q}}}_u + \bar{\mathbf{c}}. \tag{2.70}$$

Die Partitionierung der Bindungsgleichungen auf Beschleunigungsebene gemäß (2.67)

$$\mathbf{C}_{\bar{\mathbf{q}}}\ddot{\bar{\mathbf{q}}} = \begin{bmatrix} \mathbf{C}_{\bar{\mathbf{q}},u} & \mathbf{C}_{\bar{\mathbf{q}},a} \end{bmatrix} \begin{bmatrix} \ddot{\bar{\mathbf{q}}}_u \\ \ddot{\bar{\mathbf{q}}}_a \end{bmatrix} = \mathbf{\Gamma}_{\bar{\mathbf{q}}} \tag{2.71}$$

führt mit $\ddot{\bar{\mathbf{q}}}_a = -\mathbf{C}_{\bar{\mathbf{q}},a}^{-1}\mathbf{C}_{\bar{\mathbf{q}},u}\ddot{\bar{\mathbf{q}}}_u + \mathbf{C}_{\bar{\mathbf{q}},a}^{-1}\mathbf{\Gamma}_{\bar{\mathbf{q}}}$ auf die Beziehung

$$\ddot{\bar{\mathbf{q}}} = \begin{bmatrix} \ddot{\bar{\mathbf{q}}}_u \\ \ddot{\bar{\mathbf{q}}}_a \end{bmatrix} = \underbrace{\begin{bmatrix} \mathbf{I} \\ -\mathbf{C}_{\bar{\mathbf{q}},a}^{-1}\mathbf{C}_{\bar{\mathbf{q}},u} \end{bmatrix}}_{\bar{\mathbf{B}}} \ddot{\bar{\mathbf{q}}}_u + \underbrace{\begin{bmatrix} \mathbf{0} \\ \mathbf{C}_{\bar{\mathbf{q}},a}^{-1}\mathbf{\Gamma}_{\bar{\mathbf{q}}} \end{bmatrix}}_{\bar{\mathbf{b}}} = \bar{\mathbf{B}}\ddot{\bar{\mathbf{q}}}_u + \bar{\mathbf{b}}. \tag{2.72}$$

Einsetzen von (2.68) und (2.72) in Gleichung (2.45) ergibt schließlich die Bewegungsgleichungen

$$\underbrace{\left[\bar{\mathbf{B}}^T\bar{\mathbf{M}}\bar{\mathbf{B}}\right]}_{\bar{\mathbf{M}}_u} \ddot{\bar{\mathbf{q}}}_u = \underbrace{\left[\bar{\mathbf{B}}^T\bar{\mathbf{Q}} - \bar{\mathbf{B}}^T\bar{\mathbf{M}}\bar{\mathbf{b}}\right]}_{\bar{\mathbf{Q}}_u} \Leftrightarrow \bar{\mathbf{M}}_u\ddot{\bar{\mathbf{q}}}_u = \bar{\mathbf{Q}}_u \tag{2.73}$$

in den unabhängigen Koordinaten $\bar{\mathbf{q}}_u$. Zu beachten ist jedoch, dass die Systemmatrizen $\bar{\mathbf{M}}$, $\bar{\mathbf{Q}}$, $\bar{\mathbf{B}}$ und $\bar{\mathbf{b}}$ sowohl von den unabhängigen Koordinaten $\bar{\mathbf{q}}_u$ als auch von den abhängigen Koordinaten $\bar{\mathbf{q}}_a$ bzw. deren Ableitungen abhängen. Dies hat zur Folge, dass bevor die Systemmatrizen aufgebaut werden können, die Koordinaten $\bar{\mathbf{q}}$ aus dem nichtlinearen Gleichungssystem $\mathbf{C}(\bar{\mathbf{q}}, t) = \mathbf{0}$ bzw. deren Ableitungen $\dot{\bar{\mathbf{q}}}$ und $\ddot{\bar{\mathbf{q}}}$ aus $\dot{\bar{\mathbf{q}}} = \bar{\mathbf{B}}\dot{\bar{\mathbf{q}}}_u + \bar{\mathbf{c}}$ und $\ddot{\bar{\mathbf{q}}} = \bar{\mathbf{B}}\ddot{\bar{\mathbf{q}}}_u + \bar{\mathbf{b}}$ zu ermitteln sind. Vor allem die Berechnung der Lagekoordinaten aus den nichtlinearen Bindungsgleichungen auf Lageebene ist bei großen Systemen in der Regel mit erheblichem Aufwand verbunden.

2.3.2 Bewegungsgleichungen in Minimalkoordinaten

Ausgangspunkt für die Aufstellung der Bewegungsgleichungen in Relativkoordinaten (Minimalkoordinaten) [102, 108, 109, 135, 137] dient die Gleichung (2.42). Darin sind die $\boldsymbol{\alpha}_i$ nicht unabhängig, sondern unterliegen den Gelenkbindungen (1.117) in expliziter Form. Mit $\mathbf{J} = \begin{bmatrix} \mathbf{J}_1^T & \cdots & \mathbf{J}_{n_K}^T \end{bmatrix}^T$, $\boldsymbol{\Gamma} = \begin{bmatrix} \boldsymbol{\Gamma}_1^T & \cdots & \boldsymbol{\Gamma}_{n_K}^T \end{bmatrix}^T$ und $\delta\boldsymbol{\alpha} = \mathbf{J}\delta\mathbf{q}$ folgt aus Gleichung (2.42)

$$\delta\mathbf{q}^T\mathbf{J}^T\mathbf{M}\mathbf{J}\ddot{\mathbf{q}} = \delta\mathbf{q}^T\mathbf{J}^T\left(\mathbf{Q} - \mathbf{M}\boldsymbol{\Gamma}\right), \tag{2.74}$$

wobei darin die virtuelle Änderung der generalisierten Koordinaten $\delta\mathbf{q}$ jetzt voneinander unabhängig sind. Daraus folgt die endgültige Form der Bewegungsgleichungen

$$\mathbf{J}^T\mathbf{M}\mathbf{J}\ddot{\mathbf{q}} = \mathbf{J}^T\mathbf{Q} - \mathbf{J}^T\mathbf{M}\boldsymbol{\Gamma}. \tag{2.75}$$

Mit der Massenmatrix $\mathbf{M}_\mathbf{q} = \mathbf{J}^T\mathbf{M}\mathbf{J}$ und der rechten Seite $\mathbf{Q}_\mathbf{q} = \mathbf{J}^T\mathbf{Q} - \mathbf{J}^T\mathbf{M}\boldsymbol{\Gamma}$ folgt die kompakte Form

$$\mathbf{M}_\mathbf{q}\ddot{\mathbf{q}} = \mathbf{Q}_\mathbf{q}. \tag{2.76}$$

Schleifenschließbedingungen

Die Bewegungsgleichungen (2.76) gelten für Mehrkörpersysteme mit Baumstruktur. Für Systeme mit geschlossenen Schleifen sind die Koordinaten $\mathbf{q}$ nicht mehr unabhängig voneinander. Wie in Abschnitt 2.3.1 angedeutet, bestehen auch hier grundsätzlich zwei Möglichkeiten die auftretenden Schließbedingungen zu behandeln [102, 108, 116, 136, 135, 137, 138]. Die Formulierung von impliziten Schleifenschließbedingungen führt auf ein DAE-System, das die gleichen Probleme mit sich bringt, die auch bei Mehrkörpersystemen in Absolutkoordinaten auftreten. Die Elimination der abhängigen Koordinaten mit Hilfe von expliziten Schließbedingungen führt dagegen auf gewöhnliche Differentialgleichungssysteme. Jedoch ist die Formulierung der expliziten Schließbedingungen in analytischer Form nur in Sonderfällen möglich, weshalb i.Allg. ein numerischer Ansatz erwünscht ist. Die Vorgehensweise entspricht formal der aus Abschnitt 2.3.1. Die impliziten Bindungsgleichungen aus Abschnitt 1.3.5 sind dabei ohne Einschränkung in diesem Zusammenhang als Schleifenschließbedingungen zu verstehen.

Ausgangspunkt sind im Folgenden die Bewegungsgleichungen (2.74) in der Form

$$\delta\mathbf{q}^T\left(\mathbf{M}_\mathbf{q}\ddot{\mathbf{q}} - \mathbf{Q}_\mathbf{q}\right) = \mathbf{0}, \tag{2.77}$$

wobei nun die Gelenkkoordinaten $\mathbf{q}$ nicht mehr unabhängig sind, sondern unterliegen aufgrund von Schleifenschließbedingungen den impliziten Zwangsgleichungen (1.129). Analoges gilt für die virtuelle Änderung der generalisierten Koordinaten, eine Aussage, die mit Hilfe von (1.131) auf die Beziehung

$$\mathbf{C}_\mathbf{q}\delta\mathbf{q} = \mathbf{0} \tag{2.78}$$

führt. Berücksichtigt man die generalisierten Schleifenschließkräfte in der Form

$$\mathbf{Q}^S = -\mathbf{C}_\mathbf{q}^T\boldsymbol{\lambda}, \tag{2.79}$$

so folgt zunächst

$$\delta\mathbf{q}^T\left(\mathbf{M}_\mathbf{q}\ddot{\mathbf{q}} - \mathbf{Q}_\mathbf{q}\right) = -\delta\mathbf{q}^T\mathbf{C}_\mathbf{q}^T\boldsymbol{\lambda} = \mathbf{0} \quad \Rightarrow \quad \mathbf{M}_\mathbf{q}\ddot{\mathbf{q}} + \mathbf{C}_\mathbf{q}^T\boldsymbol{\lambda} = \mathbf{Q}_\mathbf{q} \tag{2.80}$$

und zusammen mit (1.132) die Bewegungsgleichungen in Gestalt eines differential-algebraischen Gleichungssystems

$$\begin{bmatrix} \mathbf{M_q} & \mathbf{C_q}^T \\ \mathbf{C_q} & \mathbf{0} \end{bmatrix} \begin{bmatrix} \ddot{\mathbf{q}} \\ \boldsymbol{\lambda} \end{bmatrix} = \begin{bmatrix} \mathbf{Q_q} \\ \boldsymbol{\Gamma}_\mathbf{q} \end{bmatrix}. \tag{2.81}$$

Wie schon in Abschnitt 2.3.1 angedeutet, ist auch hier bei der numerischen Integration eine Koordinatenprojektion notwendig, um den Drift-Effekt zu kompensieren, jedoch ist der Rechenaufwand hier deutlich geringer, da pro Schleife maximal sechs Bindungsgleichungen auftreten.

Der Übergang auf gewöhnliche Differentialgleichungen in den unabhängigen Koordinaten erfolgt mittels expliziten Schleifenschließbedingungen. Analog zur Koordinatenpartitionierung in Abschnitt (2.3.1), folgen mit der Aufteilung in abhängige und unabhängige Koordinaten gemäß $\mathbf{q} = \begin{bmatrix} \mathbf{q}_u^T & \mathbf{q}_a^T \end{bmatrix}^T$ aus Gleichung

$$\delta \mathbf{q}^T \left(\mathbf{M_q} \ddot{\mathbf{q}} - \mathbf{Q_q} \right) = \mathbf{0} \tag{2.82}$$

die Bewegungsgleichungen in Form eines gewöhnlichen Differentialgleichungssystems

$$\underbrace{\left[\mathbf{B}^T\mathbf{M}\mathbf{B}\right]}_{\mathbf{M}_u} \ddot{\mathbf{q}}_u = \underbrace{\left[\mathbf{B}^T\mathbf{Q} - \mathbf{B}^T\mathbf{M}\mathbf{b}\right]}_{\mathbf{Q}_u} \quad \Rightarrow \quad \mathbf{M}_u \ddot{\mathbf{q}}_u = \mathbf{Q}_u, \tag{2.83}$$

wobei auch hier die Bindungsgleichungen analog zu Abschnitt 2.3.1 in der expliziten Gestalt

$$\ddot{\mathbf{q}} = \mathbf{B}\ddot{\mathbf{q}}_u + \mathbf{b} \text{ und } \delta\mathbf{q} = \mathbf{B}\delta\mathbf{q}_u \tag{2.84}$$

formuliert werden können.

2.4 Zwangskräfte und -momente

2.4.1 Bewegungsgleichungen in Minimalkoordinaten

Während bei der Formulierung der Bewegungsgleichungen in Absolutkoordinaten gemäß Abschnitt 2.3.1 die Zwangsgrößen explizit auftreten, bleiben bei der Aufstellung der Bewegungsgleichungen in Minimalkoordinaten die Zwangskräfte und -momente aufgrund des Prinzips von d'Alembert unberücksichtigt. Für technische Fragestellungen wie z.B die Dimensionierung von Bindungselementen sind die Reaktionsgrößen jedoch von entscheidender Bedeutung [108, 109, 135]. Für deren Berechnung kann ein rein konstruktives Vorgehen herangezogen werden, in dem jeder Körper des betrachteten Systems freigeschnitten wird. Die dadurch auftretenden Schnittgrößen entsprechen dabei den Reaktionskräften und -momenten, die durch Gleichgewichtsbetrachtungen ermittelt werden können. Ein solches Vorgehen ist im Hinblick auf große Systeme unhandlich und fehleranfällig. Vor allem im Hinblick auf eine Computerimplementierung ist die Berechnung der Zwangsgrößen mit Hilfe von impliziten Gelenkbindungen sehr von Vorteil.

Aus der Formulierung der rekursiven Kinematik von Starrkörperketten können die impliziten Bindungsgleichungen ermittelt werden. Betrachtet man zunächst ein Gelenk

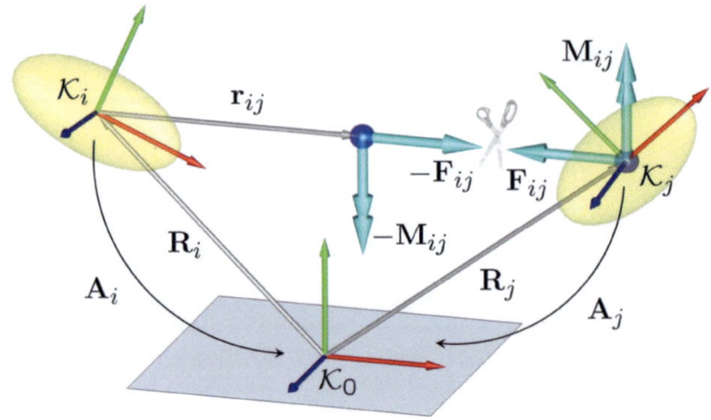

Abbildung 2.5: Gelenkfreischnitt

$\mathcal{G}_{ij}$ gemäß Abschnitt 1.3.1, so können die kinematischen Beziehungen auf Geschwindigkeitsebene (1.63) zunächst in der Form

$$\underbrace{\begin{bmatrix} -\mathbf{I} & \tilde{\mathbf{r}}_{ij} & \mathbf{I} & \mathbf{0} \\ \mathbf{0} & -\mathbf{I} & \mathbf{0} & \mathbf{I} \end{bmatrix}}_{\begin{bmatrix} -\boldsymbol{\Phi}_{ij} & \mathbf{I} \end{bmatrix}} \begin{bmatrix} \dot{\mathbf{R}}_i \\ \boldsymbol{\omega}_i \\ \dot{\mathbf{R}}_j \\ \boldsymbol{\omega}_j \end{bmatrix} = \underbrace{\begin{bmatrix} \mathbf{A}_i \mathbf{J}_{ij}^r \\ \mathbf{A}_i \mathbf{J}_{ij}^\omega \end{bmatrix}}_{\mathbf{J}_{ij}} \dot{\mathbf{q}}_{ij} \Rightarrow \begin{bmatrix} -\boldsymbol{\Phi}_{ij} & \mathbf{I} \end{bmatrix} \begin{bmatrix} \dot{\boldsymbol{\alpha}}_i \\ \dot{\boldsymbol{\alpha}}_j \end{bmatrix} = \mathbf{J}_{ij}\dot{\mathbf{q}}_{ij} \quad (2.85)$$

dargestellt werden. Wird die Bewegung des Grundkörpers vernachlässigt und setzt man eine reguläre Nummerierung entlang einer Starrkörperkette bestehend aus n-Körpern voraus, so gilt für das Gesamtsystem der kinematische Zusammenhang

$$\begin{bmatrix} \mathbf{I} & \mathbf{0} & \mathbf{0} & \cdots & \mathbf{0} & \mathbf{0} \\ -\boldsymbol{\Phi}_{12} & \mathbf{I} & \mathbf{0} & \cdots & \mathbf{0} & \mathbf{0} \\ \mathbf{0} & -\boldsymbol{\Phi}_{23} & \mathbf{I} & \cdots & \mathbf{0} & \mathbf{0} \\ \mathbf{0} & \mathbf{0} & -\boldsymbol{\Phi}_{34} & \ddots & \mathbf{0} & \mathbf{0} \\ \vdots & \vdots & \vdots & \ddots & \ddots & \vdots \\ \mathbf{0} & \mathbf{0} & \mathbf{0} & \cdots & -\boldsymbol{\Phi}_{n-1,n} & \mathbf{I} \end{bmatrix} \begin{bmatrix} \dot{\boldsymbol{\alpha}}_1 \\ \dot{\boldsymbol{\alpha}}_2 \\ \dot{\boldsymbol{\alpha}}_3 \\ \vdots \\ \dot{\boldsymbol{\alpha}}_{n-1} \\ \dot{\boldsymbol{\alpha}}_n \end{bmatrix} = \begin{bmatrix} \mathbf{J}_{01}\dot{\mathbf{q}}_{01} \\ \mathbf{J}_{12}\dot{\mathbf{q}}_{12} \\ \mathbf{J}_{23}\dot{\mathbf{q}}_{23} \\ \mathbf{J}_{34}\dot{\mathbf{q}}_{34} \\ \vdots \\ \mathbf{J}_{n-1,n}\dot{\mathbf{q}}_{n-1,n} \end{bmatrix}, \quad (2.86)$$

woraus sich mit der Blockdiagonalmatrix $\bar{\mathbf{J}}$ die abgekürzte Form

$$\bar{\boldsymbol{\Phi}}\dot{\boldsymbol{\alpha}} = \bar{\mathbf{J}}\dot{\mathbf{q}}. \quad (2.87)$$

anschreiben lässt. Daraus ergibt sich auch der lineare Zusammenhang

$$\bar{\boldsymbol{\Phi}}\delta\boldsymbol{\alpha} = \bar{\mathbf{J}}\delta\mathbf{q} \quad (2.88)$$

zwischen der virtuellen Verschiebung bzw. Verdrehung $\delta\boldsymbol{\alpha}$ und der virtuellen Änderung der Systemfreiheitsgrade $\delta\mathbf{q}$. Mit der Jacobi-Matrix des Gesamtsystems gilt die nützliche Beziehung

$$\bar{\boldsymbol{\Phi}}\mathbf{J} = \bar{\mathbf{J}} \quad \Rightarrow \quad \mathbf{J} = \bar{\boldsymbol{\Phi}}^{-1}\bar{\mathbf{J}}. \quad (2.89)$$

Die in (2.85) definierte Matrix $\mathbf{\Phi}_{ij}$ spielt auch bei der Betrachtung der Zwangsgrößen eine wichtige Rolle. Gegeben seien zwei körperfeste Punkte $\mathcal{P}_m$ und $\mathcal{P}_n$ eines Starrkörpers. Greift beispielsweise in $\mathcal{P}_n$ die Kraft $\mathbf{F}_n$ und das Moment $\mathbf{M}_n$ an, so gilt für einen Wechsel des Bezugspunktes von $\mathcal{P}_n$ nach $\mathcal{P}_m$

$$\begin{bmatrix} \mathbf{F}_m \\ \mathbf{M}_m \end{bmatrix} = \begin{bmatrix} \mathbf{I} & \mathbf{0} \\ \tilde{\mathbf{r}}_{mn} & \mathbf{I} \end{bmatrix} \begin{bmatrix} \mathbf{F}_n \\ \mathbf{M}_n \end{bmatrix}. \tag{2.90}$$

Dabei bezeichnet $\tilde{\mathbf{r}}_{mn}$ den Ortsvektor von $\mathcal{P}_m$ nach $\mathcal{P}_n$. Mit den Abkürzungen $\mathbf{f}_m^T = \begin{bmatrix} \mathbf{F}_m^T & \mathbf{M}_m^T \end{bmatrix}$ und $\mathbf{f}_n^T = \begin{bmatrix} \mathbf{F}_n^T & \mathbf{M}_n^T \end{bmatrix}$ folgt aus (2.90) die Matrixform

$$\mathbf{f}_m = \mathbf{\Phi}_{mn}^T \mathbf{f}_n. \tag{2.91}$$

Für die Berechnung der Gelenkkräfte und -momente greift man auf die Bewegungsgleichungen des freigeschnittenen Systems zurück. Für das freie System bestehend aus n-Körpern gilt im Hinblick auf (2.42)

$$\delta\boldsymbol{\alpha}^T [\mathbf{M}\ddot{\boldsymbol{\alpha}} - \mathbf{Q}] = \delta\boldsymbol{\alpha}^T \mathbf{Q}^G \quad \Rightarrow \quad \mathbf{M}\ddot{\boldsymbol{\alpha}} - \mathbf{Q} = \mathbf{Q}^G. \tag{2.92}$$

Dabei stellt die Spaltenmatrix $\mathbf{Q}^G = \mathbf{Q}^A + \mathbf{Q}^Z$ die generalisierten Gelenkkräfte und -momente dar, die sowohl die Antriebsgrößen $\mathbf{Q}^A$ als auch die $\mathbf{Q}^Z$ Zwangsgrößen beinhaltet.

Betrachtet man ein freigeschnittenes Gelenk gemäß Abbildung 2.5, so ergibt sich unter Beachtung von (2.91) für die virtuelle Arbeit der Gelenkgrößen der Ausdruck

$$\delta W_{ij}^G = -\delta\boldsymbol{\alpha}_i^T \mathbf{\Phi}_{ij}^T \mathbf{f}_{ij} + \delta\boldsymbol{\alpha}_j^T \mathbf{f}_{ij} = \begin{bmatrix} \delta\boldsymbol{\alpha}_i^T & \delta\boldsymbol{\alpha}_j^T \end{bmatrix} \begin{bmatrix} -\mathbf{\Phi}_{ij}^T \\ \mathbf{I} \end{bmatrix} \mathbf{f}_{ij}. \tag{2.93}$$

Summiert man die virtuelle Arbeit aller Gelenkkräfte, so ergibt sich im Hinblick auf (2.85) und (2.87) der Ausdruck

$$\delta W^G = \delta\boldsymbol{\alpha}^T \bar{\mathbf{\Phi}}^T \mathbf{f}, \tag{2.94}$$

wobei $\mathbf{f}^T = \begin{bmatrix} \mathbf{f}_{01}^T & \mathbf{f}_{12}^T & \cdots & \mathbf{f}_{n-1,n}^T \end{bmatrix}$ alle Gelenkkräfte und -momente beinhalten. Ein Vergleich mit (2.92) ergibt

$$\mathbf{Q}^G = \bar{\mathbf{\Phi}}^T \mathbf{f}, \tag{2.95}$$

woraus unter Berücksichtigung von (2.92) die Gelenkkräfte und -momente in der Form

$$\mathbf{f} = \bar{\mathbf{\Phi}}^{-T} (\mathbf{M}\ddot{\boldsymbol{\alpha}} - \mathbf{Q}) \tag{2.96}$$

folgen.

Anmerkung: Bei der Aufstellung der Bewegungsgleichungen im Sinne von (2.92) wurden die (bekannten) eingeprägten Kräfte und Momente in der Spaltenmatrix $\mathbf{Q}$ berücksichtigt. Somit stellt die Spaltenmatrix $\mathbf{f}$ ausschließlich Zwangsgrößen dar. Bei einem kinematisch geführten System (d.h. bei Vorgabe von $\mathbf{q}$, $\dot{\mathbf{q}}$, $\ddot{\mathbf{q}}$ und damit auch von $\boldsymbol{\alpha}$, $\dot{\boldsymbol{\alpha}}$ und $\ddot{\boldsymbol{\alpha}}$) sind häufig nicht nur die unbekannten Zwangskräfte und -momente sondern auch die unbekannten Antriebsgrößen von Interesse. Diese Problematik tritt besonders im Hinblick auf biomechanische Untersuchungen mit Hilfe von Motion-Capture

Systemen auf, wo auch die Ermittlung von resultierenden Muskelkräften interessiert. Ist also die Bewegung des Systems bekannt, so beinhaltet die Spaltenmatrix $\mathbf{f}$ nicht nur Zwangsgrößen sondern auch die unbekannten Antriebsgrößen. Aus (2.94) folgt mit $\delta\boldsymbol{\alpha} = \mathbf{J}\delta\mathbf{q}$ und $\bar{\boldsymbol{\Phi}}\delta\boldsymbol{\alpha} = \bar{\mathbf{J}}\delta\mathbf{q}$ die Beziehung

$$\delta W^G = \delta\boldsymbol{\alpha}^T\bar{\boldsymbol{\Phi}}^T\mathbf{f} = \delta\mathbf{q}^T\mathbf{J}^T\bar{\boldsymbol{\Phi}}^T\mathbf{f} = \delta\mathbf{q}^T\bar{\mathbf{J}}^T\mathbf{f} = \delta\mathbf{q}^T\boldsymbol{\tau}. \tag{2.97}$$

Dabei stellt

$$\boldsymbol{\tau} = \bar{\mathbf{J}}^T\mathbf{f} = \mathbf{J}^T\bar{\boldsymbol{\Phi}}^T\mathbf{f} = \mathbf{J}^T\left(\mathbf{M}\ddot{\boldsymbol{\alpha}} - \mathbf{Q}\right) \tag{2.98}$$

die resultierenden Antriebsgrößen der generalisierten Koordinaten $\mathbf{q}$ dar.

Schleifenschließkräfte und -momente

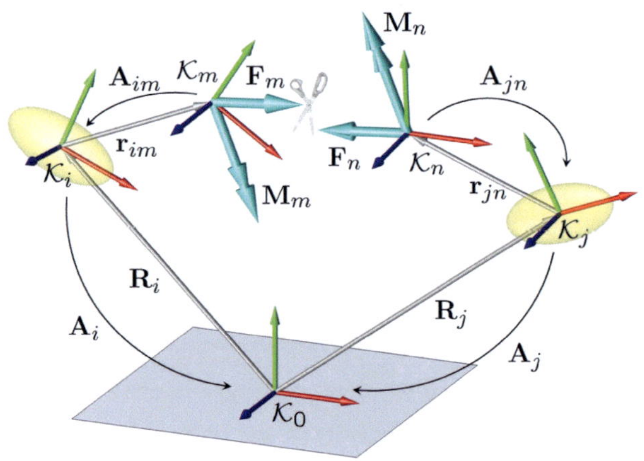

Abbildung 2.6: Schleifenschließkräfte und -momente

Der Zusammenhang zwischen den verallgemeinerten Reaktionskraftkoordinaten $\boldsymbol{\lambda}_{ij}$ und den Reaktionsgrößen $\mathbf{f}_m$ bzw. $\mathbf{f}_n$ soll in Anlehnung an die Schleifenschließbedingungen nach Abschnitt 1.3.5 am Beispiel einer Einzelschleife erläutert werden. Dabei stellen $\mathbf{f}_m^T = \left[\begin{array}{cc} \mathbf{F}_m^T & \mathbf{M}_m^T \end{array}\right]$ und $\mathbf{f}_n^T = \left[\begin{array}{cc} \mathbf{F}_n^T & \mathbf{M}_n^T \end{array}\right]$ die Schleifenschließkräfte und -momente gemäß Abbildung 2.6 dar. Die zur betrachteten Einzelschleife dazugehörigen verallgemeinerten Reaktionskraftkoordinaten (Lagrange-Multiplikatoren) werden im Folgenden mit $\boldsymbol{\lambda}_{ij}$ bezeichnet.

Mit $\delta\boldsymbol{\alpha}_m^T = \delta\boldsymbol{\alpha}_i^T\boldsymbol{\Phi}_{im}^T$ und $\delta\boldsymbol{\alpha}_n^T = \delta\boldsymbol{\alpha}_j^T\boldsymbol{\Phi}_{jn}^T$ lautet die virtuelle Arbeit der Schnittgrößen

$$\delta W^S = \delta\boldsymbol{\alpha}_m^T\mathbf{f}_m + \delta\boldsymbol{\alpha}_n^T\mathbf{f}_n = \left[\begin{array}{cc} \delta\boldsymbol{\alpha}_i^T & \delta\boldsymbol{\alpha}_j^T \end{array}\right]\left[\begin{array}{c} \boldsymbol{\Phi}_{im}^T\mathbf{f}_m \\ \boldsymbol{\Phi}_{jn}^T\mathbf{f}_n \end{array}\right]. \tag{2.99}$$

Andererseits folgt aus (1.123) und (2.79)

$$\delta W^S = - \begin{bmatrix} \delta\boldsymbol{\alpha}_i^T & \delta\boldsymbol{\alpha}_j^T \end{bmatrix} \begin{bmatrix} \mathbf{C}_{\alpha_i}^T \\ \mathbf{C}_{\alpha_j}^T \end{bmatrix} \boldsymbol{\lambda}_{ij}, \tag{2.100}$$

woraus ein Vergleich mit (2.99) die Schleifenschließkräfte und -momente

$$\mathbf{f}_m = -\boldsymbol{\Phi}_{im}^{-T}\mathbf{C}_{\alpha_i}^T\boldsymbol{\lambda}_{ij} \quad \text{und} \quad \mathbf{f}_n = -\boldsymbol{\Phi}_{jn}^{-T}\mathbf{C}_{\alpha_j}^T\boldsymbol{\lambda}_{ij} \tag{2.101}$$

liefert. Dabei sind die (hier konstanten) Matrizen $\boldsymbol{\Phi}_{im}$ und $\boldsymbol{\Phi}_{jn}$ analog zu (1.70) definiert. Damit gilt hier

$$\boldsymbol{\Phi}_{im} = \begin{bmatrix} \mathbf{I} & -\tilde{\mathbf{r}}_{im} \\ \mathbf{0} & \mathbf{I} \end{bmatrix} \text{ und } \boldsymbol{\Phi}_{jn} = \begin{bmatrix} \mathbf{I} & -\tilde{\mathbf{r}}_{jn} \\ \mathbf{0} & \mathbf{I} \end{bmatrix}.$$

2.4.2 Bewegungsgleichungen in Absolutkoordinaten

Mit der kinematischen Differentialgleichung $\boldsymbol{\omega}_k = \mathbf{G}_k\dot{\boldsymbol{\theta}}_k$ bzw. $\delta\boldsymbol{\pi}_k = \mathbf{G}_k\delta\boldsymbol{\theta}_k$ $(k = i, j)$ können alle im vorhergehenden Abschnitt dargestellten Zusammenhänge auch auf Systeme in abhängigen Absolutkoordinaten übertragen werden. Die als Schleifenschließbedingungen formulierten Beziehungen sind nun als Gelenkbindungen im Sinne von (1.151) zu verstehen.

Betrachtet wird im Folgenden ein einziges Gelenk mit den Zwangsbedingungen

$$\mathbf{C}(\bar{\mathbf{q}}_i, \bar{\mathbf{q}}_j) = \mathbf{0},$$

den dazugehörigen verallgemeinerten Reaktionskraftkoordinaten (Lagrange - Multiplikatoren) $\boldsymbol{\lambda}_{ij}$ und den Bindungsgleichungen auf Geschwindigkeitsebene in partitionierter Form

$$\begin{bmatrix} \mathbf{C}_{\bar{\mathbf{q}}_i} & \mathbf{C}_{\bar{\mathbf{q}}_j} \end{bmatrix} \begin{bmatrix} \dot{\bar{\mathbf{q}}}_i \\ \dot{\bar{\mathbf{q}}}_j \end{bmatrix} = \mathbf{0}.$$

Für die einzelnen Starrkörper $k = i, j$ gilt zunächst der Zusammenhang zwischen $\delta\boldsymbol{\alpha}$ und der virtuellen Änderung der Absolutkoordinaten $\delta\bar{\mathbf{q}}$

$$\delta\boldsymbol{\alpha}_k = \begin{bmatrix} \delta\mathbf{R}_k \\ \delta\boldsymbol{\pi}_k \end{bmatrix} = \underbrace{\begin{bmatrix} \mathbf{I} & \mathbf{0} \\ \mathbf{0} & \mathbf{G}_k \end{bmatrix}}_{\bar{\mathbf{G}}_k} \begin{bmatrix} \delta\mathbf{R}_k \\ \delta\boldsymbol{\theta}_k \end{bmatrix} = \bar{\mathbf{G}}_k\delta\bar{\mathbf{q}}_k. \tag{2.102}$$

Daraus ergibt sich im Hinblick auf (2.99) die virtuelle Arbeit der Gelenkkräfte und -momente

$$\delta W^Z = \begin{bmatrix} \delta\bar{\mathbf{q}}_i^T & \delta\bar{\mathbf{q}}_j^T \end{bmatrix} \begin{bmatrix} \bar{\mathbf{G}}_i^T\boldsymbol{\Phi}_{im}^T\mathbf{f}_m \\ \bar{\mathbf{G}}_j^T\boldsymbol{\Phi}_{jn}^T\mathbf{f}_n \end{bmatrix}. \tag{2.103}$$

Analog zu (2.100) gilt unter Berücksichtigung der Zwangskräfte in der Form (2.49) ebenfalls die virtuelle Arbeit der Schnittgrößen in Abhängigkeit der verallgemeinerten Reaktionskraftkoordinaten $\bar{\boldsymbol{\lambda}}_{ij}$

$$\delta W^Z = - \begin{bmatrix} \delta\bar{\mathbf{q}}_i^T & \delta\bar{\mathbf{q}}_j^T \end{bmatrix} \begin{bmatrix} \mathbf{C}_{\bar{\mathbf{q}}_i}^T \\ \mathbf{C}_{\bar{\mathbf{q}}_j}^T \end{bmatrix} \bar{\boldsymbol{\lambda}}_{ij}, \tag{2.104}$$

woraus sich im Hinblick auf (2.103) die Gelenkkräfte und -momente

$$\mathbf{f}_m = -\mathbf{\Phi}_{im}^{-T}\bar{\mathbf{G}}_i^{-T}\mathbf{C}_{\bar{\mathbf{q}}_i}^T\bar{\boldsymbol{\lambda}}_{ij} \quad \text{und} \quad \mathbf{f}_n = -\mathbf{\Phi}_{jn}^{-T}\bar{\mathbf{G}}_j^{-T}\mathbf{C}_{\bar{\mathbf{q}}_j}^T\bar{\boldsymbol{\lambda}}_{ij} \tag{2.105}$$

ergeben.

Kapitel 3

Inverse Kinematik und Motion Mapping

3.1 Inverse Kinematik

Unter der kinematischen Beschreibung eines Mehrkörpersystems versteht man eine i.Allg. nichtlineare algebraische Berechnungsvorschrift, die einen Zusammenhang zwischen den generalisierten Koordinaten $\mathbf{q}$ und der absoluten Lage und Orientierung der einzelnen Körper herstellt. Jeder Satz von Gelenkkoordinaten $\mathbf{q}$ legt eindeutig die Lage und Orientierung der einzelnen Segmente fest, die durch Auswertung der Vorwärtskinematik berechenbar ist. Im Hinblick auf serielle Service-Roboter, interessiert i.Allg. nur die absolute Lage und Orientierung des Greifers. Bei der inversen Kinematik wird das letzte Glied der kinematischen Kette, der sog. Endeffektor, bewegt und in die gewünschte Lage gebracht. Die übrigen Glieder der kinematischen Kette müssen dann entsprechend den Freiheitsgraden ihrer Gelenke passende Stellungen einnehmen. Die Aufgabe der inversen Kinematik ist es, zu einer gewünschten Position und Orientierung des Endeffektors eine geeignete Konfiguration des Mehrkörpersystems zu finden, d.h. einen Satz von Gelenkkoordinaten zu bestimmen, die das Erreichen der Zielposition und -orientierung erlauben. Das Problem ist i.Allg. nicht eindeutig lösbar.

Für die Lösung des inversen Problems unterscheidet man grundsätzlich drei Methoden. Die geometrischen Methoden sind dadurch gekennzeichnet, dass man durch rein geometrische Überlegungen Bestimmungsgleichungen ermittelt und daraus die unbekannten Gelenkkoordinaten bestimmt. Diese Methode ist in der Praxis nur eingeschränkt geeignet, da sie in der Regel nur auf ebene oder auf Systeme mit wenigen Freiheitsgraden anwendbar ist. Eine weitere Methode aus der Klasse der analytischen Verfahren ist der sog. algebraische Ansatz. Die Modellierung der Kinematik erfolgt dabei meistens mit Hilfe der Denavit-Hartenberg-Parameter. Durch sukzessive Invertierung der Denavit-Hartenberg-Transformationsmatrizen ergeben sich algebraische Bestimmungsgleichungen für die Gelenkkoordinaten des Systems. Die Auswahl günstiger Gleichungen für eine analytische Auflösung ist in diesem Zusammenhang als große Schwierigkeit zu sehen.

Während sich analytische Methoden nur in speziellen Fällen zur Lösung des inversen Problems eignen, sind rein numerische Verfahren allgemein anwendbar. Aufgrund dieses entscheidenden Vorteils, erfreuen sich numerische Methoden in der Praxis großer Beliebtheit. Die Lösung der inversen Kinematik ist in der Regel unabhängig von der

Topologie des Systems möglich, wobei die Mehrdeutigkeit der Lösung und die Singularitäten an Arbeitsraumgrenzen hier als große Schwierigkeit zu nennen sind. Hinzu kommen die starke Abhängigkeit der Lösung von den gewählten Anfangsbedingungen und Konvergenzprobleme, die bei iterativen numerischen Methoden prinzipiell auftreten. Der im Vergleich zu analytischen Methoden größere Rechenaufwand numerischer Methoden spielt jedoch im Hinblick auf Rechenanlagen der aktuellen Generation keine Rolle mehr.

Das Problem der inversen Kinematik wurde vielfach in der Robotik untersucht. Zur inversen Kinematik von Industrierobotern existiert eine Vielzahl an Arbeiten, wie z.B. [73, 76, 78, 97, 100, 136, 138, 139]. Neuere Arbeiten konzentrieren sich auf die Anwendung der inversen Kinematik im Bereich der Computeranimation von menschlichen Figuren [44, 21, 15, 129, 82, 103, 14, 128, 84, 71, 94]. Dabei spielt vor allem die Echtzeitfähigkeit der angewendeten Methoden und Verfahren eine wichtige Rolle.

Gegeben sei im Folgenden die absolute Lage $\mathbf{R}_E(\mathbf{q})$ des körperfesten Koordinatensystems $\mathcal{K}_E$ des Endeffektors einer Starrkörperkette, die durch Auswertung der Vorwärtskinematik für einen bestimmten Satz von Gelenkkoordinaten $\mathbf{q}$ eindeutig bestimmt ist. Entsprechend sei die Orientierung des Endeffektors bezüglich des Inertialsystems über die Transformationsmatrix $\mathbf{A}_E(\mathbf{q})$ gegeben. Die Zielposition $\mathbf{R}_Z$ und -orientierung $\mathbf{A}_Z$ seien ebenfalls gegeben. Die Formulierung der inversen Kinematik lässt sich damit auf die Lösung eines nichtlinearen Gleichungssystems der Form

$$\begin{aligned} \mathbf{R}_E(\mathbf{q}) - \mathbf{R}_Z &= \mathbf{0}, \\ \mathbf{A}_E(\mathbf{q}) - \mathbf{A}_Z &= \mathbf{0} \end{aligned} \tag{3.1}$$

zurückführen. Während für die Lage des Endeffektors drei Gleichungen zur Verfügung stehen, sind für die Orientierung neun Bestimmungsgleichungen vorhanden, von denen aber nur drei unabhängig sind. Aus Konvergenzgründen ist es deswegen sinnvoll, nur drei der neun Bestimmungsgleichungen für die Orientierung zu betrachten. Dazu soll zunächst das Gleichungssystem $\mathbf{A}_E(\mathbf{q}) - \mathbf{A}_Z = \mathbf{0}$ in $\mathbf{A}_Z^T\mathbf{A}_E(\mathbf{q}) = \mathbf{I}$ umgeformt werden. Mit der relativen Transformationsmatrix $\mathbf{A}_{ZE} = \mathbf{A}_Z^T\mathbf{A}_E$ reduziert sich das Gleichungssystem auf

$$\mathbf{A}_{ZE}(\mathbf{q}) = \mathbf{I},$$

woraus mit der Cayley-Formel $\mathbf{A}_{ZE} = (\mathbf{I} - \mathbf{S}_{ZE})^{-1}(\mathbf{I} + \mathbf{S}_{ZE})$ die Umformung

$$(\mathbf{I} - \mathbf{S}_{ZE})^{-1}(\mathbf{I} + \mathbf{S}_{ZE}) = \mathbf{I} \quad \Rightarrow \quad \mathbf{S}_{ZE} = \tilde{\mathbf{s}}_{ZE} = \mathbf{0} \quad \Rightarrow \quad \mathbf{s}_{ZE} = \mathbf{0}$$

gelingt. Mit der Transformation des Rodrigues-Vektors $\mathbf{s}_{ZE}$ über $\mathbf{A}_Z\mathbf{s}_{ZE} = \mathbf{s}$ in das Inertialsystem lautet das zu (3.1) äquivalente Gleichungssystem

$$\begin{aligned} \mathbf{R}_E(\mathbf{q}) - \mathbf{R}_Z &= \mathbf{0}, \\ \mathbf{s}(\mathbf{q}) &= \mathbf{0}. \end{aligned} \tag{3.2}$$

Damit stehen sechs Gleichungen in der impliziten Form $\mathbf{f}(\mathbf{q}) = \mathbf{0}$ für die Bestimmung der Gelenkkoordinaten $\mathbf{q}$ zur Verfügung. Für die numerische Behandlung mit Hilfe des Newton-Raphson-Verfahrens ist zunächst eine Linearisierung

$$\mathbf{f}(\mathbf{q}_i) + \mathbf{f}_q(\mathbf{q}_i)(\mathbf{q} - \mathbf{q}_i) = \mathbf{0}$$

um die Stelle $\mathbf{q}_i$ notwendig, woraus sich die Iterationsvorschrift

$$\begin{aligned}
\mathbf{q}_{i=1} &= \mathbf{q}_0, \\
\mathbf{q}_{i+1} &= \mathbf{q}_i + \Delta\mathbf{q}_i \quad \text{mit} \quad \Delta\mathbf{q}_i = -\left[\mathbf{f}_q(\mathbf{q}_i)\right]^{-1*} \mathbf{f}(\mathbf{q}_i)
\end{aligned} \tag{3.3}$$

ableiten lässt. Ausgehend von den Anfangsbedingungen $\mathbf{q}_0$ lässt sich die Iteration fortführen, bis die Fehlertoleranz $\max|\mathbf{f}(\mathbf{q}_{i+1})| < \varepsilon$ unterschritten wird. Das $*$-Symbol bei der Invertierung der Jacobi-Matrix $\mathbf{f}_q(\mathbf{q}_i)$ soll darauf hindeuten, dass an dieser Stelle eine Fallunterscheidung notwendig ist. Besitzt das betrachtete System sechs Freiheitsgrade, existiert für die sechs unbekannten Gelenkkoordinaten $\mathbf{q}$ im allgemeinen eine eindeutige Lösung. Damit entspricht $[\mathbf{f}_q(\mathbf{q}_i)]^{-1*} = [\mathbf{f}_q(\mathbf{q}_i)]^{-1}$ einer echten Matrixinversion.

Für ein System mit weniger als sechs Freiheitsgraden stehen mehr Gleichungen als Unbekannte zur Verfügung. Dies ist nicht von großer praktischer Bedeutung, denn das Anfahren einer Position wäre mit dem betrachteten System nicht möglich. Einen Ausweg für überbestimmte Systeme stellt die Formulierung als Optimierungsproblem in der Form

$$\left.\begin{array}{c} \mathbf{R}_E(\mathbf{q}) - \mathbf{R}_Z \\ \mathbf{s}(\mathbf{q}) \end{array}\right\} = \min_{\mathbf{q}}$$

dar.

Für Systeme mit mehr als sechs Freiheitsgraden stehen weniger Gleichungen als Unbekannte zur Verfügung. Damit sind einige Komponenten von $\mathbf{q}_i$ frei wählbar. Für unterbestimmte Systeme stellt $[\mathbf{f}_q(\mathbf{q}_i)]^{-1*} = [\mathbf{f}_q(\mathbf{q}_i)]^{\dagger}$ die Pseudo-Inverse von $\mathbf{f}_q(\mathbf{q}_i)$ dar. Damit wird aus der Vielzahl möglicher Lösungen diejenige mit der kleinsten Norm $\|\mathbf{q}_{i+1} - \mathbf{q}_i\|_2$ ausgewählt.

Die Jacobi-Matrix $\mathbf{f}_q(\mathbf{q})$ lässt sich mit Hilfe der Vorwärtskinematik aus der absoluten Geschwindigkeit $\dot{\mathbf{R}}_E$ und der Winkelgeschwindigkeit $\boldsymbol{\omega}_E$ des Endeffektors

$$\begin{bmatrix} \dot{\mathbf{R}}_E \\ \boldsymbol{\omega}_E \end{bmatrix} = \begin{bmatrix} \mathbf{J}_E^R \\ \mathbf{J}_E^\omega \end{bmatrix} \dot{\mathbf{q}}$$

ableiten. Für die Winkelgeschwindigkeit gilt der Zusammenhang

$$\boldsymbol{\omega}_E = 2\frac{\dot{\mathbf{s}} + \mathbf{s} \times \dot{\mathbf{s}}}{1 + \mathbf{s}^T\mathbf{s}}.$$

Daraus ergibt sich für die zeitliche Ableitung des Rodrigues-Vektors

$$\dot{\mathbf{s}} = \frac{1}{2}\left(\frac{\mathbf{I} + \tilde{\mathbf{s}}}{1 + \mathbf{s}^T\mathbf{s}}\right)^{-1} \boldsymbol{\omega}_E,$$

woraus mit $\boldsymbol{\omega}_E = \mathbf{J}_E^\omega \dot{\mathbf{q}}$ die Jacobi-Matrix

$$\mathbf{f}_q(\mathbf{q}) = \begin{bmatrix} \mathbf{J}_E^R \\ \frac{1}{2}\left(\frac{\mathbf{I}+\tilde{\mathbf{s}}}{1+\mathbf{s}^T\mathbf{s}}\right)^{-1} \mathbf{J}_E^\omega \end{bmatrix}$$

folgt. Unterliegt das betrachtete System mehreren Bindungen, so lässt sich das dargestellte Verfahren entsprechend anwenden. Die n Bindungen in der Form (3.2) werden dabei zu der Vektorfunktion

$$\mathbf{f}(\mathbf{q}) = \begin{bmatrix} \mathbf{f}_1(\mathbf{q}) \\ \vdots \\ \mathbf{f}_n(\mathbf{q}) \end{bmatrix} = \begin{bmatrix} \mathbf{R}_1(\mathbf{q}) - \mathbf{R}_{Z,1} \\ \mathbf{s}_1(\mathbf{q}) \\ \vdots \\ \mathbf{R}_n(\mathbf{q}) - \mathbf{R}_{Z,n} \\ \mathbf{s}_n(\mathbf{q}) \end{bmatrix} = \mathbf{0}$$

zusammengefasst. Entsprechendes gilt für die Jacobi-Matrix $\mathbf{f}_q$.

Die inverse Kinematik spielt im Rahmen des Sonderforschungsbereichs 588 eine wichtige Rolle. Die echtzeitfähige Lösung des inversen kinematischen Problems für die redundanten Roboterarme im Kontext der Bewegungsplanung und der Analyse von Greif- und Manipulationsaufgaben ist in diesem Zusammenhang zu nennen. Auch im Hinblick auf die Kooperation zwischen Mensch und Roboter muss der Roboter über ein möglichst detailgetreues Abbild des Menschen verfügen. Er muss bewerten können, wie gut der Mensch aufgrund seiner anatomischen Voraussetzungen in der aktuellen Situation agieren kann. Voraussetzung dafür ist ebenfalls eine zuverlässige und echtzeitfähige Lösung der inversen Kinematik.

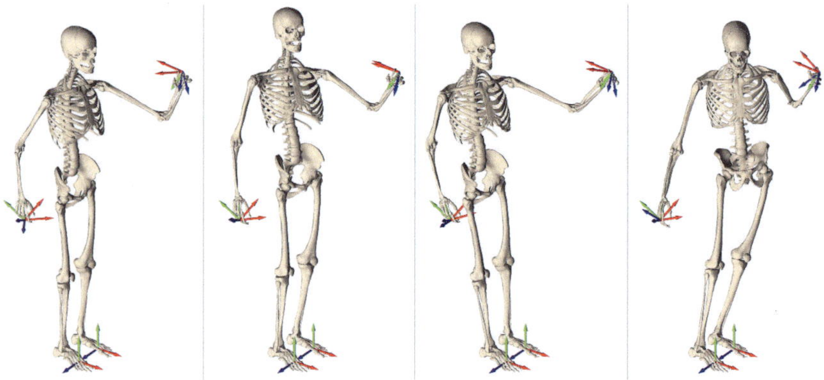

Abbildung 3.1: Verschiedene Lösungen der inversen Kinematik

Ein Beispiel für die Anwendung der inversen Kinematik auf ein redundantes Menschmodell ist in Abbildung 3.1 dargestellt. Dieses Beispiel verdeutlicht auch die Problematik, die vor allem bei redundanten Systemen auftritt. Aus allen möglichen Lösungen der inversen Kinematik werden hier nur 4 herausgegriffen und dargestellt. Das untersuchte Modell besitzt 40 Freiheitsgrade und unterliegt 18 Zwangsbedingungen, nämlich 2×6 Zwangsbedingungen für Lage und Orientierung der Füße und 2×3 Lagebedingungen für die Hände. Die Füße des Modells werden demzufolge am Boden festgehalten, während die Hände eine vorgegebene Zielposition erreichen müssen (in Abbildung 3.1 durch die eingezeichneten Koordinatensysteme gekennzeichnet). Allen Lösungen liegen die gleichen Anfangsbedingung $\mathbf{q}_0$ zu Grunde.

Interessant ist die Auswirkung der Berechnungsmethode auf die erhaltene Lösung. In Abbildung 3.1-1 ist die Lösung graphisch dargestellt, die mittels eines Optimierungsverfahrens der Form

$$\frac{1}{2}\sum_{j=1}^{n} \mathbf{f}_j(\mathbf{q})^2 = \min_{\mathbf{q}}$$

erzeugt wurde. Die nächsten drei Lösungen wurden mit Hilfe des Newton-Raphson-Verfahrens (3.3) generiert, wobei sie sich in der Berechnung von $\Delta\mathbf{q}_i$ unterscheiden. Fordert man für jeden Iterationsschritt i zusätzlich die Bedingung

$$\|\mathbf{q}_i - \mathbf{q}_0 + \Delta\mathbf{q}_i\|_2 = \min_{\Delta\mathbf{q}}, \tag{3.4}$$

so ergibt sich für $\Delta\mathbf{q}_i$ die Beziehung

$$\Delta\mathbf{q}_i = -\mathbf{f}_{\mathbf{q}}^{\dagger}(\mathbf{q}_i)\,\mathbf{f}(\mathbf{q}_i) + \left[\mathbf{I} - \mathbf{f}_{\mathbf{q}}^{\dagger}(\mathbf{q}_i)\,\mathbf{f}_{\mathbf{q}}(\mathbf{q}_i)\right](\mathbf{q}_0 - \mathbf{q}_i), \tag{3.5}$$

wobei $\mathbf{f}_{\mathbf{q}}^{\dagger}(\mathbf{q}_i)$ die Pseudo-Inverse von $\mathbf{f}_{\mathbf{q}}(\mathbf{q}_i)$ bezeichnet. Die Bedingung (3.4) bewirkt somit, dass die berechnete Stellung des Modells möglichst nahe an der Ausgangsstellung liegt. Das Ergebnis ist in Abbildung 3.1-2 zu sehen. Fordert man hingegen

$$\|\Delta\mathbf{q}_i\|_2 = \min_{\Delta\mathbf{q}}, \tag{3.6}$$

so wird diese Bedingung durch die Lösungsvorschrift

$$\Delta\mathbf{q}_i = -\mathbf{f}_{\mathbf{q}}^{\dagger}(\mathbf{q}_i)\,\mathbf{f}(\mathbf{q}_i) \tag{3.7}$$

erfüllt. Sie entspricht der Lösung mit der kleinsten quadratischen Norm von $\Delta\mathbf{q}_i$, die in Abbildung 3.1-3 dargestellt ist. Mit anderen Worten: es werden möglichst alle Gelenke möglichst wenig bewegt.

Alternativ dazu kann auch eine sog. Basislösung des unterbestimmten Gleichungssystems ermittelt werden. Dabei ist die Anzahl der von Null verschiedenen Elementen des Lösungsvektors $\Delta\mathbf{q}_i$ identisch mit dem Rang der Matrix $\mathbf{f}_{\mathbf{q}}(\mathbf{q}_i)$. Diese spezielle Lösung findet man beispielsweise mit Hilfe des in Matlab inplementierten \ - Operators über

$$\Delta\mathbf{q}_i = -\mathbf{f}_{\mathbf{q}}(\mathbf{q}_i)\backslash\mathbf{f}(\mathbf{q}_i)\,. \tag{3.8}$$

Die so ermittelte Lösung ist in Abbildung 3.1-4 zu sehen. Die Konsequenz von (3.8) ist, dass während der Iteration möglichst wenige Gelenke bewegt werden.

3.2 Motion Mapping

Unter Motion Mapping soll hier die Übertragung einer gemessenen Bewegung auf kinematische Starrkörpermodelle verstanden werden.

Im Rahmen des Sonderforschungsbereichs 588 sind Konzepte, Methoden und konkrete mechatronische Komponenten für einen humanoiden Roboter zu entwickeln, der seinen Arbeitsbereich mit dem Menschen teilt. Damit der Roboter vom Menschen als ein hilfreicher Assistent empfunden wird, sollte er über eine humanoide Gestalt mit den gleichen kinematischen Möglichkeiten und Beschränkungen verfügen. Als hervorzuhebende Eigenschaft bezüglich der Bewegungsmöglichkeit ist die Lernfähigkeit des Systems anzugeben, da hierdurch der Roboter an neue, ihm bisher unbekannte Aufgaben herangeführt werden kann; neue Bewegungen werden mit Hilfe des Menschen erlernbar und können von dem Benutzer interaktiv korrigiert werden. Ein humanoider Roboter mit Menschengestalt und -kinematik ist daher zweckmäßig. Das Bewegungssystem und damit das Verhalten des Roboters sollen auf menschenähnliche Bewegungen zugeschnitten sein. Ziel ist es, sich der kinematischen und motorischen Leistungsfähigkeit des Menschen zu nähern.

Um eine Kooperation zwischen Mensch und Roboter zu ermöglichen, muss der Roboter ein exaktes Bild von den Bewegungsabläufen des Menschen besitzen. Er muss erkennen, welche Bewegung der Mensch augenblicklich ausführt, er muss zuverlässig die Fortführung der Bewegung schätzen und er muss bewerten, wie gut der Mensch aufgrund seiner anatomischen Voraussetzungen in der aktuellen Situation agieren kann. Deshalb wird in einem Teilprojekt (M3) innerhalb des SFB in ausführlichen Studien untersucht, welche Bewegungsmuster Menschen zur Bewältigung konkret gestellter Aufgaben bevorzugen. Anhand von Videoexperimenten wird ermittelt, wie sich bestimmte Personengruppen bei konkreten Alltagsaufgaben verhalten, welche Freiheitsgrade eine Person bei wiederholtem Ausführen einer gestellten Aufgabe bewegt und welche Bewegungsmuster dabei typisch sind. Um diese Aufgabenstellungen erfolgreich umsetzen zu können, sind zunächst detaillierte Modelle des Menschen erforderlich. Dabei müssen die Modelle in der Lage sein, die wesentlichen kinematischen Merkmale des Menschen abzubilden. Kapitel 4 behandelt diese Problematik. Im nächsten Schritt ist die gemessene Bewegung des Menschen auf das Modell zu übertragen.

In diesem Zusammenhang werden in der Fachliteratur oft Ansätze vorgeschlagen, welche die Rekonstruktion der Gelenkkoordinaten über einfache geometrische Beziehungen ermöglichen. Dabei werden die sog. Marker so platziert, dass ihre Verbindungsgerade die Segmente des Modells bilden. Als Gelenkwinkel werden die von den Geraden eingeschlossenen Winkel definiert, die sich aus dem Skalarprodukt zweier Vektoren ergeben. Werden zusätzlich noch Informationen über die Richtung der Gelenkachsen benötigt, so werden weitere Markerpunkte an anatomischen Stellen des Probanden befestigt. Die Gelenkachsen werden ebenfalls als Verbindungsgerade zweier Marker definiert.

Im Gegensatz dazu wird hier ein Starrkörpermodell zu Grunde gelegt. Damit dient als Basis für die Berechnung ein gelenkgekoppeltes Starrkörpersystem, das die gesamte Modellinformation trägt. Somit wird sichergestellt, dass unterschiedliche Markerkonfigurationen keinen Einfluss auf die Modellparameter haben. Die vorliegende Arbeit verfolgt den Ansatz, mit Hilfe einer optimierungsbasierten inversen Kinematik die gemessene Bewegung auf ein kinematisches Modell zu übertragen. Übergeordnetes Ziel ist die Erstellung einer Bewegungsdatenbank, die sowohl Simulationsmodelle in verschiedenen Reduktionsstufen als auch die gemessenen bzw. berechneten Bewegungsabläufe enthält. Die einzelnen Arbeitsschritte von der Messung bis hin zur Bewegungsübertragung auf die Starrkörpermodelle soll im Folgenden skizziert werden.

3.2.1 Motion Capture

Unter Motion Capture soll hier die Messung von menschlichen Bewegungen mit Hilfe eines optischen, berührungslosen Bewegungserfassungssystems verstanden werden. Die Bewegungserfassung wurde am Institut für Sport und Sportwissenschaft der Universität Karlsruhe durchgeführt und schafft die Grundlage für die Erstellung einer

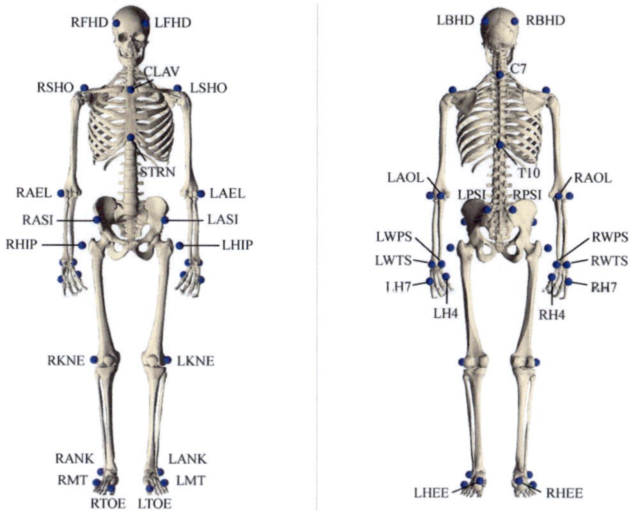

Abbildung 3.2: Markerset für Ganzkörperbewegungen

Bewegungsdatenbank. Dabei kommt das *Vicon motion capturing system* (MX 13) zum Einsatz. Die menschlichen Testpersonen werden mit sog. Marker beklebt, die Licht im Infrarotbereich reflektieren. Mehrere Spezialkameras verfolgen die Bewegungen der Markerpunkte, wobei eine Bewegungserfassungssoftware die räumliche Trajektorie ermittelt. Da die Messung auf der Basis eines optischen Verfahrens arbeitet, kommt es unter Umständen zur sog. Markerverdeckung. Im Rahmen des SFB wurde deshalb ein redundantes Markerset entwickelt, das die Nachteile eines optischen Trackingsystems kompensiert. Es besteht aus ca. 80 Markern, die an anatomischen Stellen des menschlichen Körpers angebracht werden. In Abbildung 3.2 ist ein Markerset dargestellt, das zur Erfassung einer Ganzkörperbewegung benutzt wurde.

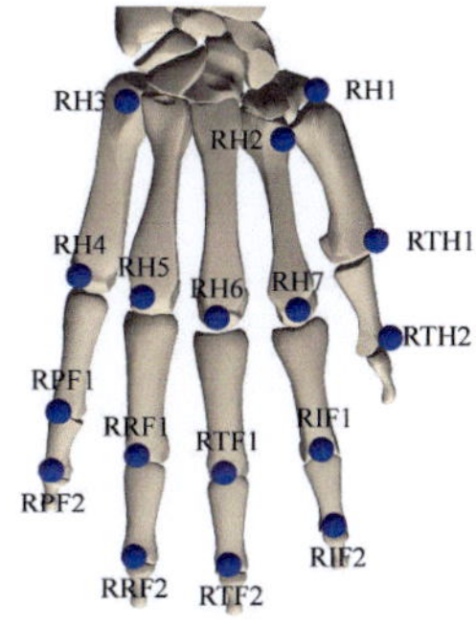

Abbildung 3.3: Markerset der rechten Hand

Für Detailuntersuchungen wie z.B. Greifvorgänge oder Objektmanipulationen, steht das in Abbildung 3.3 dargestellte Markerset der menschlichen Hand zur Verfügung. Ergebnis dieser Messung ist stets ein Satz von räumlichen Markertrajektorien, die im Folgenden mit $\bar{\mathbf{R}}_m$ bezeichnet werden.

3.2.2 Übertragung der Bewegung

Im Folgenden sei die Kinematik eines Starrkörpersystems mit Baumstruktur bestehend aus $b = 1, \ldots, n_K$ Körpern gegeben. Die absolute Lage $\mathbf{R}_b$ und Orientierung $\mathbf{A}_b$ der körperfesten Referenzsysteme $\mathcal{K}_b$ der einzelnen Körper sei damit als Funktion der generalisierten Koordinaten $\mathbf{q}$ eindeutig bestimmt. Weiterhin seien auch die Geschwindigkeit $\dot{\mathbf{R}}_b = \mathbf{J}_b^r \dot{\mathbf{q}}$ und die Winkelgeschwindigkeit $\boldsymbol{\omega}_b = \mathbf{J}_b^\omega \dot{\mathbf{q}}$ gegeben, wobei $\mathbf{J}_b^r$ die Jacobi-Matrix der Translation und $\mathbf{J}_b^\omega$ die Jacobi-Matrix der Rotation des Körpers b bezeichnen. Ein sog. Markerset legt eindeutig die Zuordnung der insgesamt $m = 1, \ldots, n_M$ Markerpunkte der einzelnen Starrkörper fest. Weiterhin sei vorausgesetzt, dass zu jedem Marker $\mathcal{M}_m$ die entsprechende absolute Trajektorie $\bar{\mathbf{R}}_m(t)$ aus der Motion-Capture-Messung existiert. Die während der Messung verwendeten Markerpunkte des realen Systems, werden im Folgenden mit $\bar{\mathcal{M}}_m$ bezeichnet. Ein Marker

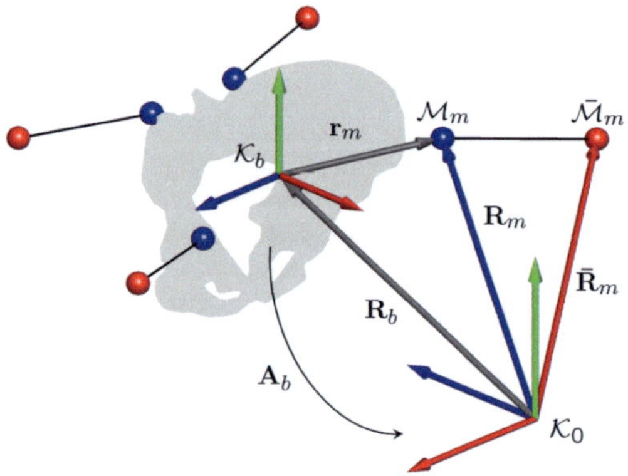

Abbildung 3.4: Absolute und relative Position eines Markers

$\mathcal{M}_m$ wird über seine relative Lage $\mathbf{r}_m^b$ bezüglich des körperfesten Koordinatensystems des Körpers b definiert. Damit ergibt sich für die absolute Lage des Markers m gemäß Abbildung 3.4 die Beziehung

$$\mathbf{R}_m = \mathbf{R}_b + \mathbf{A}_b \mathbf{r}_m^b. \tag{3.9}$$

Aus der absoluten Geschwindigkeit

$$\dot{\mathbf{R}}_m = \dot{\mathbf{R}}_b - \tilde{\mathbf{r}}_m \boldsymbol{\omega}_b \tag{3.10}$$

lässt sich auch die Jacobi-Matrix des betrachteten Markers

$$\mathbf{J}_m = \mathbf{J}_b^r - \tilde{\mathbf{r}}_m \mathbf{J}_b^\omega \tag{3.11}$$

angeben, wobei damit der Zusammenhang

$$\dot{\mathbf{R}}_m = \mathbf{J}_m \dot{\mathbf{q}} \tag{3.12}$$

besteht. Die Berechnung der Gelenkkoordinaten $\mathbf{q}$ des Mehrkörpersystems erfolgt mit Hilfe eines nichtlinearen Optimierungsproblems in der Form

$$\min_{\mathbf{q}} \tfrac{1}{2} \left\| \mathbf{F}(\mathbf{q}) \right\|_2^2 \tag{3.13}$$

mit der $n_M \times 1$ Vektorfunktion

$$\mathbf{F}(\mathbf{q}) = \begin{bmatrix} \mathbf{f}_1(\mathbf{q}) \\ \vdots \\ \mathbf{f}_{n_M}(\mathbf{q}) \end{bmatrix}, \tag{3.14}$$

wobei n_M die Anzahl der Marker darstellt. Die einzelnen Vektorfunktionen bilden über

$$\mathbf{f}_m(\mathbf{q}) = \bar{\mathbf{R}}_m - \mathbf{R}_m(\mathbf{q}) \tag{3.15}$$

das Residuum zwischen der gemessenen Markerposition $\bar{\mathbf{R}}_m$ und der absoluten Markerposition $\mathbf{R}_m(\mathbf{q})$ des Markers m des Mehrkörpersystems. Zur Lösung des Optimierungsproblems (3.13) ist die Funktionalmatrix der Gleichung (3.14) erforderlich, die sich aus den Jacobi-Matrizen $\mathbf{J}_m$ aller Marker $m = 1, \ldots, n_M$

$$\mathbf{F}_q(\mathbf{q}) = \begin{bmatrix} \mathbf{J}_1(\mathbf{q}) \\ \vdots \\ \mathbf{J}_{n_M}(\mathbf{q}) \end{bmatrix}$$

ergibt. Die Lösung von (3.13) für jeden diskreten Zeitpunkt (Frame) ergibt die Gelenkkoordinaten $\mathbf{q}$ des Systems. Für die Anfangsbedingungen der numerischen Lösung zum Zeitpunkt t_{n+1} wird die Lösung des Zeitschritts t_n gewählt.

Die Formulierung (3.13) ist ein klassisches nichtlineares Optimierungsproblem, das durch eine große Anzahl von Standardmethoden gelöst werden kann. Für die Berechnungen, die in dieser Arbeit durchgeführt wurden, finden nichtlineare Optimierungsverfahren der *Matlab Optimization Toolbox* Anwendung, mit deren Hilfe numerisch stabile und effiziente Lösungen erzielt wurden.

Der verwendete Ansatz zur Bewegungsübertragung steht und fällt mit der Definition des Markersets. Zunächst müssen soviel Marker zur Verfügung stehen, wie zur eindeutigen Beschreibung der Lage und der Orientierung der Starrkörper notwendig sind. Zwar kann die gewählte Methode auch auf redundante Systeme angewendet werden, jedoch zeigt die dabei erzielte Lösung eine starke Abhängigkeit von dem numerischen Lösungverfahren. Auch das Problem der Markerverdeckung sei in diesem Zusammenhang erwähnt. Der Verlust der Information über die absolute Markerposition während eines Optimierungslaufs macht sich im Hinblick auf die Rekonstruktion der Bewegung negativ bemerkbar. Einen entscheidenden Einfluss auf die Qualität der Lösung hat jedoch die Festlegung der relativen Markerpositionen $\mathbf{r}_m$. Grundsätzlich lässt sich feststellen, dass die Markerpositionen des Modells denen des realen Systems entsprechen müssen. Eine ungenaue Platzierung der Marker oder sogar eine falsche Zuordnung Marker - Starrkörper führt auf ein unbrauchbares Modellverhalten.

3.3 Beispiele und Anwendungen

Zum Abschluss des Kapitels soll das Hauptaugenmerk auf die Anwendungen der oben vorgestellten Methoden gerichtet werden. Im Zusammenhang mit der im Rahmen des SFB 588 erstellten Bewegungsdatenbank bildet das dargestellte Motion-Mapping die Berechnungsgrundlage. Der Bewegungskatalog beinhaltet mehr als 1600 Basisbewegungen des Menschen. Zu jeder Bewegung gehören neben den gemessenen Rohdaten auch die rekonstruierten Gelenkkoordinaten und die entsprechenden Visualisierungen. Dabei kommen Modelle in verschiedenen Reduktionsstufen zum Einsatz. Aus dem großen Umfang des Bewegungskataloges sollen im Folgenden zwei Beispiele herausgegriffen werden. In Abbildung 3.5 ist eine Bewegung zu sehen, die typisch für die aufgenommenen Zeigegesten ist. Dabei wurden die Probanden aufgefordert, auf bestimmte Punkte im Raum zu zeigen. Neben der Initialisierung der Berechnung (a, b) sind weitere drei Frames (c, d, e) der Bewegung zu erkennen.

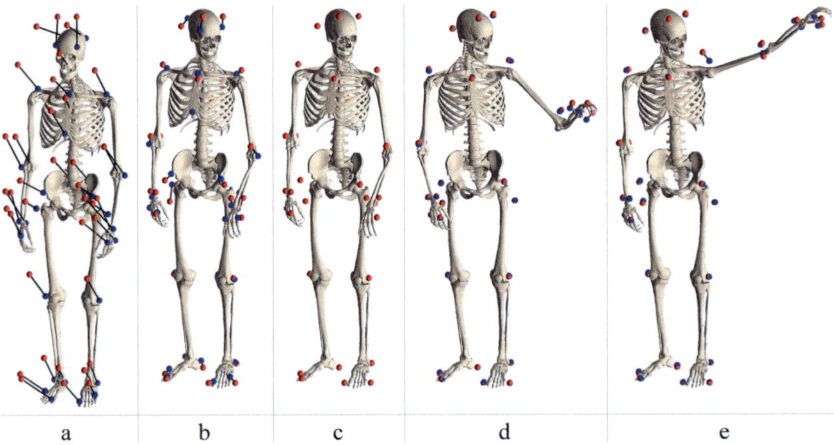

Abbildung 3.5: Beispiel: Zeigegeste

Das nächste Beispiel macht deutlich, dass die gemessene Bewegung nicht nur auf detaillierte Menschmodelle übertragbar ist, sondern auch auf Starrkörpermodelle des Roboters. In diesem Zusammenhang ist die Übertragung der Bewegung auf ein System mit einer deutlich geringeren Anzahl an Freiheitsgraden als die große Schwierigkeit zu sehen. Betrachtet wird eine menschliche Bewegung, die das Ausräumen einer Spülmaschine darstellt. Dabei stehen sich zwei Modelle gegenüber, nämlich ein detailliertes Menschmodell mit 75 Freiheitsgraden und das Modell des SFB-Roboters ARMAR-III. Im Gegensatz zum verwendeten Modell des Menschen besitzt der Roboter nur 24 Freiheitsgrade, wobei die Gelenke ausschließlich über ideale Dreh-, Kardan- und Kugelgelenke modelliert sind. Die Roboterplattform besitzt gegenüber der Umgebung zwei translatorische Freiheitsgrade in der horizontalen Ebene und einen rotatorischen Freiheitsgrad um eine zur Ebene senkrechten Achse. In Abbildung 3.7 sind mehrere Frames der Simulation dargestellt. Während die Bildfolge 3.7 keine großen Unterschiede erkennen lässt, zeigt ein Blick auf Abbildung 3.6 den Einfluss der Freiheitsgradreduktion auf das Modellverhalten. Gegenübergestellt sind die Quadratsummen der Residuen, die sich während des Optimierungslaufs ergeben haben. Dabei zeigt sich, dass das Simulationsmodell des Menschen mit seiner menschenähnlichen Kinematik deutlich besser der Originalmessung folgen kann.

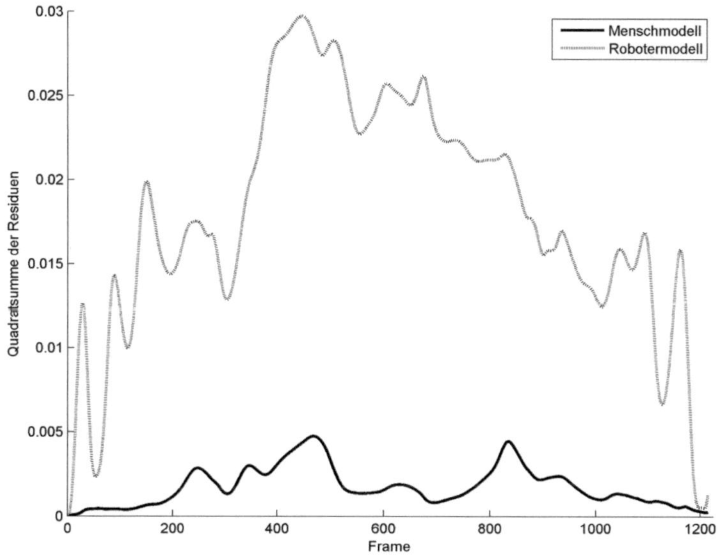

Abbildung 3.6: Quadratsumme der Residuen

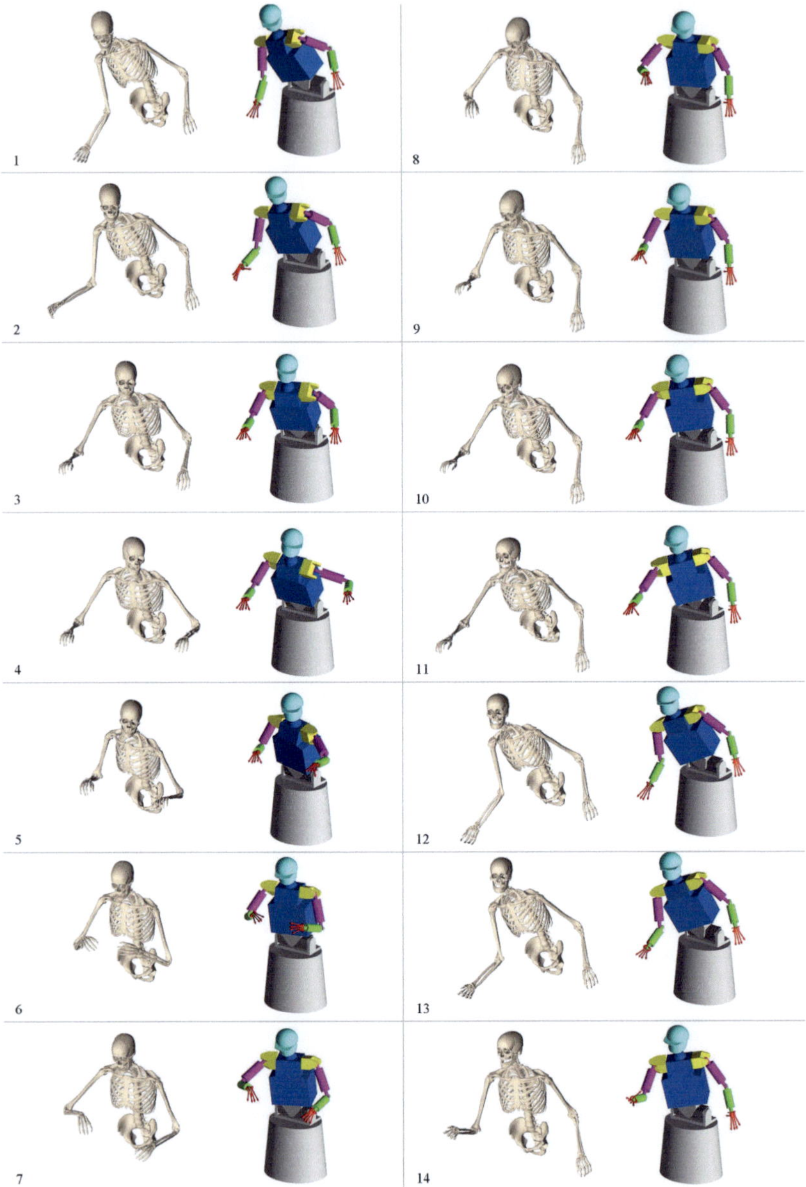

Abbildung 3.7: Beispiel: Spülmaschine

Kapitel 4

Biomechanische Modelle des Menschen

4.1 Stand der Forschung

Der menschliche Körper ist aus mechanischer Sicht ein komplexes System mit weit über 100 Gelenken und mit einer Vielzahl von Freiheitsgraden. Die Gliedmaßen werden durch etwa 750 Muskeln bewegt. Aufgrund dieser Komplexität sind Approximationen bei der Modellierung unumgänglich. Für die Abbildung von Effekten, bei denen die Kontinuumseigenschaften des Körpers dominieren, ist die Finite-Element-Methode ein häufig eingesetztes Verfahren. Aufgrund des hohen Rechenaufwands eignet sie sich nur für Detailuntersuchungen wie z.B. für die Ermittlung von Gelenkbelastungen. In der biomechanischen Modellierung des menschlichen Körpers hat sich daher die Starrkörpermodellierung durchgesetzt. Die komplexe Ganzkörperbewegung des menschlichen Körpers wird ausreichend genau durch diesen Starrkörperansatz reproduziert. Aus diesem Grund finden Starrkörpermodelle Anwendung sowohl in der Biomechanik und der Medizin [45, 46, 51, 57, 74, 142] als auch in der Sportwissenschaft und Robotik [10, 17, 77, 118, 140].

Für die korrekte biomechanische Modellierung werden die signifikanten geometrischen und physikalischen Daten des menschlichen Körpers benötigt. Sie umfassen zum einen die mechanischen Eigenschaften des Körpers, d.h. die Segmentierung, die Segmentlängen, die Gelenktypen, die Gelenkpositionen, die Massen der Körper, die Schwerpunktlagen sowie die Trägheitstensoren der Segmente. Zum anderen erfordert die Modellierung der aktiven Elemente (Muskel) eine Vielzahl von Parametern wie z.B. die Muskellängen und die Position der Krafteinleitungspunkte. Grundsätzlich sind vor allem die inneren anthropometrischen Daten schwer zu ermitteln. Hinzu kommt, dass die Daten in der Regel stark interindividuell variieren. Verbreitet sind Ansätze, welche die für die Modellierung benötigten Daten auf der Basis einer aufwändigen, äußerlichen Vermessung ermitteln. Beispiele dafür sind die Arbeiten von Günther [46], Hahn [47], Hanavan Jr. [48], Henze [57], Hatze [52]. Häufig werden durch geometrische Approximationen und vereinfachende Annahmen anthropometrische Daten abgeleitet, die der Messung nicht zugänglich sind.

Biomechanische Modelle des Menschen sind auch in kommerziellen Systemen zu finden, die beispielsweise in der Automobilindustrie vielfach für Ergonomieuntersuchungen verwendet werden. Dazu zählen z.B. das Menschmodell Ramsis [4] von Human

Solutions und die Anthropos ErgoMax Modelle [2]. Zahlreiche biomechanische Softwarepakete (AnyBody [1], LifeMod [3], SIMM [5]) bringen eine Reihe von Standardmodellen mit sich. Dabei sind sowohl biomechanische Modelle einzelner Körperregionen als auch Ganzkörpermodelle verfügbar.

Der menschliche Arm ist in der Literatur ein oft diskutiertes Teilsystem des menschlichen Körpers. Er bildet meistens die Grundlage für die Modellierung und den Entwurf humanoider Roboterarme. Die im Bereich Robotik entwickelten Modelle zeichnen sich vor allem durch ihre kinematische Einfachheit aus. Typische Beispiele sind die Modelle von Benati et al. [16], Fazel-Rezai et al. [40], Harrington [49], Lenarcic und Umek [75] und Potkonjak und Krstulovic [96]. Charakteristisch für die im Bereich der Biomechanik entwickelten Armmodelle ist ihr direkter Bezug zur Anatomie des Menschen. Einen Überblick über existierende Modelle gibt King [70]. Umfassende Modelle und Beschreibungen des menschlichen Arms bzw. der oberen Extremitäten finden sich auch bei Holzbaur et al. [59], Kapandji [67] und Tillmann et al. [127].

Für die Analyse des menschlichen Ganges werden häufig Modelle der unteren Extremitäten eingesetzt, die sich im Hinblick auf die Anzahl der Freiheitsgrade, Gelenktypen und Topologie deutlich unterscheiden. Typisch für die im Bereich der Biomechanik und der Medizin entstandenen Modelle ist die detailgetreue Modellierung der menschlichen Kinematik. Diese Modelle eignen sich besonders für medizinische und sportwissenschaftliche Studien [29, 30, 31]. Im Gegensatz dazu stehen Arbeiten aus dem Bereich der Robotik, deren Fokus eher auf das zweibeinige Gehen gerichtet ist. In diesem Fall spielt die exakte Modellierung des Menschen eine eher untergeordnete Rolle. Die verwendeten Modelle weisen in der Regel eine sehr einfache Starrkörperkinematik auf [57, 46].

Das Kniegelenk ist das am häufigsten von Verletzungen betroffene Gelenk des Menschen, wobei die Ursache in der hohen mechanischen Beanspruchung zu sehen ist. Zahlreiche Arbeiten aus Medizin, Prothetik, Biomechanik und Sportwissenschaft widmen sich deshalb diesem Teilsystem [89, 113, 114, 141]. Dazu gehört sowohl die Untersuchung der mechanischen Eigenschaften als auch die Analyse von Bewegungsabläufen mit Hilfe von biomechanischen Simulationsmodellen. In [54, 55, 58] wird ein Überblick zu den verschiedenen Modellierungsansätzen gegeben. Dabei wird i.Allg. zwischen kinematischen und dynamischen Kniemodellen unterschieden, wobei sich letztere oft nur auf zweidimensionale, quasi-statische Untersuchungen beschränken.

Im Bereich der Synthese und Analyse der menschlichen Bewegung unterscheidet man hauptsächlich zwischen Skelettmodellen und Muskel-Skelett-Modellen. Modelle, die neben dem Skelettmodell auch entsprechende Muskelmodelle beinhalten, ermöglichen die genaue Bestimmung der Belastung des Bewegungsapparates [8, 72, 91, 104]. Da in der Regel mehrere Muskeln ein Gelenk umspannen, handelt es sich um ein sog. überaktuiertes System. Die Bewegungsgleichungen stellen hinsichtlich der Kraftanregung ein unterbestimmtes Gleichungssystem dar. Die Hauptschwierigkeit liegt darin, die muskulären Belastungen im Sinne einer inversen Dynamik zu bestimmen. In der Literatur finden sich verschiedene Ansätze, die sich diesem Problem widmen [99, 29, 92, 125, 50].

Die Schlüsselfrage bei der Modellierung mechanischer Systeme und damit für die Aufstellung effektiver Mehrkörperprogramme ist die geeignete Wahl von Koordinaten. Im Hinblick auf die Motion-Capture Anwendungen scheint die Modellierung in natürlichen Koordinaten auf den ersten Blick als sehr sinnvoll. Ausgangspunkt der Untersuchung sind ja stets die Absolutkoordinaten der Markerpunkte, die mit Hilfe der Motion-Capture-Technik ermittelt werden. Es liegt also nahe, diese Koordinaten direkt zur Beschreibung des Mehrkörpersystems zu verwenden. In der Literatur gibt es dazu zahlreiche Anwendungen, wie z.B. [7, 41, 117] und [121]. Um aus den Motion-Capture Daten zu einem Starrkörpermodell zu gelangen, sind zunächst Starrkörperbindungen zu erfüllen. Das sind in der Regel sehr einfache quadratische Abstands- oder Winkelbeziehungen. Die Gelenkbindungen besitzen ebenfalls eine einfache Form, sodass eine numerisch effiziente Auswertung genauso möglich ist. Entscheidender Nachteil ist aber die große Anzahl an kinematischen Bindungen. Beispiel Doppelpendel: die Beschreibung der Starrkörper durch zwei Punkte und zwei Einheitsvektoren erfordert sechs Starrkörperbindungen. Die zwei Drehgelenke erfordern weitere zehn Gelenkbindungen, also insgesamt zweiundzwanzig Gelenkbindungen für ein simples System mit zwei Freiheitsgraden. Bei einem Menschmodell mit über hundert Freiheitsgraden explodiert die Anzahl der Bindungsgleichungen förmlich. Hinzu kommt die in der Regel schlechte Kondition der Systemgleichungen, die numerisch Schwierigkeiten bereiten. (z.B. wenn ein Starrkörper durch zwei Einheitsvektoren und zwei Punkte in großem Abstand beschrieben wird). Als großer Vorteil ist aber der simple Aufbau der Systemgleichungen zu nennen [41, 68].

Die Elimination der Starrkörperbindungen führt auf die Beschreibung der Starrkörper durch drei Koordinaten für die Lage und drei für die Orientierung. Die impliziten Gelenkbindungen sind nach wie vor nötig. Im Hinblick auf die in dieser Arbeit verwendete Methode, Motion-Capture-Daten auf Starrkörpersysteme zu projizieren, führt das zu einem nichtlinearen Optimierungsproblem mit nichtlinearen Nebenbedingungen. Bei großen Systemen ist das praktisch nur schwierig zu realisieren.

Modelle in Relativkoordinaten führen unter dem gleichen Aspekt zur nichtlinearen Optimierung ohne Nebenbedingungen, weil die Gelenkbindungen durch explizite Bindungen erfüllt sind. Nebenbedingungen die nur durch Angabe von Bereichsgrenzen der Gelenkkoordinaten auftauchen, sind unkritisch. Auch im Hinblick auf die Systemtopologie, ist die Modellierung in Gelenkkoordinaten sinnvoll, da die menschliche Kinematik Baumstruktur besitzt. Die durch Bindungen an die Umgebung auftretenden geschlossenen Schleifen, sind i.Allg. numerisch realisierbar und in der Regel unkritisch. Deshalb fällt in dieser Arbeit die Entscheidung auf eine rekursive Modellierung der Kinematik vorwiegend in Minimalkoordinaten. Die in diesem Zusammenhang entstandenen Modelle werden im nächsten Abschnitt behandelt.

4.2 Simulationsmodelle des Menschen

Die menschliche Kinematik ist außerordentlich kompliziert, weshalb die exakte Umsetzung in Simulationsmodelle kaum möglich ist. Man ist deshalb bestrebt, bei der Modellbildung nur die wichtigsten physiologischen Eigenschaften des menschlichen Körpers geeignet zu modellieren. Ferner sind problemangepasste Modelle erforderlich, die nur die gerade interessierenden Charakteristika der menschlichen Kinematik abbilden können. Auch die Parametrisierung der Modelle ist problematisch, da anthropometrische Daten über innere Eigenschaften des Bewegungsapparates nur beschränkt verfügbar sind. Für Modellparameter, die im Rahmen von statistischen Erhebungen nicht verfügbar sind, dienen eigene anthropometrische Annahmen und geometrische Approximationen. Bei der Modellierung der Gelenkkinematik muss ebenfalls auf eine detaillierte Nachbildung verzichtet werden, wenn der Fokus auf die Gesamtbewegung des Menschen gerichtet ist. Die meisten Gelenkverbindungen des menschlichen Körpers sind frei von strengen kinematischen Kopplungen. Alle Knochen werden ausschließlich durch Bänder, Knorpel und Muskeln, d.h. durch weiche Zwangsbedingungen zusammengehalten und besitzen in der Regel sechs Freiheitsgrade pro Gelenk. Da in der vorliegenden Arbeit nur makroskopische Bewegungsabläufe untersucht werden sollen, ist die Vernachlässigung einzelner Freiheitsgrade vor allem im Hinblick auf die Rechenzeit gerechtfertigt, womit ein Kompromiss zwischen detailgetreuer Nachbildung und numerischer Effizienz eingegangen wird. Nur wenige Gelenke des menschlichen Körpers können in sehr guter Näherung durch ein ideales Gelenk modelliert werden. Dazu zählt z.B. das Hüftgelenk, das im Wesentlichen einem Kugelgelenk entspricht. Gelenke wie z.B. das Kniegelenk, das Schultergelenk, die Wirbelsäule, Fußgelenke oder die Hand sind hingegen nur mit extrem hohem Aufwand korrekt abzubilden.

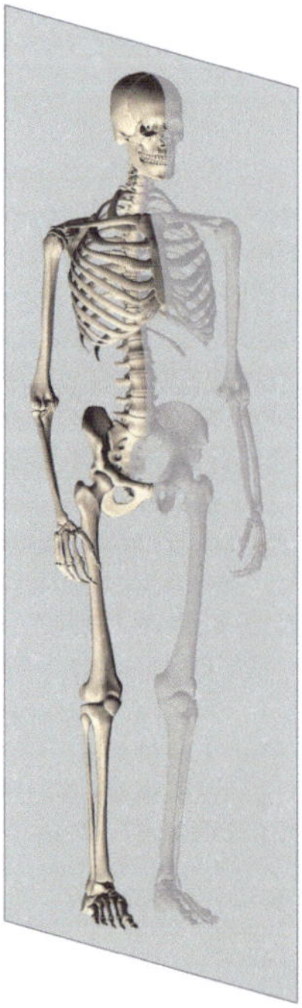

Die Menschmodelle, die im Rahmen dieser Arbeit entstanden sind, dienen in erster Linie der Abbildung von Motion-Capture Daten auf technisch realisierbare Starrkörpersysteme. Die so ermittelten Gelenkkoordinatenverläufe sollen auf das Robotersystem übertragen werden, um ihm eine menschenähnliche Bewegung zu verleihen. Ungenauigkeiten der Messung, begrenzte Auflösung der Kameras und die begrenzte Anzahl an Markerpunkten usw. sind weitere Gründe dafür, dass die Modellierung mittels Starrkörpersystemen und vorwiegend idealen Gelenken für die Reproduktion der gemessenen Bewegung ausreichend sind. Für alle Gelenke, die durch ein Kugelgelenk approximiert sind, wird ferner auf eine Drehreihenfolge geachtet, die aufgrund von Gelenkanschlägen frei von Singularitäten ist. Die Modellierung des menschlichen Körpers erfolgt grundsätzlich symmetrisch bezüglich seiner Sagittalebene, sodass im Folgenden nur Angaben für die rechte Seite gemacht werden.

Durch die im Rahmen des SFB 588 (Teilprojekt M3) durchgeführten Motion-Capture Messungen standen umfassende Datensätze zur Bestimmung von kinematischen Größen zur Verfügung. Die in Kapitel 5 dieser Arbeit vorgestellte Methode dient dabei als Basis für die Abschätzung der menschlichen Kinematik. Die Segmentlängen, die Gelenkpositionen und die Richtung der Gelenkachsen können damit individuell für jeden Probanden ermittelt werden und fanden dabei Anwendung bei der Entwicklung und bei der personenspezifischen Anpassung der kinematischen Menschmodelle. Vor allem die dynamischen Eigenschaften und Größen der Menschmodelle basieren zum Teil auf eigenen Annahmen und Approximationen. Die verwendeten anthropometrischen Daten stammen jedoch vorwiegend aus der Fachliteratur. Diese soll an dieser Stelle erwähnt werden. Eine umfassende Quelle für anthropometrische Daten stellen die Veröffentlichungen [11, 12, 13] der NASA dar, die auch als Basis für viele in der Fachliteratur verfügbaren biomechanischen Menschmodelle dienen. Datensätze für Ganzkörpermodelle, die ebenfalls auf die statistischen Erhebungen der NASA beruhen, sind auch bei [46, 47, 57] verfügbar. Eine detaillierte Nachbildung der unteren Extremitäten ist das Modell von Delp [29], Delp und Loan [30], Delp et al. [31]. Es beinhaltet sowohl die wesentlichen kinematischen und dynamischen Eigenschaften des Skelettes als auch detaillierte Muskelmodelle. Dabei sind umfassende Informationen über die Muskeleigenschaften, Muskellänge, Lage der Kraftangriffspunkte usw. verfügbar. Von Holzbaur et al. [59] und Murray et al. [85] sind detaillierte Muskel-Skelett-Modelle der oberen Extremitäten verfügbar. Sie umfassen ebenfalls das Starrkörpermodell der oberen Gliedmaßen als auch die dazugehörigen Muskeln. Ein Modell der menschlichen Wirbelsäule [107, 122, 123] ist am Institut für Technische Mechanik im Rahmen des M4 Teilprojektes entstanden. Das Modell bildet nicht nur die Kinematik der Wirbelsäule detailgetreu nach, sondern beinhaltet auch eine kinematische Kopplung einzelner Wirbelfreiheitsgrade. Damit werden Redundanzen vermieden und ein realistisches Verhalten des menschlichen Stammes erzielt. Wichtige Eigenschaften und Merkmale dieses Modells finden sich auch in dem Ganzkörpermodell aus Kapitel 4 dieser Arbeit wieder.

Im Laufe der letzten Jahre sind zahlreiche kommerzielle und frei verfügbare Softwarepakete im Zusammenhang mit der biomechanischen Modellierung des Menschen entstanden. Dazu zählen z.B. *Simm*, *OpenSimm*, *LifeMod* und *AnyBody*, für die umfangreiche Modellbibliotheken existieren, die ebenfalls als Bezugsquelle für anthropometrische Daten verfügbar sind. Ohne Anspruch auf Vollständigkeit zu erheben, sollen an dieser Stelle weitere Arbeiten genannt werden, die ebenfalls als wichtige Quellen für anthropometrische Daten und Informationen zu sehen sind. Dazu zählen die Arbeiten von Apkarian et al. [8], Fazel-Rezai et al. [40], Hanavan Jr. [48], Hatze [52, 51], Kapandji [67], Schünke [112], Hubbard et al. [62], Nigg und Herzog [88] und Yeadon [142].

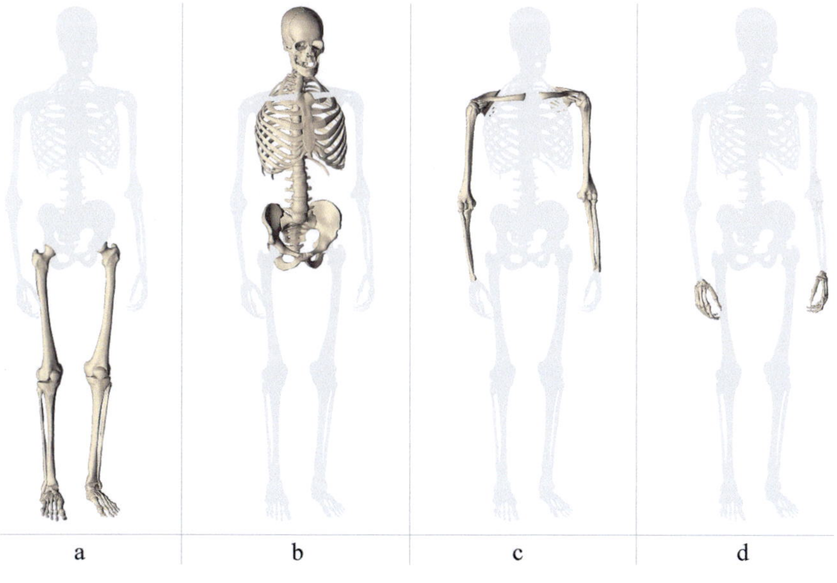

Abbildung 4.1: Körperregionen des Modells

Die Erläuterung des Referenzmodells gliedert sich in vier Teile. Der erste Abschnitt beschäftigt sich mit der Kinematik der unteren Extremitäten (Beine und Füße), gefolgt von einem zweiten Abschnitt, der die Topologie des Stammskeletts (Becken, Wirbelsäule, Hals und Kopf) behandelt. Die Modellierung der oberen Extremitäten erfolgt im dritten Teil, zu denen der Schulterkomplex, Oberarme und Unterarme gehören. Abschließend widmet sich der vierte Teil der Modellierung der menschlichen Hand. Die einzelnen Körperregionen des Modells sind in Abbildung 4.1 dargestellt.

4.2.1 Untere Extremitäten

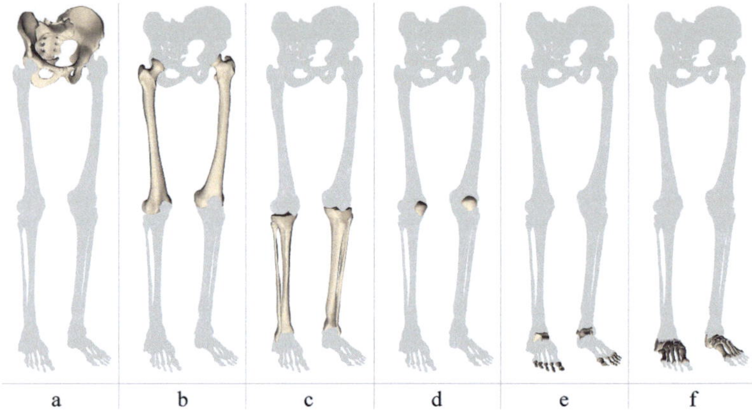

Abbildung 4.2: Starrkörper der unteren Extremitäten

Die Segmentierung der unteren Extremitäten des Modells ist aus Abbildung 4.2 zu entnehmen. Wie in der Biomechanik üblich, erfolgt die Unterteilung des Modells in Becken (a), Oberschenkel (b), Unterschenkel (c), Kniescheibe (d), Sprungbein (e), Fuß (f) und Zehen (e). Die unteren Extremitäten des Referenzmodells bestehen somit aus 13 Starrkörpern, wobei die Knochenmodelle aus Abbildung 4.2 die einzelnen Starrkörper symbolisieren. Der erste Körper der kinematischen Kette ist das Becken (a), das relativ zu der Umgebung drei translatorische und drei rotatorische Freiheitsgrade besitzt. Die Relativbewegung der einzelnen Bestandteile des Beckens und des Kreuzbeins ist aufgrund eines straffen Bandapparates sehr stark eingeschränkt und kann demzufolge vernachlässigt werden, womit die Knochen des Beckens einen Starrkörper bilden. Das Becken dient als Basiskörper für die unteren sowie für die oberen Extremitäten.

Hüftgelenk

Die Verbindung der unteren Gliedmaßen erfolgt über das Hüftgelenk. Im Hüftgelenk artikuliert die Hüftpfanne und der Femurkopf, das aufgrund der Gestalt seiner Gelenkflächen zu den sog. Nußgelenken zählt. Der Gelenkkopf ist von der Gelenkpfanne weitgehend umschlossen, womit die Bewegungsfreiheit stark eingeschränkt wird. Als

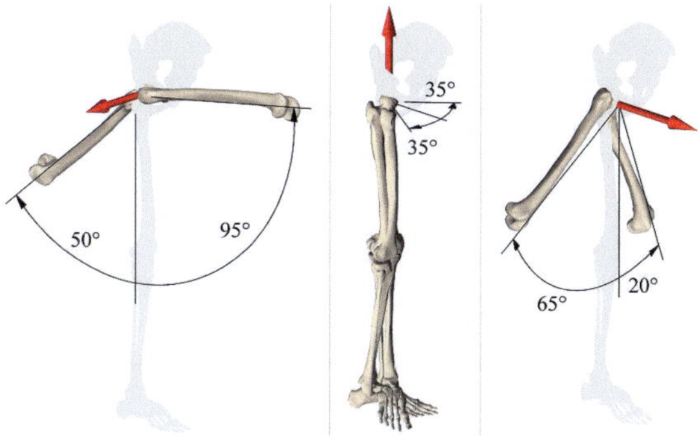

Abbildung 4.3: Freiheitsgrade des Hüftgelenks (v.l.n.r: Flexion - Extension, Innenrotation - Außenrotation, Abduktion - Adduktion)

eines der wenigen Gelenke des menschlichen Körpers kann das Hüftgelenk in sehr guter Näherung als ein ideales Kugelgelenk modelliert werden. Die Oberschenkel besitzen somit relativ zum Becken jeweils drei rotatorische Freiheitsgrade. Das Hüftgelenk hat demnach drei aufeinander senkrecht stehende Rotationsachsen, und zwar eine transversale, eine longitudinale und eine sagittale Achse. Sie schneiden sich im Zentrum des Femurkopfes, womit die Gelenkposition bestimmt ist. Wie in der Biomechanik üblich, unterscheidet man drei Hauptbewegungen des Hüftgelenkes, die in Abbildung 4.3 dargestellt sind. Die Gelenkachsen und der zulässige Winkelbereich des Hüftgelenks sind ebenfalls eingezeichnet. Während beim Menschen die mögliche Bewegungsfreiheit im Hüftgelenk von der Stellung des Kniegelenks und von der Beugung des Beckens aufgrund von straffen Muskel- und Bandstrukturen abhängt, wird hier diese Einflussnahme vernachlässigt.

Kniegelenk

Das Kniegelenk ist das größte Gelenk des menschlichen Körpers und weist eine Reihe von Besonderheiten auf. Es verbindet den Oberschenkelknochen (Femur) mit dem Schienbein über das Femorotibialgelenk und die Kniescheibe (Patella) mit dem Oberschenkel über das Femoropatellargelenk. Im Hinblick auf das Modell der unteren Extremitäten, bilden Schienbein (Tibia) und Wadenbein (Fibula) den Starrkörper des Unterschenkels.

Während der Bewegung in der Sagittalebene kommt es zu einer Roll-Gleit-Bewegung zwischen Tibia und Femur, wobei beim Menschen Weichteilstrukturen eine fundamentale Rolle spielen. Sie werden in der vorliegenden Arbeit bei der Modellbildung nicht berücksichtigt. Für Detailuntersuchungen des menschlichen Kniegelenks, bei denen z.B. Belastungen einzelner Elemente interessieren, ist diese Roll-Gleit-Bewegung zwischen den Knochen von fundamentaler Bedeutung. Eine detaillierte Nachbildung der menschlichen Knochen bzw. deren Kontaktflächen mittels der Finite-Element Methode und die Beschränkung der Relativbewegung durch eine geeignete Kontaktformulierung ist ein weit verbreiteter Ansatz und oft in der Fachliteratur zu finden. Auch der Modellierung

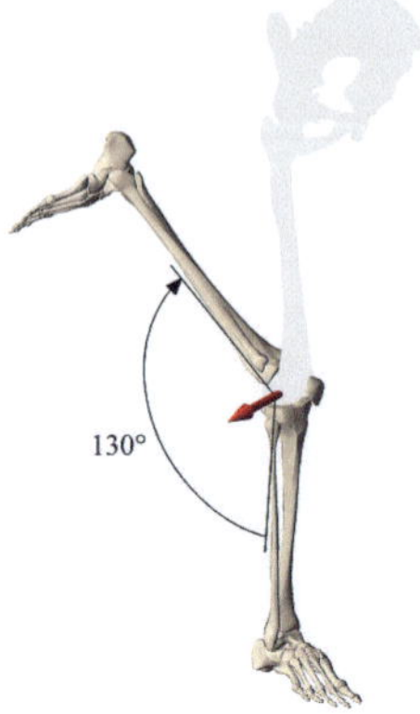

Abbildung 4.4: Flexion des Kniegelenks

der Weichteile (z.B. mittels Feder-Dämpfersystemen), die die Inkongruenz zwischen den Gelenkflächen ausgleichen, ist in diesem Zusammenhang eine große Bedeutung zuzumessen. Diese Vorgehensweise zeichnet sich jedoch durch einen hohen Rechenaufwand aus, und ist somit für die Nachbildung von menschlichen Makrobewegungen weniger zweckmäßig. Ferner ist die Modellierung der Gelenke über Kraftelemente für rein kinematische Analysen gänzlich ungeeignet.

Bei der Modellierung des Kniegelenks werden im Rahmen dieser Arbeit zwei unterschiedliche Ansätze verfolgt, nämlich die Modellierung über implizite Zwangsbedingungen in Form eines Viergelenks (Abbildung 4.5-a) bzw. Ellipsoidgelenks (Abbildung 4.5-b) und die Approximation der Bahnkurven über Splines (siehe auch Abschnitt 1.3.3) in Verbindung mit einer Kopplung der translatorischen und rotatorischen Freiheitsgrade (Abbildung 4.5-c). Alternativ dazu, ist die Reduktion des Kniegelenks auf ein reines Drehgelenk eine gute Näherung des menschlichen Vorbilds (Abbildung 4.4).

Der erste Modellierungsansatz des Femorotibialgelenks erfolgt in Anlehnung an den anatomischen Aufbau des Kniegelenks. Betrachtet man nur die Bewegung in der sagittalen Ebene, so lässt die Anordnung der Kreuzbänder und die Form bzw. Krümmung der Femurkondylen in guter Näherung einen Vergleich mit einem gekreuzten Viergelenk zu. Dieser Ansatz basiert auf der Annahme, dass sich die Ligamente wie starre Pleuelstangen verhalten. Die Relativbewegung von Femur und Tibia wird demnach durch das Längenverhältnis der Koppeln und deren Ansatzpunkte definiert. Wendet man das erwähnte mechanische Ersatzsystem auf das Femorotibialgelenk an, so ergibt sich die in Abbildung 4.5-a dargestellte Konstruktion. Das hintere Kreuzband ($\mathcal{CD}$) beträgt nach [93] ca. $\frac{4}{5}$ der Länge des vorderen Kreuzbandes ($\mathcal{AB}$). Der Insertationswinkel zwischen der Längsachse des Femurs und der Verbindungsgeraden der beiden proximalen Ansatzpunkte $\mathcal{A}$ und $\mathcal{C}$ der Bänder am Femur beträgt ca. 40° [83, 81]. Die Verbindungsgerade der distalen Insertationspunkte $\mathcal{B}$ und $\mathcal{D}$ der Bänder an der Tibia stellt schematisch das Tibiaplateau dar, dessen Hüllkurve dem Umriss der Femurkondylen sehr ähnlich ist. Der Momentanpol fällt dabei stets in den Schnittpunkt der Pleuelstangen.

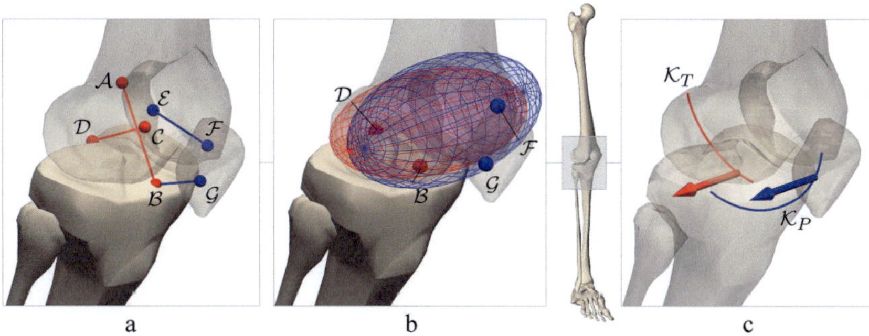

Abbildung 4.5: Reduktionsstufen des Kniegelenks

Aus modellierungstechnischer Sicht erfolgt die Implementierung des Femorotibialgelenks in Form von impliziten Zwangsbedingungen. Dabei unterliegen die Ansatzpunkte $\mathcal{A}$ und $\mathcal{B}$ bzw. $\mathcal{C}$ und $\mathcal{D}$ gewissen Abstandsbedingungen, während die Bewegung des Unterschenkels relativ zum Oberschenkel nur in der sagittalen Ebene erfolgt.

Während der Knieflexion im Femorotibialgelenk kommt es zu einer dreidimensionalen Bewegung der Patella, wobei sich hier die Modellierung des Femoropatellargelenks nur auf die sagittale Ebene bezieht. Die Patella dreht sich um eine wandernde Femurachse, deren Lage in der Fachliteratur kontrovers diskutiert wird. Für eine Knieflexion von $q_{Flex} = 130°$ beträgt der Rotationswinkel der Patella nur ca. $q_{Patella} = 85°$ [93]. Die Bewegung der Kniescheibe wird im Rahmen von klinischen Untersuchungen häufig durch den Winkel α zwischen der Patellarsehne und Tibialängsachse und durch den Winkel β zwischen der Patellarsehne und Patellalängsachse beschrieben [89, 131, 35]. Während sich der Winkel α bei einer Knieflexion um ca. 40° ändert, bleibt der Winkel β und die Länge der Patellarsehne nahezu konstant, wie in Abbildung 4.6 skizziert.

Die genannten Annahmen erlauben die Modellierung des Femorotibialgelenks in Form eines Koppelgetriebes (Abbildung 4.5-a). Dabei unterliegen die Ansatzpunkte $\mathcal{B}$ und $\mathcal{G}$ bzw. $\mathcal{E}$ und $\mathcal{F}$ impliziten Abstandsbedingungen. Zusätzlich besteht die funktionale Kopplung der Patella- und der Tibiaflexion aus Abbildung 4.6.

Betrachtet man den Femurkopf aufgrund seiner Kondylenformen als Ellipsoid, so wandern die Auflagepunkte der Tibia bzw. der Patella auf dessen Oberfläche. Dieser Sachverhalt lässt sich mit Hilfe von impliziten Bindungen (siehe Abschnitt 1.3.5) beschreiben, wobei zwei auf der Tibia bzw. Patella körperfeste Punkte auf der Oberfläche eines relativ zum Femur festen Ellipsoids geführt werden. Zwischen der Patella- und der Tibiaflexion besteht ebenfalls die funktionale Kopplung aus Abbildung 4.6. Das entsprechende Modell in Form eines Ellipsoidgelenks ist in Abbildung 4.5-b zu sehen.

Die oben dargestellten Modelle des Femorotibial- und des Femoropatellargelenks zeichnen sich dadurch aus, dass sie in abhängigen Koordinaten in Zusammenhang mit impliziten Zwangsbedingungen realisiert wurden. Dabei erfolgt die biomechanische Modellierung hauptsächlich in Anlehnung an [80, 87, 93, 111, 113, 114, 127]. Eine Beschreibung in unabhängigen Minimalkoordinaten bringt jedoch im Hinblick auf die kinematische und die dynamische Analyse gewisse Vorteile mit sich. Aus diesem Grund erfolgt der Übergang zu der Beschreibung in unabhängigen Relativkoordinaten durch

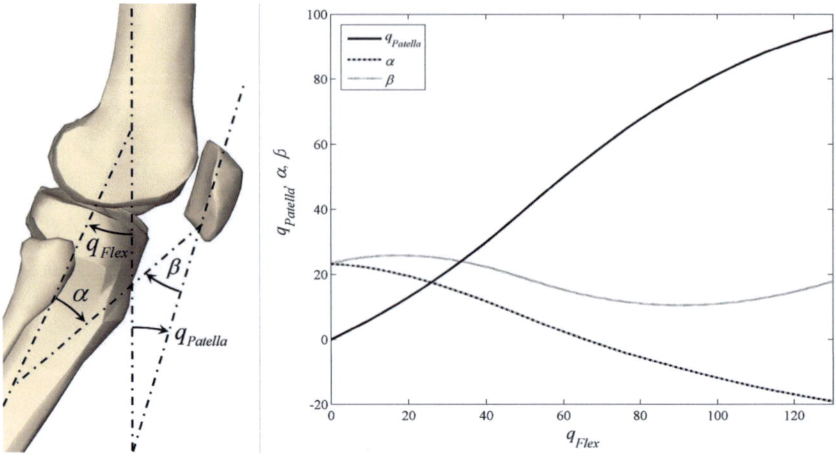

Abbildung 4.6: Rotationswinkel der Patella

Elimination der impliziten Gelenkbindungen. An dieser Stelle sei angemerkt, dass dies keinesfalls einer analytischen Diskussion der kinematischen Zusammenhänge bedarf. Die in Abschnitt 1.3.1 dieser Arbeit dargestellte Beschreibung der Gelenkkinematik erlaubt eine besonders einfache Elimination der impliziten Zwangsbedingungen basierend auf einer rein numerischen Analyse. Zunächst sind auf den beteiligten Starrkörpern körperfeste Referenzkoordinatensysteme zu definieren. Fällt in diesem Beispiel die Wahl der generalisierten Koordinate auf den Winkel zwischen der sagittalen Femur- und Tibiaachse (Knieflexion), so ist die relative Translation bzw. Rotation dieser Referenzkoordinatensysteme durch die kinematischen Eigenschaften des Koppelgetriebes eindeutig bestimmt. Die numerisch berechneten Bahnkurven bzw. Verdrehwinkel dienen als Ausgangspunkt für die Definition der erweiterten Gelenke in minimalen Relativkoordinaten nach Abschnitt 1.3.3.

Die Modellierung des Kniegelenks in Minimalkoordinaten erfolgt somit als eine kinematisch gekoppelte Translation und Rotation der Referenzkoordinatensysteme in Abhängigkeit der gewählten generalisierten Koordinaten (hier: Knieflexion). Dabei werden die Bahnkurven der ausgewählten Referenzsysteme bzw. die Winkelverläufe über Splines angenähert. Die so modellierte Kinematik des Kniegelenks und die Relativbewegung der beteiligten Körper ist in Abbildung 4.5-c bzw. 4.7 detailliert dargestellt (siehe auch Abschnitt 1.3.3). Der Unterschenkel wird dabei auf einer Bahn um den Oberschenkel translatorisch geführt und gleichzeitig um die wandernde Gelenkachse gedreht. Die Bewegung der Kniescheibe setzt sich ebenfalls aus einer kinematisch gekoppelten Translation und Rotation zusammen und folgt wie in Abbildung 4.7 dargestellt einer Bahn um den Oberschenkel. Aufgrund der kinematischen Kopplung der internen Freiheitsgrade besitzt das Kniegelenk eine unabhängige Gelenkkoordinate und somit einen Freiheitsgrad. Ferner wird weiterhin nur die Relativbewegung in der Sagittalebene berücksichtigt. Diese Modellierungstechnik bringt zwar auch einen etwas höheren Rechenaufwand mit sich als bei der Realisierung mittels idealer Gelenke, steht aber in

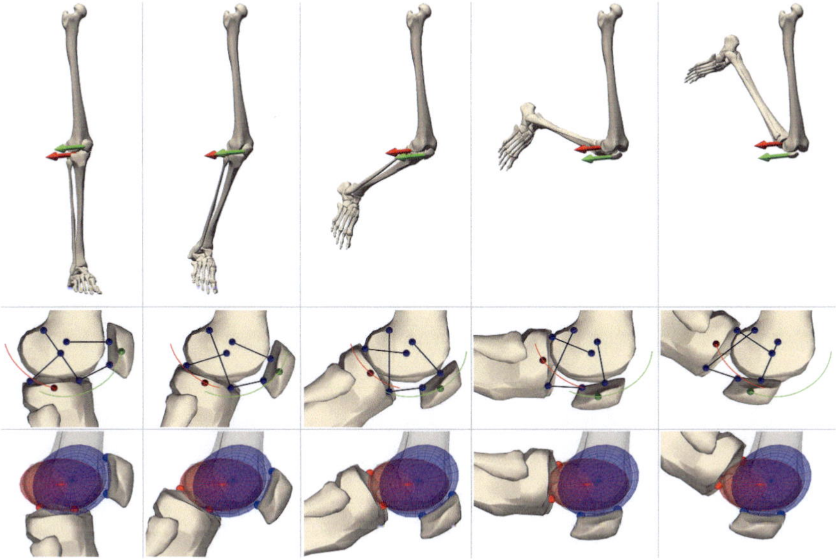

Abbildung 4.7: Vergleich der Kniegelenkmodelle

keinem Verhältnis zu der Kontaktmodellierung und bildet einen Mittelweg zwischen realistischer Gelenkkinematik und numerischer Effizienz.

Das menschliche Kniegelenk kann in guter Näherung auch als ideales Drehgelenk modelliert werden. Dabei drehen sich der Unterschenkelknochen und die Kniescheibe um eine relativ zum Oberschenkelknochen feste Drehachse. Liegt bei der Untersuchung von Ganzkörperbewegungen das Hauptaugenmerk auf Makrobewegungen des Menschen, so ist dieser Modellierungsansatz sicherlich gerechtfertigt. Aus diesem Grund wurden im Rahmen dieser Arbeit die Menschmodelle je nach Bedarf mit unterschiedlichen Reduktionsstufen des Kniegelenks ausgestattet.

Sprunggelenk und Zehen

Im oberen Sprunggelenk artikulieren die unteren Enden des Schienbeins und Wadenbeins mit dem Sprungbein (Talus). Er ist somit der nächste Starrkörper in der kinematischen Kette. Die Hauptbewegung im oberen Sprunggelenk sind die Dorsal- und Plantarflexion (Senkung bzw. Heben des Fußes), die über ein Drehgelenk angenähert wird. Die Drehachse zeigt dabei, wie in Abbildung 4.8 dargestellt, nahezu senkrecht zur Sagittalebene. Da der menschliche Fuß dreidimensional bewegt werden kann, muss das Knöchelgelenk um das untere Sprunggelenk ergänzt werden. Hauptbewegung des Gelenkes ist die Supination (Außwärtskantung) und Pronation (Einwärtskantung). Somit wird die Verbindung Talus -Fuß ebenfalls durch ein Drehgelenk modelliert. Es verbindet den Talus mit dem Fuß, wobei dessen Drehachse annähernd in der Sagittalebene liegt und um ca. 45° nach oben geneigt ist. Die Fußknochen werden dabei als

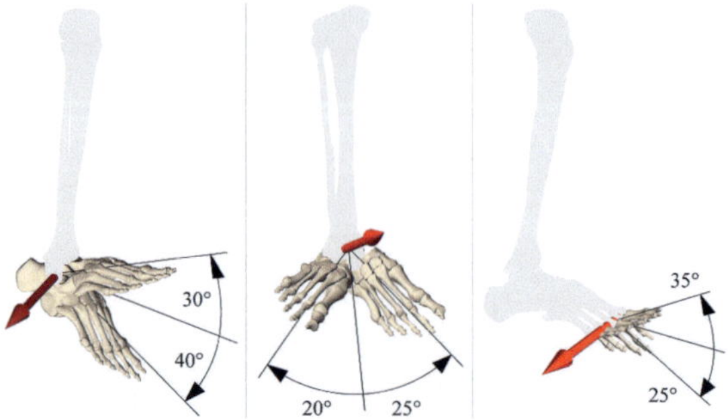

Abbildung 4.8: Freiheitsgrade des Fußes

ein Starrkörper betrachtet, mit dem über ein weiteres Drehgelenk die Zehen verbunden sind. Diese werden ebenfalls zu einem Starrkörper zusammengefasst und bilden somit den letzten Körper der kinematischen Kette. Die Lage und Richtung der Drehachsen, sowie der zulässige Winkelbereich der Drehgelenke sind in Abbildung 4.8 eingezeichnet.

Das oben dargestellte Referenzmodell der unteren Extremitäten besitzt 20 Freiheitsgrade und besteht aus insgesamt 13 Starrkörpern. Bei der Untersuchung der menschlichen Makrobewegung kann jedoch die Bewegung der Kniescheibe relativ zum Oberschenkel meistens vernachlässigt werden. Sie spielt nur bei der Modellierung der menschlichen Muskel eine wichtige Rolle, da sie als Kraftangriffspunkt für verschiedene Muskel bzw. Bänder dient. Auch die Drehung der Zehen relativ zum Fuß kann außer Acht gelassen werden, wenn hauptsächlich Ganzkörperbewegungen des Menschen interessieren.

4.2.2 Stamm

Zum menschlichen Stammskelett zählen Becken, Wirbelsäule, Kopf und Brustkorb, der wiederum aus Rippen und Brustbein besteht. Im Hinblick auf die Bewegung der oberen Extremitäten und des Oberkörpers ist das Skelett des menschlichen Stammes von grundlegender Bedeutung. Er bildet die tragende Stütze der gesamten Rumpfmasse und unterstützt durch seine segmentale Struktur die außerordentlich hohe Beweglichkeit der oberen Extremitäten.

Aus medizinischer Sicht sind Wirbelsäulenmodelle interessant, die Aussagen über die Belastung einzelner Wirbel-Gelenk-Paare während einer bestimmten Körperhaltung oder Bewegung erlauben. Dazu sind in der Fachliteratur komplexe Wirbelsäulenmodelle zu finden, wobei Methoden der Kontakt- und Kontinuumsmechanik Anwendung finden. Die meistens auf der Finite-Element-Methode aufbauenden Modelle sind jedoch sehr rechenintensiv und somit auf Detailuntersuchungen einzelner Wirbel beschränkt. Liegt der Fokus auf Ganzkörperuntersuchungen des menschlichen Körpers, so sind Starrkörperansätze eher geeignet. Dabei reicht die Palette der biomechanischen Modelle von sehr einfachen bis hin zu einer detailgetreuen Nachbildung des Stammskeletts. Oft wird der menschliche Oberkörper nur durch zwei über ein Kugelgelenk verbundene Starrkörper angenähert. Dieser Ansatz erfüllt zweifellos die Forderung nach kurzen

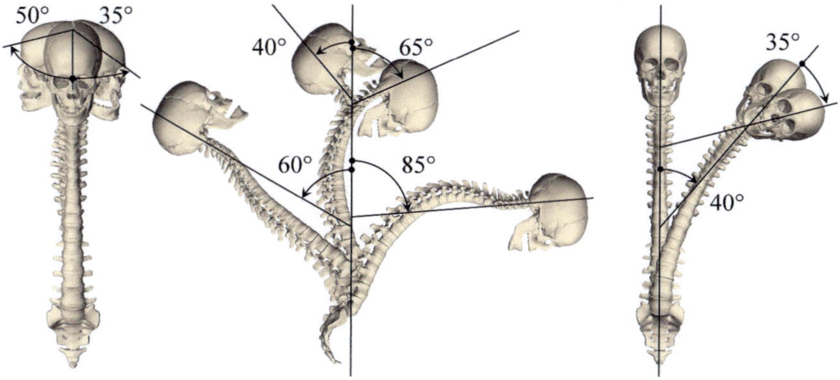

Abbildung 4.9: Bewegungsausmaß der Wirbelsäule

Simulationszeiten, die kinematische Charakteristik des menschlichen Stammes geht jedoch dadurch verloren. Im Gegensatz dazu stehen Starrkörpermodelle, die alle Wirbel und die spezielle Kinematik der verbindenden Gelenke berücksichtigen. Die i.d.R. hohe Anzahl an Freiheitsgraden erhöht dementsprechend den erforderlichen Berechnungsaufwand.

Die Wirbelsäule des Menschen besteht aus 33-34 Wirbeln, die durch Gelenke, Bänder und Muskel miteinander verbunden sind. Die Wirbel bilden eine Gliederkette, die beim gesunden Erwachsenen doppelt S-förmig gekrümmt ist. Sie bildet das Achsenskelett des menschlichen Rumpfes, an dem über Schulter- bzw. Beckengürtel die oberen bzw. die unteren Gliedmaßen angebunden sind. Die oberen 7 Wirbel der Wirbelsäule bilden das tragende Gerüst des Schädels. Üblich ist eine Unterteilung der Wirbelsäule in vier Regionen mit unterschiedlicher Bewegungsfunktion und Wirbelanzahl, nämlich in 5 Kreuzbeinwirbel, 5 Lendenwirbel, 12 Brustwirbel und 7 Halswirbel. Die Kreuzbeinwirbel sind beim Menschen zu einem einzigen Knochen verschmolzen und stellen das Verbindungselement zum Beckengürtel dar. Im Gegensatz zu den Kreuzbeinwirbeln, sind die restlichen 24 Wirbel oberhalb des Kreuzbeins beweglich. Die Wirbel in den einzelnen Regionen unterscheiden sich durch ihre Form, Größe und vor allem in der Gestalt der Gelenkflächen, woraus die unterschiedlichen Bewegungsspielräume in den einzelnen Regionen erfolgen. Die Beweglichkeit zwischen zwei benachbarten Wirbeln ist zwar sehr gering, die Summation der Teilbewegungen über alle Wirbelgelenk-Paare hinweg, die von oben nach unten abnimmt, führt jedoch zu der großen Beweglichkeit des Achsenskeletts.

Man unterscheidet eine Ventral- und Dorsalflexion in der sagittalen Ebene (Beugung und Streckung), Seitwärtsneigungen in der Frontalebene und die Rotationsbewegungen in der Transversalebene. Innerhalb der Wirbelsäulenregionen weist die Halswirbelsäule zusammen mit dem oberen bzw. unteren Kopfgelenk die größte Beweglichkeit auf. Damit ist eine Rotation des Kopfes um alle drei Raumrichtungen sichergestellt. Im Gegensatz zur Halswirbelsäule ist die mögliche Relativbewegung der Brustwirbel deutlich geringer. Zum einen beeinflusst die Form der Gelenkflächen das Bewegungsausmaß, zum andern schränken die Rippen bzw. der gesamte Brustkorb die Relativbewegung

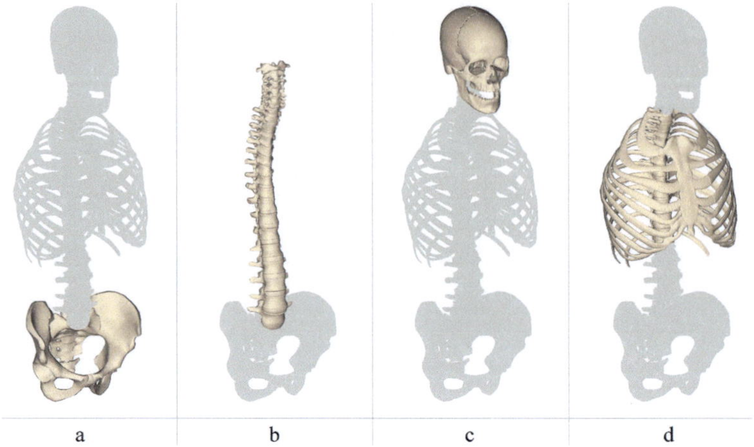

Abbildung 4.10: Starrkörper des Stammes

ein. Während in der Brustwirbelsäulenregion die Rotation um die Längsachse ausgeprägt ist, sind aufgrund der speziellen Form und Orientierung der Gelenkflächen im Lendenbereich verhältnismäßig große Bewegungen in der sagittalen Ebene möglich. Die Angaben hinsichtlich der maximalen Bewegungsamplituden für die einzelnen Abschnitte der Wirbelsäule sind in der Fachliteratur sehr unterschiedlich. Sie hängen maßgeblich von dem jeweiligen Individuum und dessen Alter ab. Mit Hilfe von verschiedenen Messmethoden können jedoch Anhaltswerte für die maximalen Bewegungsamplituden bestimmt sowie Aussagen über die Bewegungscharakteristik in den einzelnen Wirbelsäulenabschnitten gemacht werden. In Schünke [112] sind die Richtwerte aus Tabelle 4.1 zu finden. Die gesamte Ventralflexion beträgt etwa 170° und die Dorsalflexion ungefähr 110°. Die Seitwärtsneigungen in der frontalen Ebene im Bereich der Lenden- und Brustwirbelsäule betragen beim gesunden Menschen jeweils etwa 20°. Somit beträgt die maximale Seitwärtsneigung des Oberkörpers ca. 40°. In der Halswirbelsäule sind Lateralflexionen bis zu 35° möglich. Daraus ergibt sich eine maximale Seitwärtsneigung der gesamten Wirbelsäule zwischen Sakrum und Schädel von ca. 80°. Die axiale Rotation ist im Bereich der Lendenwirbelsäule mit ungefähr 5° als sehr gering einzustufen. Dagegen sind im Brustbereich Werte bis zu 36° möglich und in der Halswirbelsäule bis zu 35°. Somit beträgt die Drehung des gesamten Achsenskeletts inklusive Kopf ungefähr 126°.

	oK	uK	HWS	BWS	LWS
Ventralflexion	20°	-	65°	35°	50°
Dorsalflexion	10°	-	40°	25°	35°
Lateralflexion	5°	-	35°	20°	20°
Rotation	-	35°	50°	36°	5°

Tabelle 4.1: Bewegungsausmaß des Modells

Das Stammskelettmodell besteht aus 26 starren Körpern (Becken, 5 Lendenwirbel, 12 Brustwirbel, 7 Halswirbel und Kopf) und hat 60 Freiheitsgrade, von denen die meisten untereinander kinematisch gekoppelt sind. Der erste Starrkörper des Stammskeletts aus Abbildung 4.10 ist das Becken (a), das relativ zur Umgebung 3 translatorische und 3 rotatorische Freiheitsgrade besitzt. Die nachfolgenden Lenden-, Brust-, und die ersten fünf Halswirbel (b) sind über Kugelgelenke miteinander verbunden.

Der Atlas ist der oberste Wirbel der menschlichen Wirbelsäule. Er hat die Gestalt eines Ringes, mit dem er das Rückenmark und den Anfang des Gehirns, die Medulla oblongata, umfasst. Er trägt auf seinen seitlichen Knochenmassen den Schädel, mit dem er das obere Kopfgelenk bildet, das in Form eines Kardangelenks modelliert wurde. Es erlaubt die Seitwärtsneigung und das Nicken des Kopfes. Der Atlas selbst wird vom zweiten Wirbel, dem Axis, getragen. Zwischen Atlas und Axis befindet sich das untere Kopfgelenk, das nur eine Drehbewegung des Atlas um den Zahnfortsatz des Axis zulässt und somit als ein Drehgelenk mit vertikaler Drehachse modelliert wurde.

Die Wirbelsäule des Menschen wird durch straffe Bänder und Muskel zusammengehalten und bildet somit eine funktionale Einheit, die sich auch in dem Modell widerspiegeln soll. Die Freiheitsgrade der einzelnen Wirbel sind nicht unabhängig, sondern unterliegen einer kinematischen Kopplung, womit die Wirkung von Muskeln, Sehnen und Bändern angenähert werden kann. Das Wirbelsäulenmodell hat demzufolge 6 unabhängige Freiheitsgrade. Die Bewegung des Modells wird über 6 unabhängige Größen gesteuert, nämlich 3 unabhängige Koordinaten für die 5 Lenden- und Brustwirbel und 3 unabhängige Koordinaten für die 7 Halswirbel und den Kopf. So erreicht man eine ausreichend realistische Bewegung des menschlichen Oberkörpers mit einer überschaubaren Anzahl an Freiheitsgraden. Auch im Hinblick auf die kinematische Redundanz des Wirbelsäulenmodells schafft eine kinematische Kopplung der internen Freiheitsgrade Abhilfe. Dabei entspricht das Bewegungsausmaß des Modells den Angaben aus Tabelle 4.1. Die unterschiedlichen Bewegungsamplituden in den einzelnen Regionen der Wirbelsäule wurden dabei gleichmäßig auf die dazugehörigen Wirbel-Gelenk-Paare verteilt (Abbildung 4.9). Somit entspricht die Bewegung der einzelnen Wirbel nicht exakt dem menschlichen Vorbild. Im Gegensatz dazu wurde im Rahmen des SFB 588 am Institut für Technische Mechanik ebenfalls dieser Modellierungsansatz verfolgt und in ein entsprechendes Simulationsmodell umgesetzt. Dabei wurde in Anlehnung an die Kinematik der menschlichen Wirbelsäule besonders auf eine realistische Kopplung der Wirbelfreiheitsgrade und damit auf eine detailgetreue Nachbildung der Stammbewegung geachtet. Details sind in [107, 122, 123] zu finden.

Aus dem oben dargestellten Modell lässt sich ein reduziertes Modell ableiten, das einen Kompromiss zwischen realistischem Modellverhalten und rechentechnischer Effizienz darstellen soll. Dabei soll vielmehr die Nachbildung der Kopf- bzw. der Rumpfbewegung im Vordergrund als die der einzelnen Wirbel stehen. Betrachtet man den menschlichen Oberkörper als starr, ergeben sich dadurch zwei wesentliche Vereinfachungen. Zum einen bilden die starren Rippen die äußere Hülle der Brusthöhle, die zusammen mit den 12 Brustwirbeln dem Starrkörper des Rumpfskeletts zugeordnet werden. Er hat gegenüber dem oberen Lendenwirbel 3 rotatorische Freiheitsgrade. Das Brustbein stellt das Verbindungselement zum Schultergürtel dar und wird ebenfalls dem Torso zugeordnet. Zum anderen werden die relativen Verdrehungen der Brustwirbelsäule gleichmäßig auf die Gelenke der Lendenwirbelsäule verteilt. Die Bewegung der einzelnen Wirbel entspricht demzufolge nicht dem realen Vorbild. Die Modellierung der

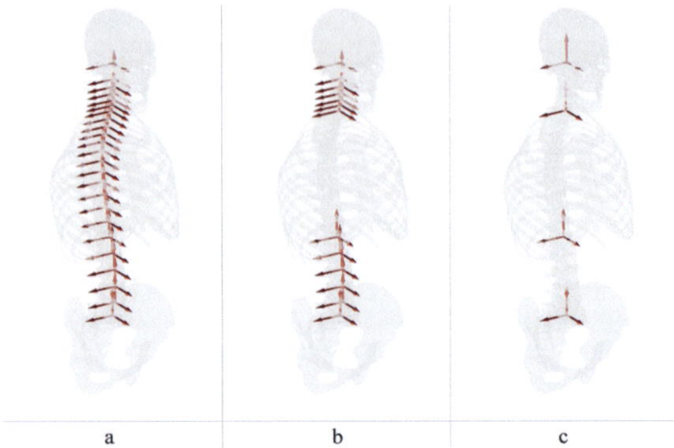

Abbildung 4.11: Reduktionsstufen der Wirbelsäule

Halswirbelsäule und des Kopfes bleibt jedoch unverändert.

Dem gegenüber steht ein weiter vereinfachtes Modell, das die menschliche Hals-, Brust- und Lendenwirbelsäule auf einzelne Starrkörper reduziert und über Kugelgelenke verbindet. Die Modelltopologie aller verfügbaren Modelle ist in Abbildung 4.11 dargestellt. Allen Reduktionsstufen liegt eine kinematische Kopplung der internen Freiheitsgrade zu Grunde, die ein Bewegungsausmaß nach Tabelle 4.1 gewährleistet.

4.2.3 Obere Extremitäten

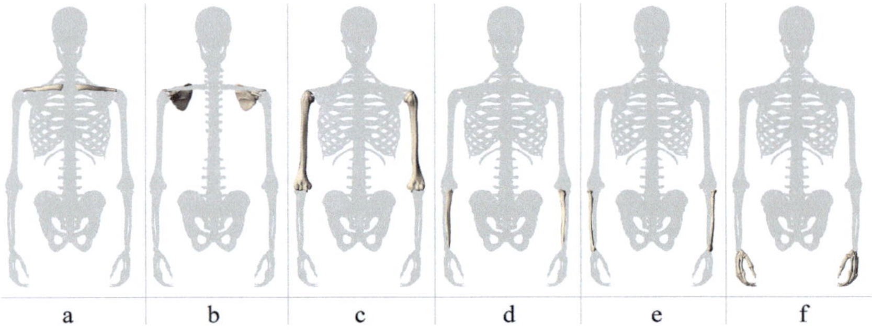

Abbildung 4.12: Starrkörper der oberen Extremitäten

Die oberen Extremitäten des menschlichen Körpers unterscheiden sich vor allem aus funktionaler Sicht beträchtlich von den unteren Extremitäten. Während die unteren Extremitäten vorwiegend Stütz- und Fortbewegungsfunktionen übernehmen, sind die oberen Extremitäten hauptsächlich als Tast-, Greif- und Ausdrucksorgan zu sehen. Grundlage dafür ist die extrem hohe Beweglichkeit der oberen Extremitäten, die nur mit großem Aufwand modelltechnisch zu erfassen ist. Aus der Vielzahl an Freiheitsgraden des menschlichen Oberkörpers wurden in der vorliegenden Arbeit nur die wesentlichen herausgegriffen und berücksichtigt. Wie in der Biomechanik üblich, gliedert sich das Simulationsmodell der oberen Extremitäten wie folgt.

Die oberen Extremitäten des Referenzmodells bestehen aus 12 Starrkörpern, die in Abbildung 4.12 dargestellt sind. Üblich ist eine Unterteilung in Schultergürtel, Oberarm, Unterarm und Hand. Zum Schultergürtel zählen das Schlüsselbein a (Clavicula) und das Schulterblatt b (Scapula). Während der Oberarm c nur aus einem Knochen (Humerus) besteht, zählen zu dem Unterarm die beiden Unterarmknochen Ulna d und Radius e. Die Handknochen f, die zunächst zu einem Körper zusammengefasst werden, bilden schließlich den letzten Körper der Starrkörperkette.

Schultergürtel

Die extrem hohe Beweglichkeit der oberen Extremitäten wird maßgeblich von der Kinematik des Schultergürtels geprägt. Er stellt das Verbindungselement des menschlichen Armes zum Rumpf dar. Man unterscheidet im Wesentlichen insgesamt drei Schultergelenke, die zusammen mit den Knochen des Schultergürtels eine funktionelle Einheit bilden. Dabei stellen nur das innere und äußere Schlüsselbeingelenk echte Gelenke dar. Das innere Schlüsselbeingelenk (Sternoklavikulargelenk) verbindet das Schlüsselbein mit dem Rumpfskelett. Bedingt durch die Form der Gelenkflächen und vor allem durch die straffen Band- und Muskelzüge ist die Bewegungsfreiheit dieses Gelenkes sehr stark eingeschränkt.

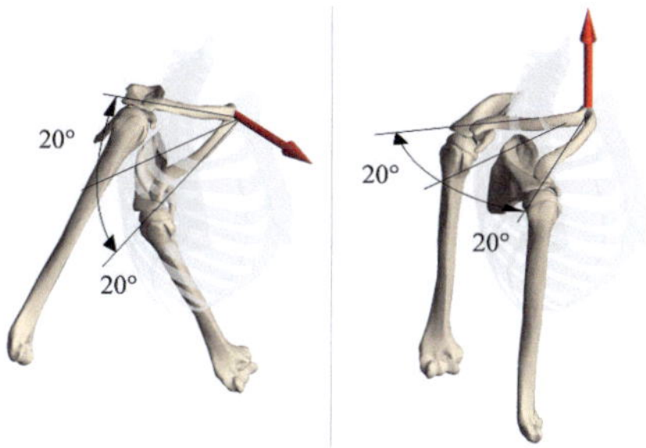

Abbildung 4.13: Freiheitsgrade (q_{c1}, q_{c2}) des inneren Schlüsselbeingelenks

Aus kinematischer Sicht stellt das innere Sternoklavikulargelenk nahezu ein Kardangelenk dar. Man unterscheidet das Vor- und Rückführen der Schulter um eine vertikale Achse (Abbildung 4.13 - links) und das Heben und Senken des Schultergürtels (Abbildung 4.13 - rechts) um eine sagittale Achse. Obwohl eine geringe Rotation um die Längsachse der Clavicula beim Menschen möglich ist, wird sie hier vernachlässigt.

Das äußere Schlüsselbeingelenk (Akromioklavikulargelenk) stellt die Verbindung zwischen Schulterblatt und Schlüsselbein her. Wie auch beim inneren Schlüsselbeingelenk sind auch hier straffe Band- und Muskelzüge für die geringe Bewegungsfreiheit verantwortlich. Dieses Gelenk erlaubt die Rotation des Schulterblatts relativ zum Schlüsselbein um drei Achsen und stellt somit ein Kugelgelenk dar. Der mögliche Bewegungsspielraum dieses Gelenkes ist in Abbildung 4.14 dargestellt.

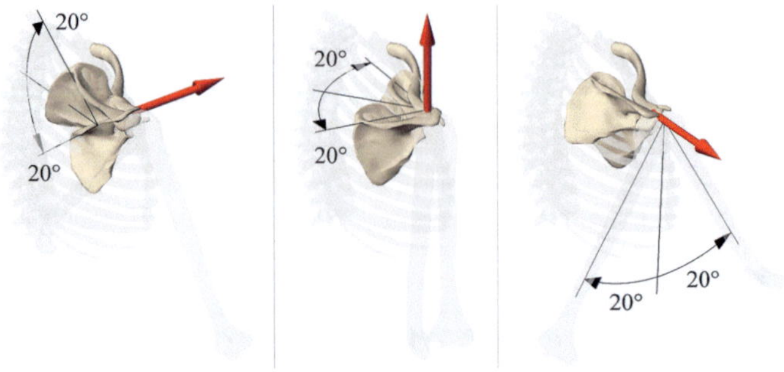

Abbildung 4.14: Freiheitsgrade (q_{s1}, q_{s2}, q_{s3}) des äußeren Schlüsselbeingelenks

Das Thoraco-Scapular-Gelenk sorgt für die Verbindung Schulterblatt-Thorax. Es weist zwar die Funktionalität eines Gelenkes auf, ist aber aus anatomischer Sicht ein Gebilde aus lockerem Bindegewebe, das dem Schulterblatt ein nahezu freies Gleiten auf der Oberfläche des Brustkorbes ermöglicht. Die Bewegungsfreiheit der Arme wird dadurch maßgeblich erweitert. Aus kinematischer Sicht stellt dieses Gelenk ein Gleitlager dar, womit die kinematische Schleife Torso - Clavicula - Scapula - Torso geschlossen wird. Die modelltechnische Umsetzung erfolgt dementsprechend mit Hilfe von Schleifenschließbedingungen in Form von expliziten Bindungsgleichungen. Dabei werden zwei körperfeste Punkte des Schulterblatts auf der Oberfläche eines relativ zum Torso körperfesten Ellipsoids kinematisch geführt. In Abbildung 4.16 und 4.17 ist eine Folge von Stellungen des gesamten Schultergürtels dargestellt. Die Bahnkurven der zwei körperfesten Punkte sind ebenfalls zu sehen.

Stehen eher Detailuntersuchungen wie z.B. Greif- oder Manipulationsvorgänge im Vordergrund, so ist eine detaillierte Modellierung des Schultergürtels überflüssig. Ohne das Modellverhalten wesentlich zu beeinträchtigen, können die Freiheitsgrade des Schultergürtels vernachlässigt werden.

Schultergelenk

Das Schultergelenk ist Aufgrund seines Aufbaus das beweglichste Gelenk des menschlichen Körpers. Es verbindet den Oberarmknochen c mit dem Schulterblatt b. Dieses Gelenk ist nahezu ein ideales Kugelgelenk, womit der Oberarmknochen relativ zum Schulterblatt drei rotatorische Freiheitsgrade um drei senkrechte Achsen besitzt. Wie schon beim Hüftgelenk erreicht man auch hier mit der Modellierung in Form eines Kugelgelenks eine sehr gute Näherung.

Die Bewegung des Oberarmes erfolgt aufgrund von Bänder- und Muskelstrukturen in der Regel nicht unabhängig vom Schultergürtel, womit sein Arbeitsraum durch die Freiheitsgrade des Schulterkomplexes deutlich vergrößert wird. Aus diesem Grund wird auch an dieser Stelle das Konzept der kinematischen Kopplung einzelner Freiheitsgrade verfolgt, um die Wirkung von Muskeln und Bändern anzunähern.

In Abbildung 4.15 sind die einzelnen Freiheitsgrade und Rotationsachsen des Schultergelenks dargestellt. Dabei symbolisieren die roten Pfeile die Drehachsen der Freiheitsgrade, die gerade bewegt werden. Der erste Freiheitsgrad (Abbildung 4.15-a) ermö-

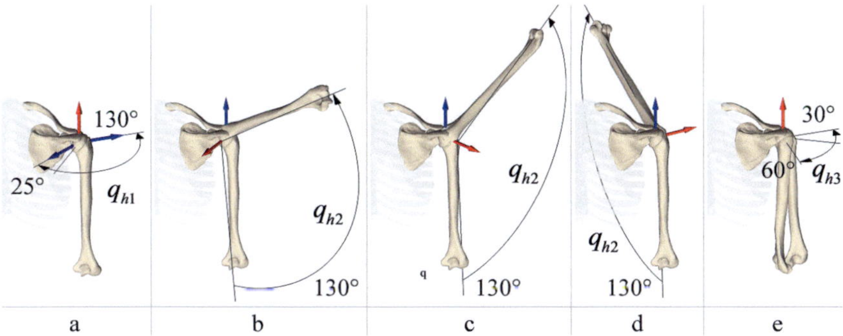

Abbildung 4.15: Freiheitsgrade des Schultergelenks

glicht eine Drehung der Abduktionsachse (blau) um ca. 155° um eine vertikale Drehachse (rot). In Abbildung 4.15-b, c und d ist die Abduktion des Oberarmes um ca. 130° für verschiedene Stellungen der Abduktionsachse (rot) zu sehen. Schließlich erfolgt die letzte Rotation des Oberarmes um seine Längsachse, wie in Abbildung 4.15-e zu erkennen ist. Eine funktionale Kopplung der Freiheitsgrade in der Form $q_{c1} = f(q_{h2}), q_{c2} = f(q_{h1})$ und $q_{s3} = f(q_{h2})$ führt in Verbindung mit den zwei impliziten Bindungen des Thoraco-Scapular-Gelenks zu einem realistischen Modellverhalten. Die funktionale Kopplung erfolgt in Anlehnung an [28, 27, 33, 59, 65].

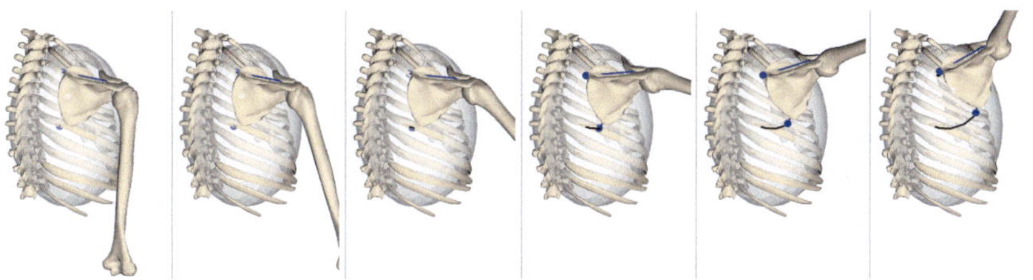

Abbildung 4.16: Heben und Senken der Schulter

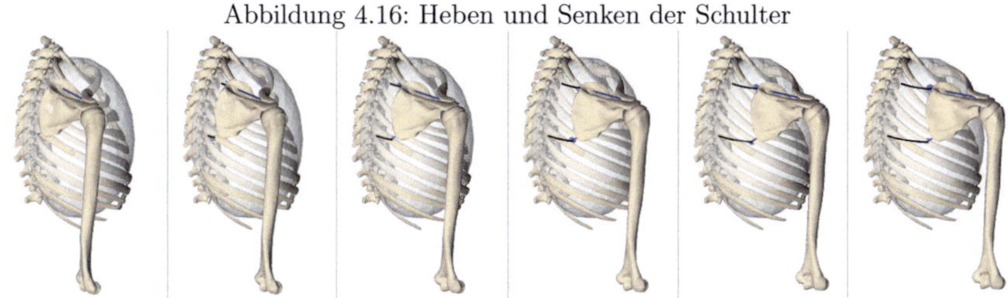

Abbildung 4.17: Vor- und Rückführen der Schulter

In Abbildung 4.16 ist das Heben und Senken des Armes zu sehen, was eine Elevation des Schulterblattes und eine Rotation der Clavicula um eine sagitale Achse bewirkt.

Gleichzeitig gleitet das Schulterblatt entlang des Brustkorbs. In Abbildung 4.17 ist das Vor- und Rückführen der Schulter dargestellt. Dabei erfolgt die Rotation der Clavicula um eine vertikale Achse, und die Scapula führt eine nahezu reine Gleitbewegung entlang des Brustkorbes aus.

Ellenbogengelenk

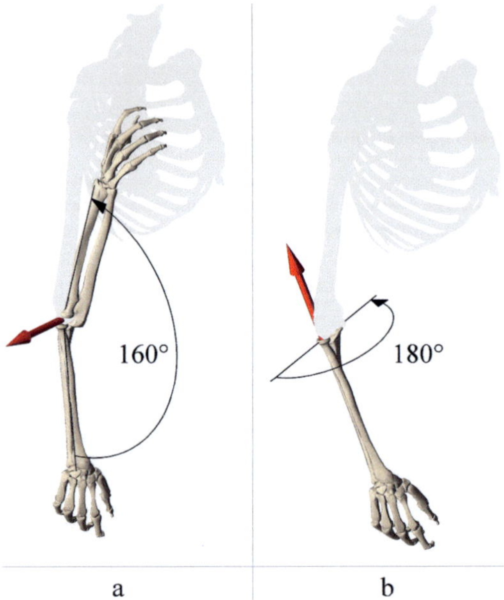

Abbildung 4.18: Freiheitsgrade des Ellenbogengelenks

Im Ellenbogengelenk artikulieren der Oberarmknochen (Humerus) und die beiden Unterarmknochen (Ulna , Radius). Es handelt sich dabei um ein zusammengesetztes Gelenk und ist eines der wenigen Gelenke des menschlichen Körpers, in dem gleichzeitig drei Knochen artikulieren. Üblich ist eine Unterteilung in drei Teilgelenke, nämlich das Humeroulnargelenk zwischen Humerus und Ulna, das Humeroradialgelenk zwischen Humerus und Radius sowie das Radioulnargelenk zwischen Ulna und Radius. Das Humeroulnargelenk ist aufgrund seiner Bauform ein typisches Drehgelenk, in dem eine reine Rotation der Ulna um den Humerus erfolgt. Im Gegensatz dazu ist das Humeroradialgelenk aus kinematischer Sicht ein Kugelgelenk, das jedoch aufgrund von Bändern in seiner Bewegungsfreiheit eingeschränkt ist und somit nur Rotationen um zwei Achsen erlaubt. Dabei erfolgt die Flexion und Extension (Beugen bzw. Strecken) des Unterarmes stets zusammen mit dem Humeroulnargelenk um die gleiche Drehachse. Der zweite Freiheitsgrad ermöglicht die Umwendbewegung der Hand (Pro- bzw. Supinationsbewegung um eine radiale Achse durch das Humeroradialgelenk), wobei der Radius die Ulna kreuzt. Am unteren Ende von Radius und Ulna verbindet das Radioulnargelenk die beiden Knochen und erlaubt im Zusammenspiel mit dem Humeroradialgelenk die Umwendbewegung des Unterarmes um die sog. Pro- bzw. Supinationsachse.

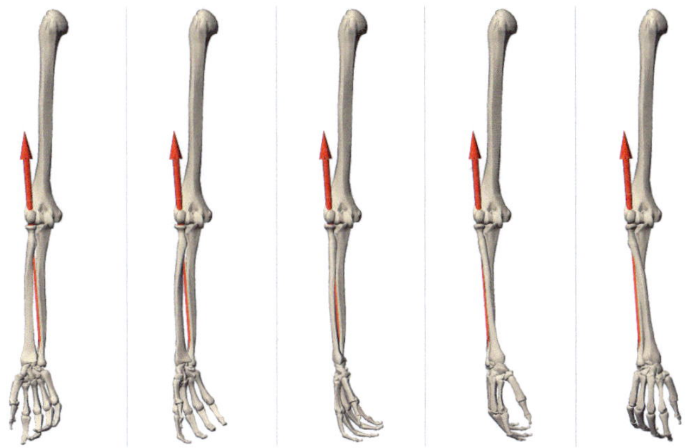

Abbildung 4.19: Umwendbewegung der Hand

Wie auch beim Schultergürtel bilden die Knochen des Armes in Verbindung mit den Ellenbogenteilgelenken eine kinematische Schleife. Das Ellenbogengelenk als Ganzes erlaubt jedoch nur zwei Rotationsbewegungen, sodass eine Modellierung mit Hilfe von zwei Drehgelenken sinnvoll erscheint. Das erste Drehgelenk verbindet den Oberarmknochen mit dem Unterarmknochen (Ulna), wobei die Drehachse in der Neutralstellung nahezu senkrecht zur Sagittalebene steht. Dieses Drehgelenk ermöglicht das Beugen des Armes (Flexion/Extension), wie in Abbildung 4.18 - links dargestellt. Der zweite Unterarmknochen (Radius) wird ebenfalls über ein Drehgelenk relativ zur Ulna in seiner Bewegungsfreiheit eingeschränkt. Dieses Drehgelenk repräsentiert somit gleichzeitig das Humeroradial- und Radioulnargelenk. Dabei verläuft die Drehachse (Pronations-/Supinations-Achse) nahezu parallel zum Unterarm. Während der Bewegung dieses Gelenkes, kreuzt somit der Radius die Ulna und erlaubt auf diese Weise eine Umwendbewegung der Hand, wie in Abbildung 4.18 - rechts dargestellt. In Abbildung 4.19 ist ein Beispiel einer Umwendbewegung des Unterarmes um die Pro-/Supinations-Achse zu sehen.

4.2.4 Hand

Für Detailuntersuchungen der menschlichen Bewegung, wie z.B. Greifen, Zeigen oder Manipulation von Objekten, wurden im Rahmen dieser Arbeit Simulationsmodelle der menschlichen Hände erstellt. Die linke und rechte Hand sind symmetrisch zur Sagittalebene, sodass im Folgenden nur das rechte Handmodell aufgeführt wird. Die menschliche Hand stellt den Endeffektor der oberen Gliedmaßen dar und erfüllt die Funktion eines Greif- bzw. Tastorgans. Das Skelett der Hand besteht aus insgesamt 27 Knochen die untereinander über ca. 36 Gelenke verbunden sind. Durch das Zusammenspiel

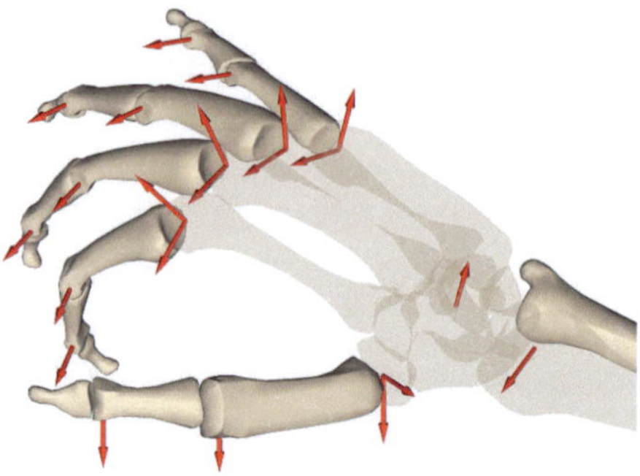

Abbildung 4.20: Freiheitsgrade des Handmodells

von ca. 39 Muskeln in Verbindung mit der komplexen Kinematik des Handskeletts erreicht die Hand eine extrem hohe Beweglichkeit. Das Handskelett gliedert sich in drei funktionelle Abschnitte: Handwurzel, Mittelhand und Finger. Zur Handwurzel gehören insgesamt acht Knochen, die in zwei Reihen angeordnet sind. Die fünf röhrenförmigen Mittelhandknochen bilden die Mittelhand und gleichzeitig die Verbindungselemente zu den vier Fingern und dem Daumen. Während man bei den Fingern jeweils drei Glieder unterscheidet (Grund-, Mittel- und Endglied), besteht der Daumen nur aus zwei Knochen (Grund- und Endglied).

Auf Grund der hohen Komplexität des Handskeletts sind vereinfachende Annahmen bei der Modellierung notwendig. Indem sämtliche gelenkigen Verbindungen, die bei der Bewegung der Hand nur eine untergeordnete Rolle spielen, als starr angenommen werden, ergibt sich ein Modell mit einer überschaubaren Anzahl an Freiheitsgraden. Abbildung 4.21 spiegelt die Topologie des Handmodells wider. Während die Handwurzel- und die Mittelhandknochen dem Starrkörper a zugeordnet werden, symbolisieren die Finger- und die Daumenknochen die restlichen Starrkörper b, c und d des Modells.

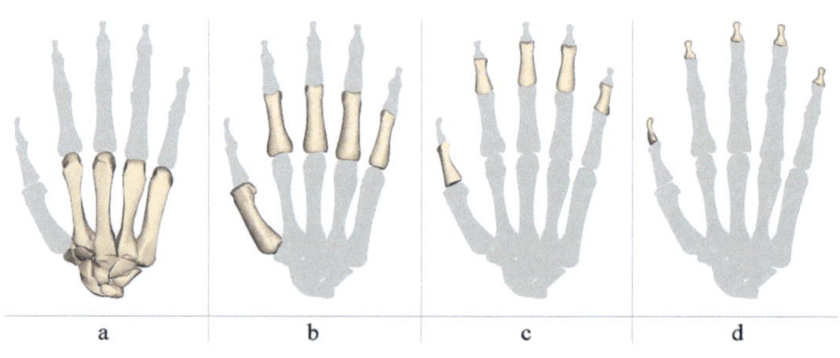

Abbildung 4.21: 16 Starrkörper des rechten Handmodells

Handgelenk

Die Handwurzelknochen bildet das Verbindungselement zum Unterarm und somit das Handgelenk. Man unterscheidet dabei das proximale und das distale Handgelenk. Im proximalen Handgelenk artikulieren der Unterarm und die erste Reihe der Handwurzelknochen. Nach der Form seiner Gelenkflächen handelt es sich um ein sog. Ellipsoidgelenk mit zwei Freiheitsgraden. Das distale Handgelenk liegt zwischen der proximalen und distalen Reihe der Handwurzelknochen. Diese Art Gelenk wird auch als verzahntes Scharniergelenk bezeichnet, in dem die beiden Handwurzelreihen artikulieren. Obwohl man die beiden Handwurzelgelenke als selbständige Gelenke betrachten kann, bilden sie eine funktionelle Einheit und sind immer beide an der Bewegung der Hand beteiligt, wobei man die Radial- und Ulnarabduktion sowie die Dorsal- und Palmarflexion der Hand unterscheidet. Dieser Sachverhalt wird bei der Modellierung des Handgelenks berücksichtigt.

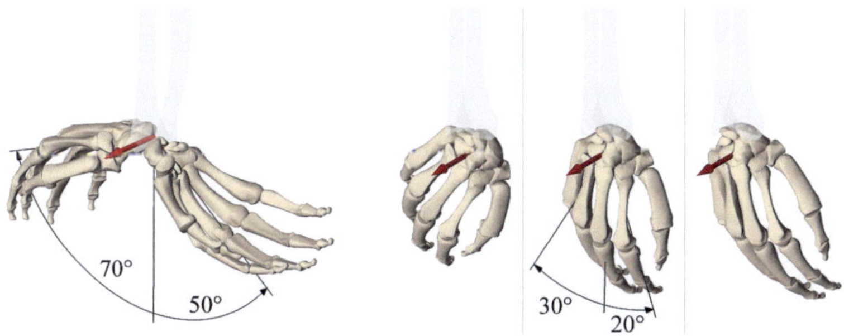

Abbildung 4.22: Freiheitsgrade des Handgelenks

Das Handgelenk verbindet den Unterarm (Radius) mit dem Starrkörper a der Hand und wird in guter Näherung in Gestalt zweier aufeinander folgender Drehgelenke modelliert. Es erlaubt folglich die Rotation der Hand um 2 senkrechte, sich nicht schneidende Achsen, wie in Abbildung 4.22 dargestellt. Neben der Palmarflexion (Beugen der Hand) bzw. der Dorsalextension (Strecken der Hand) um eine transversale Achse (Abbildung 4.22 a) erlaubt das Handgelenk auch eine Ulnar-/Palmarabduktion um eine leicht nach unten versetzte Drehachse (Abbildung 4.22-b). Dabei verläuft die transversale Flexions-/Extensionsachse durch das untere Ende des Radius und die Abduktionsachse durch die obere Handwurzelreihe.

Im Bereich der Mittelhand unterscheidet man weitere Gelenke zwischen den einzelnen Handknochen. Sie weisen nur eine geringe Bewegungsmöglichkeit auf und werden aus diesem Grund als starr angenommen.

Finger- und Daumengelenke

Die vier Fingergrundgelenke verbinden die Mittelhandknochen der Hand mit den vier Grundphalangen (b) der Finger. Morphologisch sind die Fingergrundgelenke Kugelgelenke, besitzen jedoch nur 2 Freiheitsgrade, da die Rotation um die Längsachse der Finger durch Bänder verhindert wird. Sie werden somit in Form eines Kardangelenks modelliert. Die Lage und Orientierung der Gelenkachsen sind in Abbildung 4.20 dargestellt. Analog zum Fingergrundgelenk (Abbildung 4.23) ist das Daumensattelgelenk (Abbildung 4.24) ebenfalls als ein Kardangelenk modelliert.

Die Mittel- und Endgelenke der Finger (Abbildung 4.23) bzw. des Daumens (Abbildung 4.24) sind auch morphologisch reine Drehgelenke und werden entsprechend modelliert.

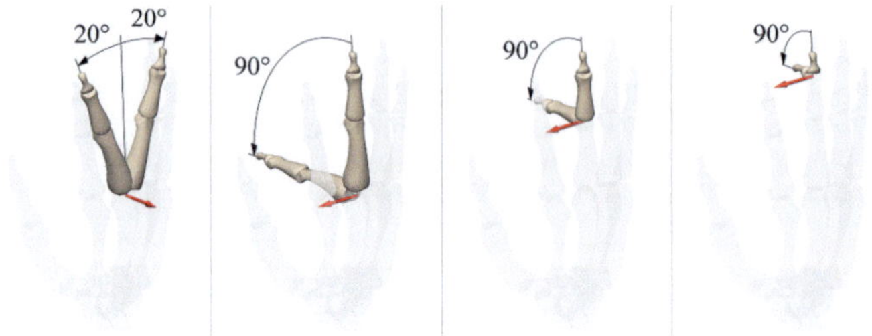

Abbildung 4.23: Bewegungsmöglichkeiten in den Fingergelenken

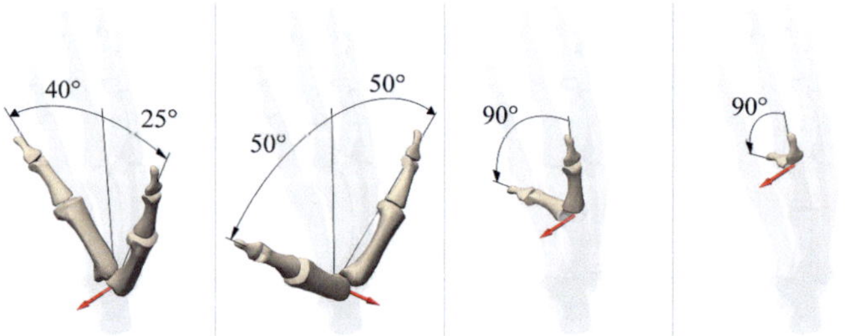

Abbildung 4.24: Freiheitsgrade des Daumens

4.3 Modellierung der Gelenkanschläge

Muskeln, Bänder, Knorpel und Knochen biologischer Systeme bestimmen nicht nur die Kinematik der einzelnen Gelenke, sondern haben auch einen entscheidenden Einfluss auf den Wertebereich einzelner Freiheitsgrade und verhindern somit ein Überschreiten maximaler Gelenkstellungen. Die biomechanische Modellierung dieser Anschläge ist insbesondere im Hinblick auf medizinische Untersuchungen interessant, da die durch die Anschläge auftretenden Kräfte und Momente, ein Maß für die Belastung der Bänder und Knorpel sind. Auch im Rahmen einer Simulation menschlicher Bewegungen mittels biomechanischer Simulationsmodelle können so Bewegungen bzw. Stellungen vermieden werden, zu denen der Mensch aufgrund seiner Kinematik nicht in der Lage ist. Ferner lassen sich auch singuläre Stellungen des Systems über die Implementierung von Gelenkanschlägen während der Simulation vermeiden.

Bei der Übertragung von gemessenen Motion - Capture - Daten auf kinematische Menschmodelle mittels nichtlinearer Optimierung beschränkt sich die Modellierung der Anschläge lediglich auf die Angabe eines möglichen Wertebereichs einzelner Freiheitsgrade. Die verwendeten Optimierungsalgorithmen sind in der Lage, solche Nebenbedingungen in Form von Ungleichungs-Restriktionen zu behandeln, wobei die Grenzen des Wertebereichs sich aus geometrischen Überlegungen ergeben. Experimentelle Untersuchungen über die Bewegungsfreiheit menschlicher Gelenke findet man beispielsweise in [32].

Die Beschreibung von Anschlägen für Gelenke mit einem Freiheitsgrad ist aus modellierungstechnischer Sicht unproblematisch. Bei einem Drehgelenk beispielsweise, bewirkt das Überschreiten eines vorgegebenen Anschlagswinkels ein Rückstellmoment um die Gelenkachse, womit eindeutig die Bewegungsfreiheit des Gelenkes festgelegt werden kann. Im Fall von Kardan- oder Kugelgelenken ist die dreidimensionale Beschreibung des Arbeitsraums komplexer. Die Einschränkung der räumlichen Bewegungsfreiheit einzelner Körpersegmente muss über die Begrenzung einzelner Freiheitsgrade geschehen, die somit entscheidend von der gewählten Parametrisierung abhängt. Selbst einfache Anschlagsgeometrien zu realisieren ist aufgrund des nichtlinearen Zusammenhangs zwischen den Gelenkkoordinaten und der räumlichen Lage und Orientierung der Körpersegmente schwierig.

Im Hinblick auf dynamische Simulationen, erfolgt die Modellierung der Anschläge mittels Feder-Dämpfersystemen, womit die elastischen Eigenschaften der Anschläge benötigt werden. Sie haben entscheidenden Einfluss auf die Amplituden der Rückstellkräfte bzw. -momente und sind deshalb kritisch im Hinblick auf medizinische Untersuchungen. Ferner sind die in der Simulation ermittelten Belastungen aufgrund der Redundanz des menschlichen Bewegungssystems nur resultierende Kräfte und Momente, weswegen nicht auf die Belastung einzelner Kraftelemente geschlossen werden kann.

Der elastische Anteil der Rückstellkraft wird in Abhängigkeit von zwei Parametern modelliert, nämlich der Federsteifigkeit c und des Kraftexponenten e. Während die Steifigkeit c den Betrag der Kraft steuert, beeinflusst der Kraftexponent deren Verlauf. Die Federkennlinien als Funktion der Eindringtiefe ε

$$F_c = \begin{cases} 0 & , \ \varepsilon \leqslant 0 \\ c\varepsilon^e & , \ \varepsilon > 0 \end{cases}$$

für verschiedene Werte des Kraftexponenten e sind in Abbildung 4.25 dargestellt. Für die Dämpferkraft gilt der Zusammenhang

$$F_d = \begin{cases} 0 & , \ \varepsilon \leqslant 0 \\ d\dot{\varepsilon} & , \ \varepsilon \geqslant \varepsilon_d \\ \dfrac{d\varepsilon^2\left(3\varepsilon_d - 2\varepsilon\right)}{\varepsilon_d^3}\dot{\varepsilon} & , \ \text{sonst,} \end{cases}$$

wobei $\dot{\varepsilon}$ die Eindringgeschwindigkeit und d die Dämpferkonstante darstellt. ε_d ist die Eindringtiefe, bei der die maximale Dämpfung erreicht wird. Die kubische Dämpferkennlinie als Funktion der Eindringtiefe ε ist in Abbildung 4.26 dargestellt. Die Verwendung einer solchen nichtlinearen Dämpferkennlinie hat den Vorteil, dass während der numerischen Integration keine Geschwindigkeitssprünge auftreten. Vor allem in solchen

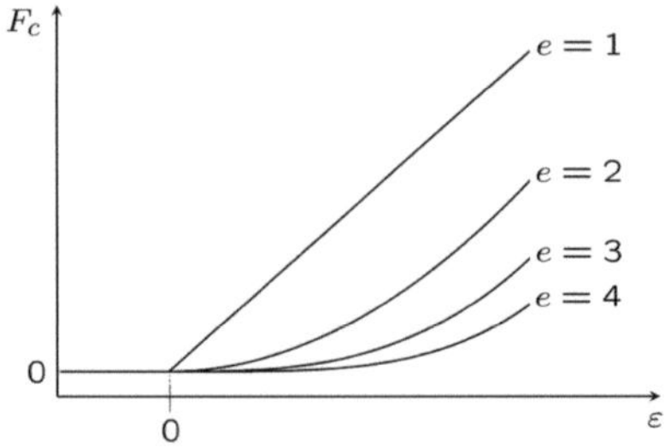

Abbildung 4.25: Federkraft als Funktion der Eindringtiefe für verschiedene Kraftexponenten

Fällen, in denen zwei benachbarte Starrkörper eines Mehrkörpersystems mit hoher Relativgeschwindigkeit in den Anschlag hineinfahren, verursacht ein linearer Dämpfer numerische Schwierigkeiten. Das Hauptproblem bei der oben dargestellten Modellierungs-

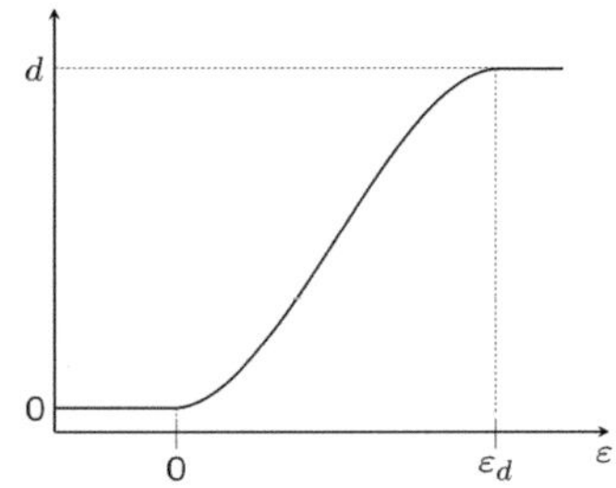

Abbildung 4.26: Dämpferkennlinie als Funktion der Eindringtiefe

methode der Anschläge, die auch in den meisten kommerziellen Simulationswerkzeugen inplementiert ist, liegt in der Tatsache, dass die Parameter der Anschläge praktisch willkürlich eingestellt werden müssen. Die Modellierung der Anschläge biomechanischer Systeme mit Hilfe von Feder- Dämpferelementen ist zwar physikalisch begründet, die Ermittlung geeigneter Kontaktparameter gestaltet sich aber schwierig. Es ist jedoch stets möglich Parameterkombinationen zu finden, die eine realistische Bewegung des Modells zulassen.

In Abbildung 4.27 ist das Ergebnis einer Simulation dargestellt. Ausgehend von der Stellung in Abbildung 4.27-1, bewegt sich der rechte Unterschenkel unter Einfluss der Schwerkraft bis er in den Knieanschlag eindringt (Abbildung 4.27-2). In Abbildung 4.27-3 ist die maximale Eindringtiefe erreicht und in Abbildung 4.27-4 erfolgt die vollständige Entspannung der Rückstellfeder. Der Verlauf des Kniefreiheitsgrades und des Rückstellmomentes ist in Abbildung 4.28 dargestellt.

Die Modellierung der Anschläge kann auch auf Impulsebene erfolgen. Dabei werden die Gelenkanschläge mit Hilfe von Stößen modelliert, d.h. die Normalkomponente der relativen Geschwindigkeit nach dem Stoß ist um den negativen Stoßparameter größer als vor dem Stoß. Mit diesem Ansatz lassen sich die Geschwindigkeits-

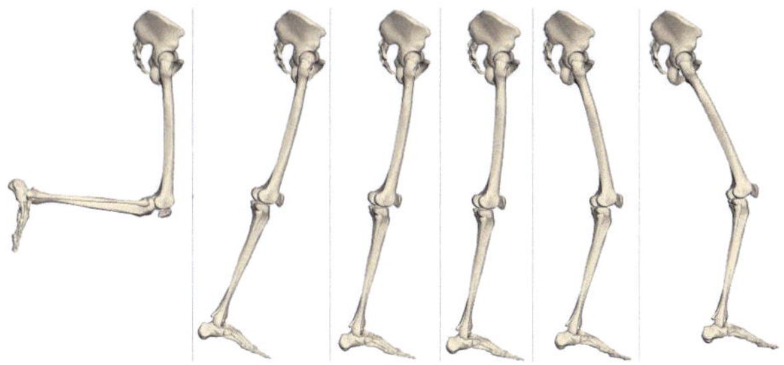

Abbildung 4.27: Simulation eines Anschlages im rechten Knie

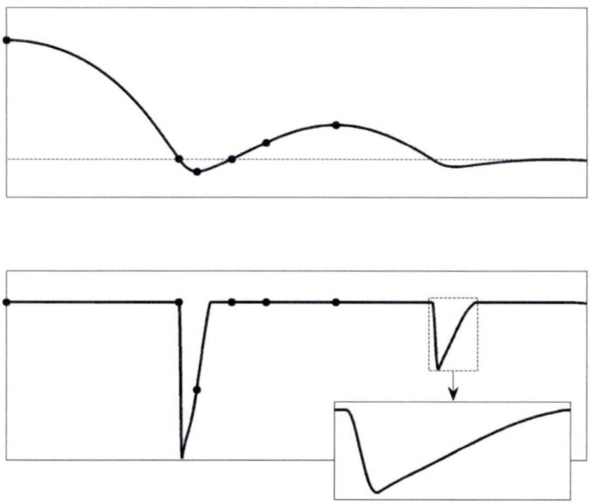

Abbildung 4.28: Verlauf des Kniewinkels (oben) und des Rückstellmomentes (unten)

sprünge aller Körper des Mehrkörpersystems berechnen. Die Simulation wird zu jedem Stoßzeitpunkt mit den durch den Stoß modifizierten Geschwindigkeiten neu gestartet (Integrator-Reset). Nachteile dieser Methode sind z.B. Mehrfachstöße, für die zusätzliche Überlegungen anzustellen sind. Bleibt ein Anschlag über eine längere Zeit geschlossen, sind Ausnahmeroutinen notwendig, die einen ständigen Integrator-Reset verhindern. Diese Methode eignet sich aber besonders gut für Fälle, für die eine grosse Kontaktsteifigkeit des Feder-Dämpferansatzes zu kleinen Schrittweiten führt. Besonders im Hinblick auf Echtzeitanwendungen ist die Stoßmodellierung eine gute Alternative zum Feder-Dämpferansatz.

Kapitel 5

Kinematische Modelle aus Motion-Capture-Daten

5.1 Stand der Forschung

Das wesentliche Thema dieses Kapitels ist, ausgehend von Absolutkoordinaten ausgewählter Markerpunkte, eine einfache Starrkörperkinematik zu finden, welche die gemessene Bewegung möglichst gut abbilden kann. Dabei wird der Ansatz verfolgt, aus den experimentell ermittelten Motion-Capture-Daten, direkt und ohne Modellinformationen zu Grunde zu legen, die kinematischen Zusammenhänge abzuleiten. Dabei ist in diesem Zusammenhang eine große Schwierigkeit zu nennen. Zunächst müssen die zu einem Segment gehörenden Marker zu einem Starrkörper zusammengefasst und dessen Position und Orientierung bestimmt werden.

Eine ähnliche Problemstellung ist unter dem Stichwort Helmert-Transformation in der Geodäsie zu finden. Die Helmert-Transformation, auch 7-Parameter-Transformation genannt, ist eine Koordinatentransformation für kartesische Koordinaten. Ziel dabei ist, die unbekannten Transformationsparameter (3 Verschiebungen, 1 Maßstab, 3 Verdrehungen) über idente Punkte (also Punkte, deren Koordinaten vor und nach der Transformation bekannt sind) zu berechnen [19, 86].

Auch im Bereich der Bildbearbeitung findet man analoge Aufgabenstellungen. Dabei ist das wesentliche Problem, die Lage und die Orientierung einer Punktmenge im Sinne einer Starrkörpertransformation zu finden. Iterative Lösungen für dieses Problem entstanden schon in den Jahren 1950-1960 im Bereich der Photogrammetrie. In den 1980er und Anfang der 1990er Jahre wurden unabhängig voneinander Lösungen in geschlossener Form gefunden. Die Arbeit von Faugeras und Hebert [39] basiert auf einer Quaternionen-Darstellung der Rotation. Horn greift in [61] auch auf diese Technik zurück und beschreibt in [60] eine alternative Lösung des gleichen Problems. Weitere Arbeiten auf diesem Gebiet stammen von Arun et al. [9], Bjorck und Golub [18], Calafiore et al. [22], Cheze et al. [24], Goryn und Hein [43], Kanatani [66], Sabata und Aggarwal [105], Sanso [106], Schwartz und Sharir [115], Söderkvist und Gustafsson [124], Umeyama [130] und Walker et al. [133]. Einen Überblick über die gängigsten Methoden gibt Eggert et al. [36].

In den letzten Jahren sind zahlreiche Arbeiten entstanden, die sich mit der Analyse von menschlichen Bewegungen auf der Basis von experimentell ermittelten Bewegungen beschäftigen. Sie finden sowohl Anwendung im Bereich der Computeranimation, der

Computerspiele und der Robotik, als auch in Medizin und Sportwissenschaft. Einen Überblick über diesen umfangreichen Themenkomplex ist z.B. in den Arbeiten von Aggarwal und Cai [6], Gavrila [42] und Wang et al. [134] zu finden.

Eine wesentliche Fragestellung ist dabei die Rekonstruktion der Kinematik aus experimentell ermittelten Messdaten. Man unterscheidet dabei zwei grundsätzliche Ansätze. Im ersten Fall bilden zweidimensionale Bilddaten den Ausgangspunkt der Untersuchung. Die kinematischen Zusammenhänge aus digitalen Bildinformationen abzuleiten ist dabei die essentielle Forschungsaufgabe [95, 80, 143, 64].

In den letzten Jahren haben sich vorwiegend optische (markerbasierte) Bewegungserfassungssysteme (z.B. *Vicon*, *Simi Motion Capture3D*) etabliert. Damit können komplexe Bewegungsabläufe (z. B. Laufen, Tanzen) mit relativ geringem Aufwand realisiert werden. In diesem Fall stellen die digitalisierten Absolutkoordinaten ausgewählter Markerpunkte die Basis der Analyse dar, deren Bewegung über verschiedene Methoden mit kinematischen Modellen verknüpft werden [23, 25, 101, 126].

Im Hinblick auf die Modellierung gelingt ebenfalls eine grobe Unterteilung in Bereiche mit unterschiedlichen Zielsetzungen. Besonders in der Computergrafik kommen sog. Volumenmodelle (Voxelmodelle) zum Einsatz [23, 56]. Dabei steht meistens die fotorealistische Darstellung bewegter Szenen im Vordergrund, in denen Menschen im Mittelpunkt stehen. Ansätze, die kinematische Modelle zu Grunde legen, sind eher in der Biomechanik und Sportwissenschaft zu finden [26, 90]. In diesem Zusammenhang findet man zahlreiche Arbeiten und Softwarepakete, die sich mit der Messung, der Datenverarbeitung und der Analyse von menschlichen Bewegungen beschäftigen. Üblich ist die Rekonstruktion der Kinematik über einfache geometrische Beziehungen. Dabei werden die Marker so platziert, dass ihre Verbindungsgerade die Segmente des Modells bilden (sog. Stickmodels). Als Gelenkkoordinaten werden die von den Geraden eingeschlossenen Winkel definiert, die sich aus dem Skalarprodukt zweier Vektoren ergeben. Werden zusätzlich noch Informationen über die Richtung der Gelenkachsen benötigt, so werden weitere Markerpunkte an anatomischen Stellen des Probanden befestigt. Die Gelenkachsen werden ebenfalls als Verbindungsgerade zweier Marker definiert. Im Gegensatz dazu verfolgt die vorliegende Arbeit den Ansatz, die zunächst unabhängigen Absolutkoordinaten der Markerpunkte um kinematische Bindungsgleichungen zu ergänzen und diese im Hinblick auf kinematische Konsistenz zu optimieren bzw. zu korrigieren. Die so entstandenen Modelle erfüllen damit sowohl die Starrkörperbedingungen der Segmente als auch die kinematischen Bindungsgleichungen idealer Gelenke.

Neben Ganzkörmodellen des Menschen findet man in der Fachliteratur oft detaillierte Modelle einzelner Körperregionen, die vorwiegend für klinische und sportwissenschaftliche Untersuchungen eingesetzt werden [25, 34, 95, 98, 126]. Die Hauptaufgabe besteht meistens darin, aus den Motion-Capture-Rohdaten die Modellparameter einzelner Gelenke bzw. Regionen abzuleiten.

5.2 Rekonstruktion der Kinematik

Die Anzahl der Freiheitsgrade, die Gelenktypen und die Geometrie der einzelnen Segmente haben einen entscheidenden Einfluss auf den humanoiden Charakter des Modells. Deshalb ist eine einfach realisierbare Kinematik gesucht, die menschliche Bewegungsmuster möglichst gut abbilden kann. Zentrales Problem dabei ist, wie sich die ermittelten charakteristischen Bewegungsmuster des Menschen auf eine Kinematik mit wesentlich geringerer Anzahl an Freiheitsgraden abbilden lassen. Eine Möglichkeit dieses Vorhaben zu realisieren besteht darin, ein vorgefertigtes kinematisches Modell des Menschen zu Grunde zu legen und die gemessenen Bewegungen darauf zu projizieren. Diese Vorgehensweise wurde im Rahmen dieser Arbeit in Kapitel 3 diskutiert. Selbstverständlich wird dadurch das Modellverhalten durch die vorgegebene Kinematik entscheidend beeinflusst.

In diesem Abschnitt soll nun der umgekehrte Weg eingeschlagen werden. Ziel ist die Generierung von kinematischen Simulationsmodellen des Menschen aus experimentell ermittelten Motion-Capture-Daten. Ausgehend von den Absolutkoordinaten sog. Markerpunkte sind die Rekonstruktion der menschlichen Kinematik und die Projektion der menschlichen Bewegungsmuster auf die ermittelten Starrkörpermodelle Kernpunkt dieses Abschnitts. Besonderes Augenmerk ist dabei stets auf eine möglichst einfache Kinematik gerichtet, die aber noch die wesentlichen Merkmale der menschlichen Bewegung reproduzieren kann. Ferner unterliegen die Modelle gewissen Annahmen und Einschränkungen. Obwohl der menschliche Körper eine komplexe Kinematik mit einer Vielzahl an Freiheitsgraden besitzt, wird hier von einem Starrkörperansatz ausgegangen. Weiterhin seien die Starrkörper des Systems ausschließlich über ideale Gelenke verbunden. Zentrale Fragestellung dabei ist, wie gut dieser Starrkörperansatz die menschliche Bewegung reproduzieren kann. Eine weitere Vereinfachung wird schon bei der Messung der menschlichen Bewegung vollzogen. Das sog. Markerset wird derart angepasst, dass damit die Anzahl der Starrkörper des Systems festgelegt wird. Die Systemstruktur, d.h. die Zuordnung Marker - Starrkörper und die Topologie des Systems seien damit auch bekannt. Die Kenntnis darüber, welche Körper miteinander verbunden sind, ist also gegeben. Zu ermitteln sind demzufolge die Gelenktypen, die entsprechenden Gelenkparameter, die Lage und die Orientierung der Gelenkachsen bezüglich körperfester Referenzsysteme, usw. Aus diesen Informationen kann ein Starrkörpersystem aufgebaut werden, das speziell zu der gerade untersuchten Bewegung am besten passt. Die zentrale Aufgabenstellung besteht also darin, aus der Relativbewegung einzelner Körper zueinander auf die Topologie des Gesamtsystems zu schließen.

Dabei gliedert sich die Vorgehensweise in drei wesentliche Abschnitte. Zunächst müssen die zu einem Segment gehörenden Marker zu einem Starrkörper zusammengefasst werden. Dies entspricht also der Bestimmung von Position und Orientierung des gemeinsamen Referenzkoordinatensystems (Abbildung 5.1-b). Im nächsten Schritt erfolgt die Bestimmung der Gelenkparameter aus der Relativbewegung der einzelnen Referenzsysteme zueinander (Abbildung 5.1-c). Daraus lässt sich im letzten Schritt die Kinematik des Systems aufbauen, die jedoch hinsichtlich der kinematischen Konsistenz zu überprüfen und ggf. zu korrigieren ist (Abbildung 5.1-d). Die einzelnen Teilschritte sollen im Folgenden einzeln behandelt werden.

5.2.1 Lage und Orientierung der Starrkörper

Bevor die Relativbewegung der Körper untersucht werden kann, ist zunächst die Starrkörperbedingung zu erfüllen. Die gemessenen Absolutkoordinaten der Markerpunkte erfüllen aufgrund unvermeidlicher Messfehler nicht diese Forderung. Ein weiteres Problem stellt das Verrutschen der Marker dar. Die entscheidende Ursache für die Verletzung der Starrkörperbedingung liegt jedoch in der Tatsache begründet, dass zum

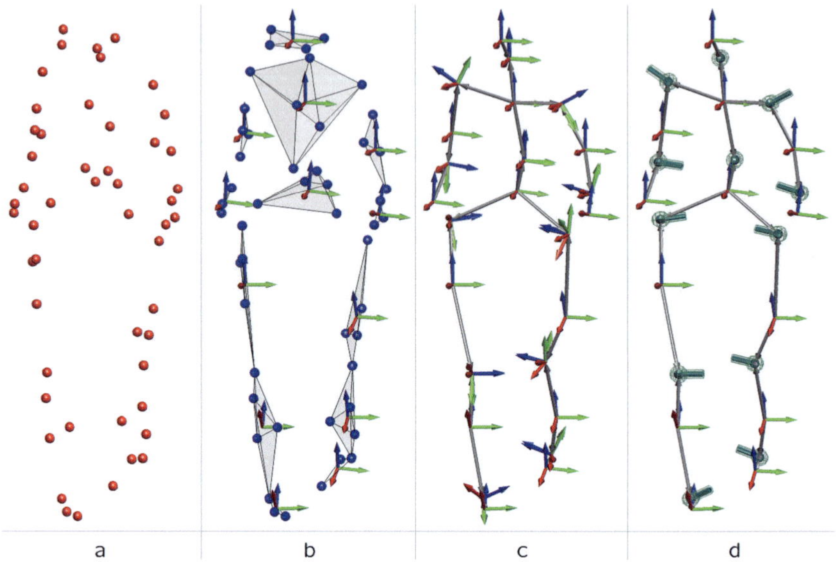

Abbildung 5.1: Überblick über die Vorgehensweise

Teil beträchtliche Hautverschiebungen während einer Bewegung vorhanden sind. Damit bleibt auch die Relativbewegung der darauf befestigten Marker nicht konstant, was der Forderung nach Starrheit widerspricht.

Die wohl einfachste Möglichkeit Markerpunkte zu einem Starrkörper zusammenzufassen besteht darin, die absolute Position im Hinblick auf Starrkörperbindungen (i.Allg. Abstandsbedingungen) zu korrigieren. Aus den korrigierten Absolutkoordinaten ist anschließend die Berechnung der Position und der Orientierung möglich. Dabei wird vorausgesetzt, dass mindestens drei nichtkollineare Markerpunkte zur Verfügung stehen. Ein wesentlich effizienteres Verfahren soll im Folgenden vorgestellt werden. Gegeben seien zu diskreten Zeitpunkten t die Koordinaten $\mathbf{R}_{ik}(t)$ der $i = 1, \ldots, n$ Markerpunkte, die dem Körper k zugeordnet sind. Die allgemeine räumliche Bewegung des Körpers k bzw. des damit fest verbundenen Koordinatensystems $\mathcal{K}_k$ relativ zum Absolutsystem $\mathcal{K}_0$ lässt sich durch die zeitlich veränderlichen Absolutkoordinaten des körperfesten Punktes $\mathbf{R}_k(t)$ und durch die zeitlich veränderliche Transformationsmatrix $\mathbf{A}_k(t)$ darstellen. Als körperfester Bezugspunkt wird zweckmäßig der Mittelpunkt $\mathbf{R}_k(t)$ gewählt, der sich aus den Absolutkoordinaten der Markerpunkte $\mathbf{R}_{ik}(t)$ eindeutig über die Beziehung

$$\mathbf{R}_k(t) = \frac{1}{n} \sum_{i=1}^{n} \mathbf{R}_{ik}(t) \tag{5.1}$$

berechnen lässt. Zwischen der absoluten Position der n Markerpunkte zum Anfangszeitpunkt t_0 und einem beliebigen Zeitpunkt t gilt mit dem gemeinsamen Schiebevektor

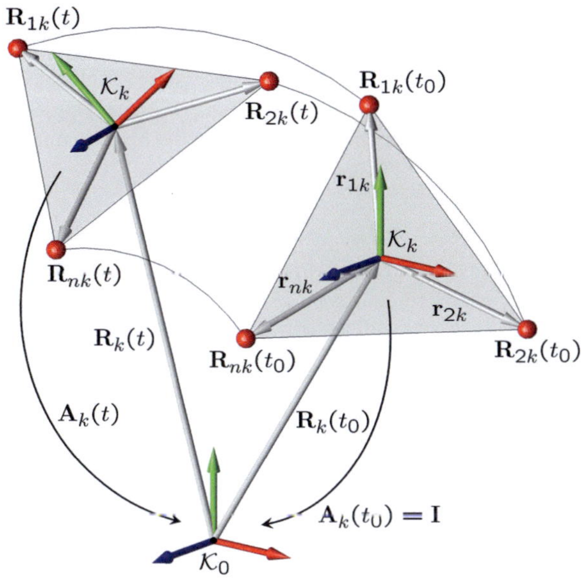

Abbildung 5.2: Dreidimensionale Markerbewegung

$\mathbf{d}_k(t)$ der Zusammenhang

$$\mathbf{R}_{ik}(t) = \mathbf{A}_k(t)\,\mathbf{R}_{ik}(t_0) + \mathbf{d}_k(t)\,. \tag{5.2}$$

Unter der Voraussetzung einer Starrkörperbewegung unterliegt der Mittelpunkt der gleichen Bewegung, was sich durch die Beziehung

$$\mathbf{R}_k(t) = \mathbf{A}_k(t)\,\mathbf{R}_k(t_0) + \mathbf{d}_k(t) \tag{5.3}$$

ausdrücken lässt. Die Elimination des Schiebevektors $\mathbf{d}_k$ erreicht man durch Subtraktion der Gleichung (5.3) von (5.2). Mit der Abkürzung

$$\mathbf{r}_{ik}(t) = \mathbf{R}_{ik}(t) - \mathbf{R}_k(t)$$

folgen daraus die n Gleichungen

$$\mathbf{r}_{ik}(t) = \mathbf{A}_k(t)\,\mathbf{r}_{ik}(t_0) \tag{5.4}$$

zur Bestimmung der Transformationsmatrix $\mathbf{A}_k$. Nur drei der neun Elemente der Transformationsmatrix $\mathbf{A}_k(t)$ sind voneinander unabhängig, entsprechend den drei Freiheitsgraden der freien Drehbewegung im Raum. Die Transformationsmatrix kann somit in Abhängigkeit von drei unabhängigen Koordinaten des Rodrigues-Vektors $\mathbf{s}_k(t)$ dargestellt werden. Mit der schiefsymmetrischen Matrix $\tilde{\mathbf{s}}_k(t)$ und der $3\times3-$ Einheitsmatrix $\mathbf{I}$ gilt gemäß Gleichung (1.11) der Zusammenhang

$$\mathbf{A}_k(t) = (\mathbf{I} - \tilde{\mathbf{s}}_k(t))^{-1}(\mathbf{I} + \tilde{\mathbf{s}}_k(t)). \tag{5.5}$$

Einsetzen in Gleichung (5.4) führt auf die n Bestimmungsgleichungen

$$\mathbf{r}_{ik}(t) - \mathbf{r}_{ik}(t_0) = -\left[\tilde{\mathbf{r}}_{ik}(t) + \tilde{\mathbf{r}}_{ik}(t_0)\right]\mathbf{s}_k(t)$$

für die drei unabhängigen Koordinaten des Rodrigues-Vektors $\mathbf{s}_k$. Für die Berechnung des Rodrigues-Vektors $\mathbf{s}_k(t)$ aus den Absolutkoordinaten der Markerpunkte $\mathbf{R}_{ik}(t)$ lässt sich ein Optimierungsproblem der Art

$$\sum_{i=1}^{n} \|\mathbf{r}_{ik}(t) - \mathbf{r}_{ik}(t_0) + (\mathbf{r}_{ik}(t) + \mathbf{r}_{ik}(t_0)) \times \mathbf{s}_{0k}(t)\|^2 = \min$$

formulieren und mit Standardverfahren lösen. Für praktische Berechnungen ist es sinnvoll, das lineare Gleichungssystem in der Form

$$\underbrace{\begin{bmatrix} \mathbf{r}_{1k}(t) - \mathbf{r}_{1k}(t_0) \\ \vdots \\ \mathbf{r}_{nk}(t) - \mathbf{r}_{nk}(t_0) \end{bmatrix}}_{\mathbf{b}_k} = \underbrace{\begin{bmatrix} -\tilde{\mathbf{r}}_{1k}(t) - \tilde{\mathbf{r}}_{1k}(t_0) \\ \vdots \\ -\tilde{\mathbf{r}}_{nk}(t) - \tilde{\mathbf{r}}_{nk}(t_0) \end{bmatrix}}_{\mathbf{B}_k} \mathbf{s}_k(t) \quad \Leftrightarrow \quad \mathbf{B}_k\mathbf{s}_k = \mathbf{b}_k \tag{5.6}$$

darzustellen. Damit stellt (5.6) ein überbestimmtes Gleichungssystem dar, das mit Hilfe der Pseudo-Inversen $\mathbf{B}_k^{\dagger}$ gelöst werden kann. Mit der Lösung von (5.6) in Gestalt von

$$\mathbf{s}_k = \mathbf{B}_k^{\dagger}\mathbf{b}_k$$

ist der gesuchte Rodrigues-Vektor bekannt, und damit ergibt sich aus (5.5) die gesuchte Transformationsmatrix $\mathbf{A}_k(t)$. Mit Kenntnis von $\mathbf{R}_k(t)$ und $\mathbf{A}_k(t)$ sind die absolute Lage und die Orientierung der einzelnen Starrkörper bestimmt. Während die Ermittlung der Lage immer eindeutig ist, lässt sich die Orientierung der Starrkörper für $n < 3$ oder bei kollinear angeordneten Markern nicht eindeutig bestimmen.

5.2.2 Gelenke

Der nächste Schritt besteht darin, zur Relativbewegung der einzelnen Starrkörper passende Gelenke zu finden, d.h. die Reduktion der Freiheitsgrade durch Hinzufügen von impliziten Gelenkbindungen, die jedoch aufgrund von kinematisch inkonsistenten Messdaten nicht erfüllt sind. Abhilfe schafft hier die Formulierung der impliziten Bindungen als Minimierungsproblem. Gesucht sind also die konstanten Gelenkparameter, die eine vollständige Beschreibung der Kinematik erlauben.

Kugelgelenk

Gegeben seien zu diskreten Zeitpunkten t_n die Absolutkoordinaten $\mathbf{R}_k(t_n)$ bzw. $\mathbf{R}_l(t_n)$ und die Transformationsmatrizen $\mathbf{A}_k(t_n)$ bzw. $\mathbf{A}_l(t_n)$ der beiden körperfesten Koordinatensysteme $\mathcal{K}_k$ bzw. $\mathcal{K}_l$. Die relative Lage des Kugelgelenks bezüglich $\mathcal{K}_k$ bzw. $\mathcal{K}_\ell$ sei durch die Koordinaten der körperfesten Vektoren $\mathbf{r}_{k\ell}^k$ und $\mathbf{r}_{\ell k}^\ell$ beschrieben. Aus den impliziten kinematischen Bindungsgleichungen des Kugelgelenks

$$\mathbf{R}_k(t) + \mathbf{A}_k(t)\,\mathbf{r}_{k\ell}^k - \mathbf{R}_\ell(t) - \mathbf{A}_\ell(t)\,\mathbf{r}_{\ell k}^\ell = 0$$

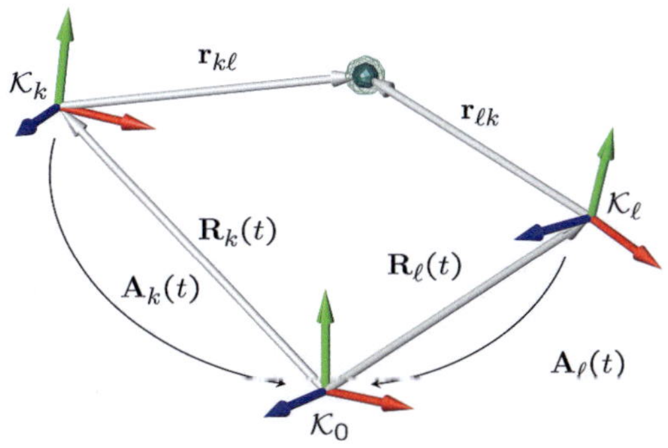

Abbildung 5.3: Kugelgelenk

lässt sich ein lineares Optimierungsproblem über N diskrete Zeitpunkte formulieren:

$$\sum_{n=1}^{N} \left\| \mathbf{R}_k(t_n) + \mathbf{A}_k(t_n)\,\mathbf{r}_{k\ell}^k - \mathbf{R}_\ell(t_n) - \mathbf{A}_\ell(t_n)\,\mathbf{r}_{\ell k}^\ell \right\|^2 = \min.$$

Die Lösung des Optimierungsproblems erfolgt auch hier zweckmäßig mit Hilfe der Pseudo-Inversen. Die Lösung des überbestimmten Gleichungssystems

$$\underbrace{\begin{bmatrix} \mathbf{A}_\ell(t_1) & -\mathbf{A}_k(t_1) \\ \vdots & \vdots \\ \mathbf{A}_\ell(t_N) & -\mathbf{A}_k(t_N) \end{bmatrix}}_{\mathbf{B}_{k\ell}} \begin{bmatrix} \mathbf{r}_{\ell k}^\ell \\ \mathbf{r}_{k\ell}^k \end{bmatrix} = \underbrace{\begin{bmatrix} \mathbf{R}_k(t_1) - \mathbf{R}_\ell(t_1) \\ \vdots \\ \mathbf{R}_k(t_N) - \mathbf{R}_\ell(t_N) \end{bmatrix}}_{\mathbf{b}_{k\ell}} \Rightarrow \begin{bmatrix} \mathbf{r}_{\ell k}^\ell \\ \mathbf{r}_{k\ell}^k \end{bmatrix} = \mathbf{B}_{k\ell}^\dagger \mathbf{b}_{k\ell}$$

liefert somit die relative Lage des Drehgelenks $\mathbf{r}_{k\ell}^k$ und $\mathbf{r}_{\ell k}^\ell$ im Sinne eines Least-Square-Ansatzes.

Drehgelenk

Die Bestimmung der Gelenkposition erfolgt analog zum Kugelgelenk. Während die Berechnung der relativen Lage auf ein lineares Problem führt, lässt sich die Bestimmung der Drehachse nur auf ein nichtlineares Optimierungsproblem zurückführen. Wie schon beim Kugelgelenk erwähnt, wird die relative Lage der körperfesten Gelenkkoordinatensysteme $\mathcal{K}_i$ bzw. $\mathcal{K}_j$ bezüglich $\mathcal{K}_k$ bzw. $\mathcal{K}_\ell$ durch die Koordinaten der körperfesten Vektoren $\mathbf{r}_{k\ell}^k$ und $\mathbf{r}_{\ell k}^\ell$ beschrieben. Legt man die noch unbekannte Drehachse in Richtung der $\mathbf{e}_z$-Achse beider Koordinatensysteme $\mathcal{K}_i$ bzw. $\mathcal{K}_j$ und beschreibt die relative Orientierung der Gelenkkoordinatensysteme $\mathcal{K}_i$ bzw. $\mathcal{K}_j$ durch die sechs Kardanwinkel $\alpha_{ki}, \beta_{ki}, \gamma_{ki}$ bzw. $\alpha_{\ell j}, \beta_{\ell j}, \gamma_{\ell j}$, so lauten die entsprechenden Bindungen für die Orientierung der gemeinsamen Drehachse

$$(\mathbf{e}_{z,i})^T\,\mathbf{e}_{x,j} = 0,$$
$$(\mathbf{e}_{z,i})^T\,\mathbf{e}_{y,j} = 0.$$

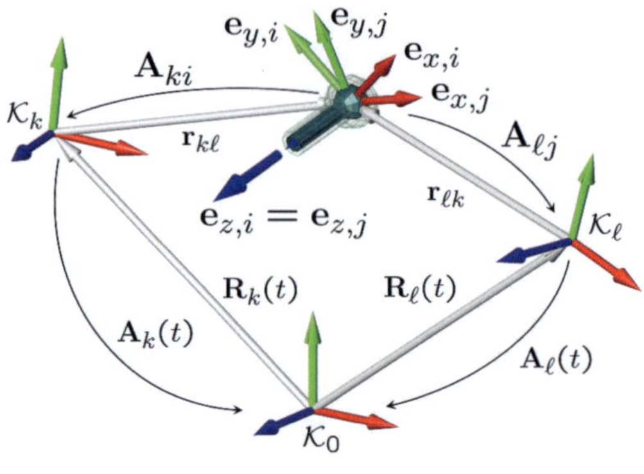

Abbildung 5.4: Drehgelenk

Mit den Absolutkoordinaten der Einheitsvektoren

$$\mathbf{e}_{z,i} = \mathbf{A}_k\left(t_n\right)\mathbf{A}_{ki}\left(\alpha_{ki}, \beta_{ki}, \gamma_{ki}\right)\mathbf{e}_z^i,$$
$$\mathbf{e}_{x,j} = \mathbf{A}_\ell\left(t_n\right)\mathbf{A}_{\ell j}\left(\alpha_{\ell j}, \beta_{\ell j}, \gamma_{\ell j}\right)\mathbf{e}_x^j,$$
$$\mathbf{e}_{y,j} = \mathbf{A}_\ell\left(t_n\right)\mathbf{A}_{\ell j}\left(\alpha_{\ell j}, \beta_{\ell j}, \gamma_{\ell j}\right)\mathbf{e}_y^j$$

lässt sich die Orientierung der Gelenkachse aus dem Optimierungsproblem

$$\sum_{n=1}^{N}\left\|\begin{array}{c}\left[\mathbf{A}_k\left(t_n\right)\mathbf{A}_{ki}\left(\alpha_{ki}, \beta_{ki}, \gamma_{ki}\right)\mathbf{e}_z^i\right]^T\left[\mathbf{A}_\ell\left(t_n\right)\mathbf{A}_{\ell j}\left(\alpha_{\ell j}, \beta_{\ell j}, \gamma_{\ell j}\right)\mathbf{e}_x^j\right]\\\left[\mathbf{A}_k\left(t_n\right)\mathbf{A}_{ki}\left(\alpha_{ki}, \beta_{ki}, \gamma_{ki}\right)\mathbf{e}_z^i\right]^T\left[\mathbf{A}_\ell\left(t_n\right)\mathbf{A}_{\ell j}\left(\alpha_{\ell j}, \beta_{\ell j}, \gamma_{\ell j}\right)\mathbf{e}_y^j\right]\end{array}\right\|^2 = \min$$

bestimmen. Dabei bezeichnen $\mathbf{A}_{ki}\left(\alpha_{ki}, \beta_{ki}, \gamma_{ki}\right)$ die relative Orientierung des Systems K_i bezüglich K_k und $\mathbf{A}_{\ell j}\left(\alpha_{\ell j}, \beta_{\ell j}, \gamma_{\ell j}\right)$ die Orientierung des Systems K_j bezüglich K_ℓ in Abhängigkeit von den sechs Parametern $\alpha_{ki}, \beta_{ki}, \gamma_{ki}, \alpha_{\ell j}, \beta_{\ell j}$ und $\gamma_{\ell j}$. Die Koordinaten der körperfesten Einheitsvektoren seien mit

$$\mathbf{e}_z^i = \begin{bmatrix} 0 & 0 & 1 \end{bmatrix}^T, \mathbf{e}_x^j = \begin{bmatrix} 1 & 0 & 0 \end{bmatrix}^T \text{ und } \mathbf{e}_y^j = \begin{bmatrix} 0 & 1 & 0 \end{bmatrix}^T$$

gegeben.

Weitere Gelenke

Die in Tabelle 1.1 aus Abschnitt 1.3.5 aufgelisteten Zwangsbedingungen für Standardgelenke können ohne Einschränkung als Optimierungsproblem formuliert werden. Dabei gestaltet sich die Vorgehensweise analog zum Kugel- bzw. Drehgelenk. Aus diesem Grund soll hier auf eine explizite Behandlung verzichtet werden.

5.2.3 Konsistente Kinematik in Absolutkoordinaten

Die Bestimmung der Modellparameter mit den genannten Optimierungskriterien führt bei der Projektion der gemessenen Bewegung zunächst auf ein inkonsistentes Modellverhalten. Die Gelenkbindungen sind nicht exakt erfüllt, sondern erfüllen nur die geforderten Minimierungskriterien. Bewegungsgleichungen in voneinander abhängigen Absolutkoordinaten erfordern die Verwendung von impliziten Bindungen, wie dargestellt.

Diese Vorgehensweise führt im vorliegendem Fall auf die Notwendigkeit, die Absolutkoordinaten im Hinblick auf kinematische Konsistenz zu korrigieren. Folgendes Beispiel soll diesen Sachverhalt verdeutlichen.

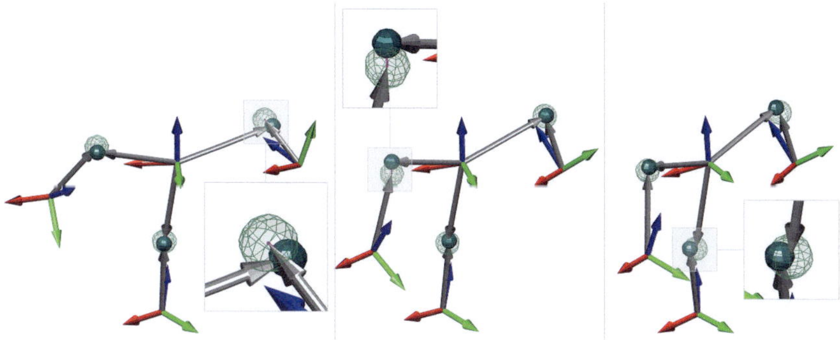

Abbildung 5.5: Kinematisch inkonsistente Bewegung

In Abbildung 5.5 ist eine Folge von drei Bildern einer Beispielrechnung dargestellt. Die vier Starrkörper symbolisieren das Becken (unten), den Oberkörper (Mitte) und die beiden Oberarme (links bzw. rechts), deren Relativbewegung hier durch Kugelgelenke eingeschränkt wird. Vergrößert dargestellt ist das kinematisch inkonsistente Verhalten des Modells, d.h. die Verletzung der Bindungsgleichungen (hier Kugelgelenke).

Aus dem Optimierungsproblem (5.6) sind die absoluten Lagen $\mathbf{R}_k(t)$ und die Orientierung $\mathbf{A}_k(t)$ aller Starrkörper $k = 1, \ldots, n_K$ für jeden diskreten Zeitpunkt t bekannt. Ziel ist es, die mit den Gelenkbindungen inkonsistenten Größen $\mathbf{R}_k(t)$ und $\mathbf{A}_k(t)$ im Hinblick auf kinematische Konsistenz zu korrigieren. Für die Parametrisierung der Orientierung ist aus Konvergenzgründen der Übergang von der Transformationsmatrix $\mathbf{A}_k(t)$ zum Rodrigues-Vektor $\mathbf{s}_k(t)$ sinnvoll. Somit sind für jeden Starrkörper $k = 1, \ldots, n_K$ aus den inkonsistenten Größen

$$\mathbf{x}_k(t) = \begin{bmatrix} \mathbf{R}_k(t) \\ \mathbf{s}_k(t) \end{bmatrix}$$

für alle diskreten Zeitpunkte t die mit den nichtlinearen Gelenkbindungen $\mathbf{C}(\bar{\mathbf{x}}) = \mathbf{0}$ verträglichen Größen

$$\bar{\mathbf{x}}_k(t) = \begin{bmatrix} \bar{\mathbf{R}}_k(t) \\ \bar{\mathbf{s}}_k(t) \end{bmatrix}$$

zu ermitteln, wobei im Folgenden der Index der Zeit t nicht mehr angeschrieben wird. Dieser Sachverhalt lässt sich mit

$$\mathbf{x}(t) = \begin{bmatrix} \mathbf{x}_1(t) \\ \vdots \\ \mathbf{x}_{n_K}(t) \end{bmatrix} \text{ und } \bar{\mathbf{x}}(t) = \begin{bmatrix} \bar{\mathbf{x}}_1(t) \\ \vdots \\ \bar{\mathbf{x}}_{n_K}(t) \end{bmatrix}$$

in der Form eines Optimierungsproblems

$$\begin{aligned} &\|\bar{\mathbf{x}} - \mathbf{x}\|_2 = \min_{\bar{\mathbf{x}}}, \\ &\mathbf{C}(\bar{\mathbf{x}}) = \mathbf{0} \end{aligned} \tag{5.7}$$

formulieren, wobei die $n_B \times 1$ Spaltenmatrix

$$\mathbf{C}(\bar{\mathbf{x}}) = \begin{bmatrix} \mathbf{C}_1(\bar{\mathbf{x}}) \\ \vdots \\ \mathbf{C}_{n_B}(\bar{\mathbf{x}}) \end{bmatrix}$$

die n_B Bindungsgleichungen enthält. Aufgrund der Nichtlinearität der impliziten Bindungen $\mathbf{C}(\bar{\mathbf{x}}) = \mathbf{0}$ ist eine iterative Lösung von (5.7) notwendig. Mit der Linearisierung um die Stelle $\bar{\mathbf{x}}^i$ folgt mit $\bar{\mathbf{x}}^{i+1} = \bar{\mathbf{x}}^i + \Delta\bar{\mathbf{x}}^i$ aus (5.7)

$$\begin{aligned} &\left\|\bar{\mathbf{x}}^i - \mathbf{x} + \Delta\bar{\mathbf{x}}^i\right\|_2 = \min_{\Delta\bar{\mathbf{q}}}, \\ &\mathbf{C}\left(\bar{\mathbf{x}}^i\right) + \mathbf{C}_{\bar{\mathbf{x}}}\left(\bar{\mathbf{x}}^i\right)\Delta\bar{\mathbf{x}}^i = \mathbf{0}, \end{aligned} \tag{5.8}$$

woraus sich die Iterationsvorschrift

$$\begin{aligned} \bar{\mathbf{x}}^0 &= \mathbf{x}, \\ \bar{\mathbf{x}}^{i+1} &= \bar{\mathbf{x}}^i + \Delta\bar{\mathbf{x}}^i \end{aligned}$$

ableiten lässt. Die Änderung $\Delta\bar{\mathbf{x}}^i$ kann mit Hilfe der Pseudo-Inversen

$$\mathbf{C}_{\bar{\mathbf{x}}}^{\dagger} = \mathbf{C}_{\bar{\mathbf{x}}}^T\left(\mathbf{x}^i\right)\left[\mathbf{C}_{\bar{\mathbf{x}}}\left(\mathbf{x}^i\right)\mathbf{C}_{\bar{\mathbf{x}}}^T\left(\mathbf{x}^i\right)\right]^{-1}$$

von $\mathbf{C}_{\bar{\mathbf{x}}}(\bar{\mathbf{x}}^i)$ aus der Beziehung

$$\Delta\bar{\mathbf{x}}^i = \mathbf{C}_{\bar{\mathbf{x}}}^{\dagger}\mathbf{C}\left(\bar{\mathbf{x}}^i\right) + \left[\mathbf{I} - \mathbf{C}_{\bar{\mathbf{x}}}^{\dagger}\left(\bar{\mathbf{x}}^i\right)\mathbf{C}_{\bar{\mathbf{q}}}\left(\bar{\mathbf{x}}^i\right)\right]\left(\mathbf{x} - \bar{\mathbf{x}}^i\right)$$

berechnet werden. Mit Hilfe von

$$\mathbf{A}(\bar{\mathbf{s}}) = \mathbf{I} + \frac{2\left(\tilde{\bar{\mathbf{s}}} + \tilde{\bar{\mathbf{s}}}\tilde{\bar{\mathbf{s}}}\right)}{1 + \bar{\mathbf{s}}^T\bar{\mathbf{s}}} \quad \text{und} \quad \boldsymbol{\omega}(\bar{\mathbf{s}}) = \underbrace{\left[\frac{2\left(\mathbf{I} + \tilde{\bar{\mathbf{s}}}\right)}{1 + \bar{\mathbf{s}}^T\bar{\mathbf{s}}}\right]}_{\mathbf{G}(\bar{\mathbf{s}})}\dot{\bar{\mathbf{s}}} = \mathbf{G}(\bar{\mathbf{s}})\,\dot{\bar{\mathbf{s}}}$$

gelingt die Darstellung der Gelenkbindungen in Abhängigkeit von $\mathbf{x}$. Werden die Körper k und ℓ durch ein Kugelgelenk verbunden, so lauten die entsprechenden Zeilen aus $\mathbf{C}(\bar{\mathbf{x}})$

$$\bar{\mathbf{R}}_k + \left(\mathbf{I} + \frac{2\left(\tilde{\bar{\mathbf{s}}}_k + \tilde{\bar{\mathbf{s}}}_k\tilde{\bar{\mathbf{s}}}_k\right)}{1 + \bar{\mathbf{s}}_k^T\bar{\mathbf{s}}_k}\right)\mathbf{r}_{k\ell}^k - \bar{\mathbf{R}}_\ell - \left(\mathbf{I} + \frac{2\left(\tilde{\bar{\mathbf{s}}}_\ell + \tilde{\bar{\mathbf{s}}}_\ell\tilde{\bar{\mathbf{s}}}_\ell\right)}{1 + \bar{\mathbf{s}}_\ell^T\bar{\mathbf{s}}_\ell}\right)\mathbf{r}_{\ell k}^\ell = \mathbf{0}.$$

Die entsprechenden Zeilen bzw. Spalten der Funktionalmatrix $\mathbf{C}_{\bar{\mathbf{x}}}(\bar{\mathbf{x}})$ ergeben sich aus der Beziehung

$$\begin{bmatrix} \mathbf{I} & -\tilde{\mathbf{r}}_{k\ell}\mathbf{G}_k & -\mathbf{I} & \tilde{\mathbf{r}}_{\ell k}\mathbf{G}_\ell \end{bmatrix}\begin{bmatrix} \dot{\bar{\mathbf{R}}}_k \\ \dot{\bar{\mathbf{s}}}_k \\ \dot{\bar{\mathbf{R}}}_\ell \\ \dot{\bar{\mathbf{s}}}_\ell \end{bmatrix} = \mathbf{0},$$

wobei die Transformation in das Inertialsystem über $\mathbf{r}_{k\ell} = \mathbf{A}_k(\bar{\mathbf{s}}_k)\,\mathbf{r}_{k\ell}^k$ und $\mathbf{r}_{\ell k} = \mathbf{A}_\ell(\bar{\mathbf{s}}_\ell)\,\mathbf{r}_{\ell k}^\ell$ durchgeführt wurde. Handelt es sich um ein Drehgelenk, so treten zusätzliche Bindungen auf, wobei im Folgenden nur eine dargestellt wird. Mit

$$\mathbf{e}_{z,i} = \mathbf{A}_k(\bar{\mathbf{s}}_k)\,\mathbf{A}_{ki}(\alpha_{ki},\beta_{ki},\gamma_{ki})\,\mathbf{e}_z^i \text{ und } \mathbf{e}_{x,j} = \mathbf{A}_\ell(\bar{\mathbf{s}}_\ell)\,\mathbf{A}_{\ell j}(\alpha_{\ell j},\beta_{\ell j},\gamma_{\ell j})\,\mathbf{e}_x^j$$

lautet die entsprechende Bindungsgleichung

$$\mathbf{e}_{z,i}^T\mathbf{e}_{x,j} = \mathbf{0},$$

wobei die zugehörige Zeile bzw. Spalten der Funktionalmatrix $\mathbf{C}_{\bar{\mathbf{x}}}(\bar{\mathbf{x}})$ über die lineare Beziehung

$$\begin{bmatrix} -\mathbf{e}_{x,j}^T\tilde{\mathbf{e}}_{z,i}\mathbf{G}_k & -\mathbf{e}_{z,i}^T\tilde{\mathbf{e}}_{x,j}\mathbf{G}_\ell \end{bmatrix} \begin{bmatrix} \dot{\bar{\mathbf{s}}}_k \\ \dot{\bar{\mathbf{s}}}_\ell \end{bmatrix} = \mathbf{0}.$$

gegeben sind.

Der verwendete Ansatz zur Modellgenerierung steht und fällt mit der Definition des Markersets. Zunächst müssen soviel Marker zur Verfügung stehen, wie zur eindeutigen Beschreibung von Lage und Orientierung der Starrkörper notwendig ist. Während die Bestimmung der Lage über Gleichung (5.1) immer eindeutig ist, müssen für die Bestimmung der Orientierung mindestens drei nichtkollinear angeordnete Marker vorhanden sein. Zwar lässt sich die Methode auch in diesem Fall anwenden, jedoch müssen die nicht eindeutigen Freiheitsgrade bei der Modellierung der Bindungen berücksichtigt werden. Folgendes Beispiel soll diesen Sachverhalt verdeutlichen. Stehen für einen Körper nur 2 Marker zur Verfügung, so ist die Rotation um die Achse in Richtung der Verbindungsgeraden nicht eindeutig. Somit lässt sich dieser Körper beispielsweise nur über ein Kugelgelenk an einen anderen binden. Auch das Problem der Markerverdeckung sei in diesem Zusammenhang erwähnt. Der Verlust der Information über die absolute Markerposition während eines Optimierungslaufs macht sich im Hinblick auf die Rekonstruktion der Bewegung negativ bemerkbar.

5.2.4 Konsistente Kinematik in Minimalkoordinaten

Der Übergang auf voneinander unabhängige Minimalkoordinaten $\mathbf{q}(t)$ führt auf die Formulierung der Kinematik in expliziter Form gemäß Abschnitt 1.3.1. Die Übertragung der gemessenen Bewegung bedeutet somit die Berechnung der noch unbekannten Gelenkkoordinaten $\mathbf{q}(t)$ bei kinematischer Führung ausgewählter Referenzpunkte. Dies erfolgt wieder mit Hilfe eines Optimierungsproblems gemäß Abschnitt 3.2. Mit der Kenntnis der Gelenkkoordinatenverläufe $\mathbf{q}(t)$ ist die Projektion der gemessenen Bewegung auf das Starrkörpermodell vollzogen.

5.3 Anwendungsbeispiel: Ganzkörperbewegung

Die Grundlage für das folgende Beispiel bildet das in Abbildung 5.6 dargestellte Markerset. Zur Verfügung standen die Absolutkoordinaten von 55 Markerpunkten über ca. 1000 Frames. Untersucht wurde die Gehbewegung von mehreren Probanden, von denen nur eine herausgegriffen werden soll. Dabei sind zwei wesentliche Fragestellungen

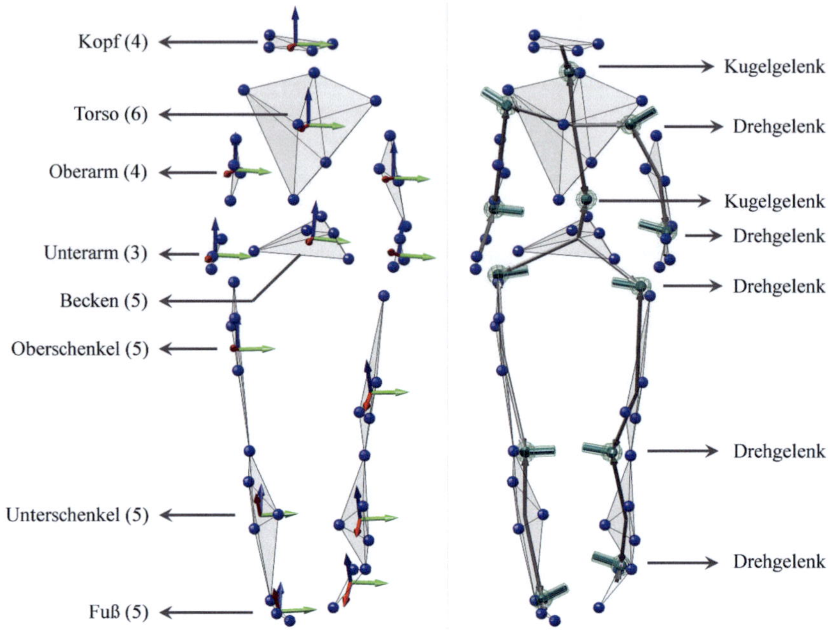

Abbildung 5.6: Starrkörper (Marker) und Gelenke des Modells

zu klären. Zum einen soll geprüft werden, ob mit Hilfe des oben dargestellten Verfahrens die der Messung zu Grunde liegende Kinematik des Menschen reproduziert werden kann. Zum andern besteht das Ziel darin, eine möglichst einfache Kinematik mit wenigen Freiheitsgraden zu finden, welche die gemessene Bewegung noch ausreichend genau reproduzieren kann. Mit anderen Worten: gesucht ist die Systemtopologie, die zur vorliegenden Messung am besten passt. Gleichzeitig soll geklärt werden, wie viele Freiheitsgrade mindestens notwendig sind um die gemessene Bewegung zu beschreiben. Als Gütekriterium dient neben der mittleren Abweichung der mit dem Modell reproduzierten Bewegung zur Messung auch der subjektive Eindruck, der bei der Betrachtung des Modellverhaltens entsteht.

Die Zuordnung der Marker - Starrkörper, die Anzahl Marker pro Körper sowie deren Platzierung sind entscheidende Faktoren im Hinblick auf die Güte des Modells. In Abbildung 5.6 (links) dargestellt sind die einzelnen Starrkörper und die dazugehörenden Marker. Deren Lage und Orientierung wird durch die körperfesten Koordinatensysteme angedeutet. In Abbildung 5.6 (rechts) ist das daraus ermittelte Starrkörpermodell zu sehen. Dargestellt ist die Lage der Gelenke bezüglich der körperfesten Referenzsysteme und der Gelenktyp. Zusätzlich zu der eingezeichneten Kugel, die ein Kugelgelenk symbolisiert, ist im Falle eines Drehgelenks auch die Lage und Richtung der Drehachse in Form eines Zylinders eingezeichnet.

Bemerkenswert ist die Tatsache, dass eine komplexe Gehbewegung ausreichend gut mit Hilfe eines Systems beschrieben werden kann, dessen Starrkörper nur über Kugel- und Drehgelenke verbunden sind. Diesen Eindruck soll Abbildung 5.7 vermitteln. Dargestellt ist eine Folge von vierzehn Frames einer Gehbewegung. Dabei ist sowohl die Messung (rote Markerpunkte) als auch das Starrkörpermodell zu sehen.

Die Lage und Orientierung der Gelenke bzw. Gelenkachsen haben entscheidenden Einfluss auf den menschenähnlichen Charakter des Modells. Ein Vergleich mit anthropometrischen Daten zeigt, dass auch die ermittelten Modellparameter im Wesentlichen denen des Menschen entsprechen. Die Charakteristik der menschlichen Topologie tritt auch in dem geschätzten Modell in Erscheinung, womit die wesentlichen Merkmale der Bewegung weitestgehend erhalten bleiben. Auf die Angabe der Modellparameter soll hier jedoch verzichtet werden, da die Modellparameter mit jedem zu Grunde liegenden Datensatz variieren. Auch die Anzahl der diskreten Messpunkte sowie die Qualität der Messdaten (Messrauschen, Markerverutschen) haben entscheidenden Einfluss auf das generierte Modell.

Wie oben erwähnt, basiert dieses Beispiel auf einen Markerset bestehend aus nur 55 Markerpunkten. Somit wird eine wesentliche Einschränkung deutlich. Durch die geringe Anzahl von Messpunkten und durch die damit verbundene Freiheitsgradreduktion sind keine Aussagen über Detailbewegungen einzelner Körper möglich. Da sich die Berechnung ausschließlich auf die Bindungsgleichungen idealer Gelenke stützt, geht auch die Besonderheit der außerordentlich komplizierten Kinematik menschlicher Gelenke verloren. Diese Beeinträchtigung lässt sich teilweise aber durch die Platzierung mehrerer Marker und die Implementierung einer komplexeren Gelenkkinematik beheben. Grundsätzlich lässt sich feststellen, dass die Modellgenauigkeit mit der Auflösung und der Qualität der Messung steht und fällt. Im Hinblick auf die Abschätzung von Modellparametern der im Rahmen dieser Arbeit entstandenen Simulationsmodelle hat sich diese Methode aber bewährt. In Bezug auf die Generierung von menschenähnlichen Bewegungen für den humanoiden Roboter, dessen Kinematik durchaus durch Starrkörper und ideale Gelenke angenähert werden kann, ist der oben erwähnte Sachverhalt nicht als Einschränkung zu sehen. Die geringe Anzahl an Freiheitsgraden und die einfachen Gelenke erleichtern die Übertragung der gemessenen Bewegung auf das technische Robotersystem.

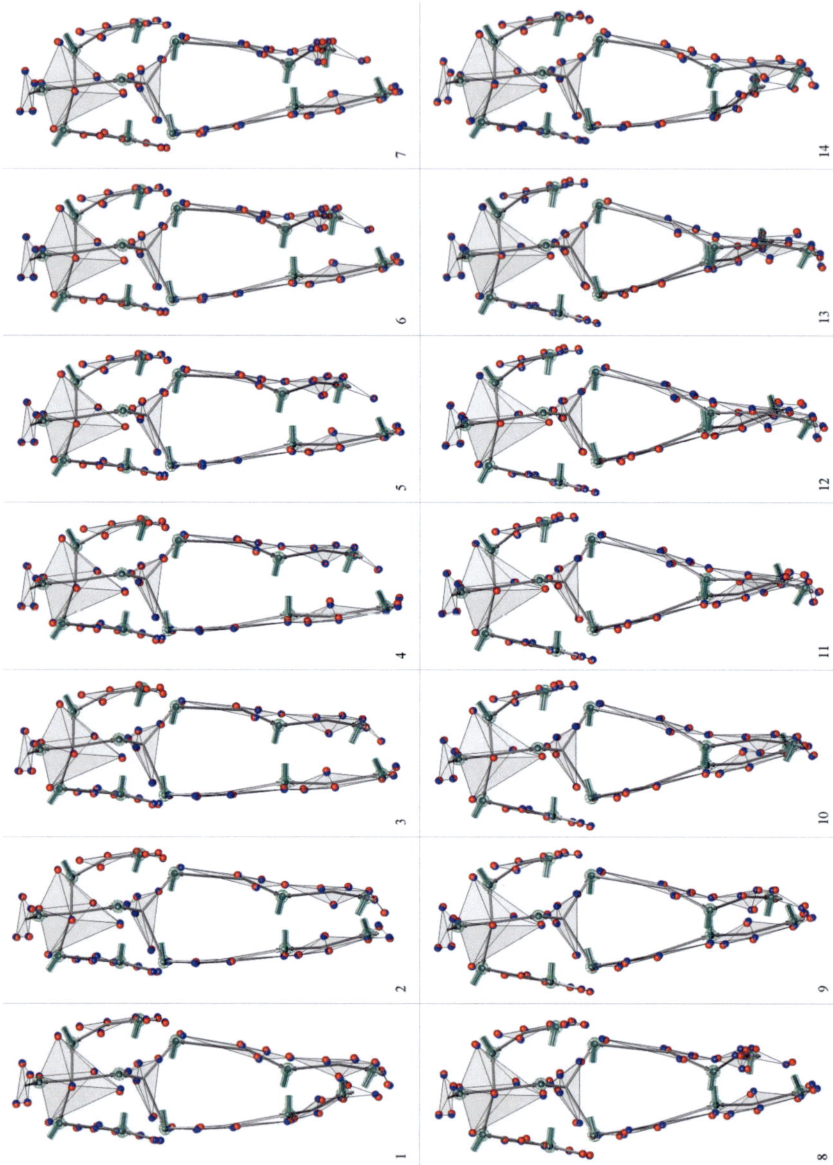

Abbildung 5.7: Anwendungsbeispiel: Ganzkörperbewegung

Zusammenfassung und Ausblick

Zusammenfassung

Das wesentliche Thema der vorliegenden Arbeit ist die Modellierung und Simulation biomechanischer Systeme. Die Arbeit gliedert sich grob in zwei Teile.

Der erste Teil behandelt verschiedene Aspekte der rechnergestützten Behandlung von Mehrkörpersystemen. Im Hinblick auf eine möglichst detailgetreue Modellierung der komplexen Kinematik des Menschen werden zunächst geeignete Formalismen vorgestellt und diskutiert. Besonderes Augenmerk liegt dabei auf einer speziellen Formulierung der Gelenkkinematik, die eine einfache und effiziente Nachbildung der menschlichen Gelenke erlaubt.

Der zweite Teil widmet sich der biomechanischen Modellierung des Menschen. Ein wichtiges Ziel dieser Arbeit ist es, die wesentlichen kinematischen und dynamischen Eigenschaften des Menschen modelltechnisch zu erfassen. Dabei werden zwei unterschiedliche Modellierungsansätze verfolgt. Die erste Klasse von Menschmodellen stützt sich vorwiegend auf anthropometrische Daten, die in der Fachliteratur zu finden sind. Sie sind durch die Problemstellungen motiviert, die im Rahmen des M4 Teilprojektes des SFB 588 entstanden sind. Im Gegensatz dazu bilden ausschließlich Messdaten die Basis für den zweiten Modellierungsansatz. Wesentliches Ziel dabei ist, eine möglichst einfache Kinematik aus experimentell ermittelten Bewegungen des Menschen abzuleiten.

Im Hinblick auf die Generierung von Bewegungsgleichungen muss zunächst eine kinematische Vorarbeit geleistet werden. Die geeignete Wahl der Koordinaten sowie die Formulierung von Bindungsgleichungen sind in diesem Zusammenhang als die wesentliche Aufgabe zu sehen. Diesem Thema widmet sich das erste Kapitel dieser Arbeit. Es beginnt mit der Behandlung der dreidimensionalen Starrkörperbewegung. Dabei werden zunächst die kinematischen Grundlagen erläutert und die wesentlichen Begriffe und Definitionen geklärt. Im Hinblick auf die kinematische Behandlung von Starrkörperketten mit Baumstruktur wird zunächst die rekursive Formulierung der Kinematik in Relativkoordinaten behandelt, wobei die Formulierung der Gelenkbindungen in expliziter Form erfolgt. Im Anschluss werden die Standardgelenke um problemspezifische Gelenke erweitert, die im Hinblick auf die Modellierung der menschlichen Kinematik eine wichtige Rolle spielen. Abschließend wird auf die Formulierung von impliziten Bindungen eingegangen, die vor allem bei Systemen mit geschlossenen Schleifen und bei der messdatenbasierten Entwicklung von Menschmodellen Anwendung finden.

Kapitel 2 behandelt zunächst die Dynamik eines einzelnen Starrkörpers. Dabei werden in diesem Zusammenhang wichtige Begriffe und Definitionen erläutert. Darauf aufbauend werden verschiedene Ansätze zur Generierung von Bewegungsgleichungen in Verbindung mit geeigneten Lösungsverfahren unter dem Aspekt einer effizienten Rechnerimplementierung vorgestellt. Die Formulierung von Bewegungsgleichungen in voneinander abhängigen Absolutkoordinaten ist zunächst Kernpunkt der Betrachtung, wobei auch auf die damit verbundene Problematik im Hinblick auf die Behandlung von differential-algebraischen Gleichungssystemen kurz eingegangen wird. Weiterhin wird die Generierung von Bewegungsgleichungen für Systeme mit Baumstruktur behandelt, wobei die kinematischen Bindungsgleichungen in expliziter Form auf die Beschreibung in Minimalkoordinaten führen. In diesem Zusammenhang wird auch kurz auf die Behandlung von Schleifenschließbedingungen eingegangen. Kapitel 2 schließt mit einer kurzen Einführung in die inverse Dynamik von allgemeinen Starrkörpersystemen.

Das dritte Kapitel dieser Arbeit beschäftigt sich zunächst mit der Problematik der inversen Kinematik unter dem Aspekt verschiedener Lösungsansätze. Die vorgestellten numerischen Methoden finden Anwendung sowohl bei der Analyse von menschlichen Bewegungen als auch bei der Simulation des SFB-Roboters im Zusammenhang mit dem Greifen und Manipulieren von Objekten. Mit diesem Thema eng verwandt ist auch die Übertragung gemessener Basisbewegungen des Menschen auf kinematische Starrkörpermodelle. Dazu wird im Rahmen des Sonderforschungsbereichs eine sog. Bewegungsdatenbank erstellt, die dem Roboter ein umfangreiches Repertoire an menschlichen Bewegungen bereitstellen soll. Die in Kapitel 3 vorgestellte Methode und deren numerische Implementierung bildet die Basis für die Berechnungen in Zusammenhang mit der oben genannten Datenbank. Ein Anwendungsbeispiel schließt dieses Kapitel ab.

Die Modellierung des Menschen ist Kernthema des vierten Kapitels. Es soll als Überblick über die im Rahmen dieser Arbeit entstandenen Menschmodelle verstanden werden. Dabei ist die wesentliche Aufgabenstellung sowohl der Modellierung als auch der Visualisierung der menschlichen Kinematik zuzuordnen. Sie basieren sowohl auf anthropometrischen Daten und Erkenntnissen, die aus der Fachliteratur entnommen sind, als auch auf eigene Annahmen und Approximationen. Im Gegensatz zu dem in der Fachliteratur oft verwendeten zweidimensionalen Modellierungsansatz, konzentriert sich die Modellierung hier grundsätzlich auf dreidimensionale Ganzkörpermodelle in Minimalkoordinaten. Diese sind in Zusammenhang mit der in Kapitel 3 dargestellten Projektion von gemessenen Bewegungen auf Starrkörpersysteme ebenfalls als kinematisches Grundgerüst zu sehen. Im Hinblick auf die Analyse menschlicher Bewegungen im Rahmen des SFB 588 leisten die erarbeiteten Modelle und Methoden einen entscheidenden Beitrag. Auch die Klärung biomechanischer Fragestellungen in Bezug auf die Dynamik des Menschen und des humanoiden Roboters ist damit ebenso möglich.

Im Gegensatz zu den oben dargestellten Menschmodellen behandelt das fünfte Kapitel die Rekonstruktion der menschlichen Kinematik aus experimentell ermittelten Daten. Dieser Ansatz verfolgt den Grundgedanken, aus den Motion-Capture-Daten die kinematischen Zusammenhänge abzuleiten, ohne ein kinematisches Grundgerüst zu Grunde zu legen. Dabei werden zunächst einzelne Markerpunkte zu Starrkörpern zusammengefasst und aus deren Relativbewegung die passenden kinematischen Bindungen ermittelt und im Hinblick auf kinematische Konsistenz korrigiert. Im Detail besteht die Grundidee darin, die impliziten Starrkörper- sowie die Gelenkbindungen als Optimierungsproblem zu formulieren und im Sinne eines Least-Square-Ansatzes zu behandeln. Die gewählte Methode lässt sich ohne Einschränkung auf beliebige Bindungsgleichungen in impliziter Form ausdehnen. Das wesentliche Ziel dabei ist, eine gute Näherung des realen Systems zu finden, das der Messung zu Grunde gelegt werden kann. Damit können die wichtigsten Charakteristiken der menschlichen Kinematik identifiziert werden und eine zur menschlichen Bewegung optimal passende Kinematik entworfen werden.

Die vorliegende Arbeit verfolgt stets das Ziel, die vorgestellten Methoden der rechnergestützten Mechanik mit den erstellten Simulationsmodellen des Menschen und des Roboters in Form einer MATLAB-Toolbox zu verbinden. Sie ist durch die im Rahmen des SFB 588 entstandenen Aufgabenstellungen motiviert und soll damit einen praktischen Bezug herstellen. Die Eigenschaften und der Funktionsumfang orientieren sich dabei an den mechanischen Problemstellungen die innerhalb des M4-Teilprojektes bearbeitet wurden. Im Anhang dieser Arbeit ist deshalb ein kurzer Überblick über Funktionsweise und -umfang der entwickelten Toolbox dargestellt.

Abschließend soll an dieser Stelle die Grundidee der Modellierung bzw. die Philosophie der numerischen Implementierung zusammengefasst werden. Die in dieser Arbeit durchgeführte Modellierung der menschlichen Kinematik erfolgt stets in Anlehnung an Motion-Capture Messungen. Der Grundgedanke dabei ist, aus der Relativbewegung benachbarter Segmente die relevanten Systemparameter zu identifizieren. Die Vorgehensweise bei der Modellierung des Kniegelenks nach Kapitel 4 soll an dieser Stelle der stets verfolgte Grundgedanke verdeutlichen.

Erfolgt die Modellierung des Kniegelenks mit Hilfe eines einfachen Drehgelenks, so ist die Lage und Orientierung der Drehachse zu bestimmen. Für allgemeingültige Modelle können diese Informationen beispielsweise aus der biomechanischen Fachliteratur entnommen werden, die vorwiegend auf äußere Vermessungen und statistische Erhebungen beruhen. Um die Simulationsmodelle an unterschiedliche Probanden individuell anzupassen, kommt jedoch die in Kapitel 5 dieser Arbeit vorgeschlagene Methode zum Einsatz. Unter der Voraussetzung, dass geeignete Messdaten vorliegen, können damit die zur Modellierung erforderlichen Parameter ermittelt werden. Die mathematische Umsetzung des Kniegelenks erfolgt in diesem Fall sinnvollerweise in Relativkoordinaten.

Um zusätzlich die Roll-Gleit-Bewegung zwischen Tibia und Femur vereinfacht abzubilden, wird ein anderer Weg eingeschlagen. Geht man zunächst von einer zweidimensionalen Relativbewegung aus, so kann die oben angedeutete Drehachse als Flächennormale auf die Ebene aufgefasst werden, in der die Relativbewegung erfolgt. Das in Kapitel 3 vorgeschlagene Motion-Mapping lässt sich nun auf die zunächst ungebundene Starrkörper anwenden, woraus sowohl die Bahnkurve eines auf der Tibia körperfesten Punktes als auch der relative Verdrehwinkel berechenbar ist. Die Modellierung des Kniegelenks im Sinne einer rekursiven Formulierung nach Abschnitt 1.3.1 gelingt nun, indem die drei zunächst unabhängigen Relativkoordinaten mit Hilfe von Splines als Funktion einer unabhängigen Variablen dargestellt werden. Auch hier führt der gewählte Ansatz auf Bindungsgleichungen in expliziter Form.

Im Gegensatz zu den oben dargestellten Ansätzen, kann die Modellierung auch mit Hilfe von impliziten Bindungsgleichungen erfolgen. In Anlehnung an das anatomische Vorbild, können auch in diesem Fall zwei leicht unterschiedliche Wege beschritten werden. Betrachtet man den Femurkopf aufgrund seiner Form als Ellipsoid, so lässt sich das Kniegelenk mit Hilfe von impliziten Bindungen nach Abschnitt 1.3.5 beschreiben. Dabei werden mehrere auf der Tibia körperfeste Punkte auf der Oberfläche eines relativ zum Femur festen Ellipsoids geführt. Unter der Annahme, dass sich die Ligamente wie starre Pleuelstangen verhalten, lassen die Anordnung der Kreuzbänder und die Form der Femurkondylen in guter Näherung einen Vergleich mit einem gekreuzten Viergelenk zu. Aus modellierungstechnischer Sicht erfolgt die Implementierung des Femorotibialgelenks auch in diesem Fall in Form von impliziten Zwangsbedingungen, wobei körperfeste Ansatzpunkte gewissen Abstandsbedingungen unterliegen. In beiden Fällen können sowohl die Parameter des Viergelenks als auch die des Ellipsoidgelenkes abgeschätzt werden, in dem das Motion-Mapping nach Kapitel 3 auf zunächst ungebundene Starrkörper angewendet wird. Definiert man nun beispielsweise beliebige auf der Tibia körperfeste Referenzpunkte, so können damit zunächst die relativen Bahnkurven ermittelt werden. Daraus lässt sich im Sinne eines Least-Squares-Ansatzes ein Optimierungsproblem formulieren, woraus sich die Längen der Kreuzbänder bzw. die Hauptachsen des Ellipsoids in guter Näherung ergeben.

Die oben dargestellten Ansätze sind auf jedes Gelenk des menschlichen Bewegungsapparates anwendbar. Obwohl sie sich auf Modellierungsebene deutlich unterscheiden, eröffnet jede Methode im Einzelnen die Möglichkeit, die für Detailuntersuchungen erforderlichen Systemparameter bzw. die Wahl der Modellierungselemente problemspezifisch und individuell anzupassen. Im Gegensatz zu den in der Fachliteratur häufig verwendeten Standardmodellen des Menschen, deren Anthropometrie oft nur dem statistischen Mittel entspricht, wird hier der umgekehrte Weg eingeschlagen. Dazu sollen die in dieser Arbeit erstellten Simulationsmodelle und -werkzeuge einen Beitrag leisten.

Ausblick

Eine wesentliche Aufgabe dieser Arbeit bestand in der Entwicklung von Simulationsmodellen für die realitätsnahe Simulationen der menschlichen Kinematik und Dynamik. In diesem Zusammenhang ergibt sich jedoch eine Vielzahl von weiterführenden Fragestellungen.

Besonders im Hinblick auf die Dynamik des menschlichen Bewegungsapparates, spielt die Modellierung der Muskel und Schwabbelmassen eine wichtige Rolle. Diese Problemstellung wurde hier nicht diskutiert und wäre ein wichtiger Baustein im Hinblick auf eine detaillierte Abbildung der menschlichen Dynamik. Speziell der klassische Ansatz zur Modellierung der Muskel mit Hilfe von seriellen Feder-Dämpfersystemen bietet interessante Möglichkeiten zur Co-Simulation. Diese Muskelmodelle setzen sich, dem anatomischen Vorbild folgend, aus einer Reihenschaltung von Muskeln und Sehnen zusammen, die jeweils als elastische Elemente formuliert werden. Die mathematische Beschreibung erfolgt dabei in Form eines Differentialgleichungssystems erster Ordnung. Die Kopplung der Muskeldynamik mit Starrkörpermodellen des menschlichen Bewegungsapparates kann beispielsweise in Form einer Co-Simulation erfolgen, bei der die Integrationen der Teilsysteme Muskel und Skelett getrennt durchgeführt werden und die Kopplung durch einen entsprechenden Datenaustausch realisiert wird. Vor allem im Hinblick auf die numerische Effizienz wäre dieser Ansatz gerechtfertigt, da die Bewegungsgleichungen der Muskel in der Regel als sehr steif anzusehen sind und im Gegensatz zur Starrkörperdynamik des Skeletts mit geeigneten numerischen Verfahren gesondert behandelt werden können.

Während die modelltechnische und numerische Umsetzung der Muskel- und Weichteildynamik kein großes Problem darstellt, gestaltet sich die Ermittlung der dafür zwingend notwendigen Systemparameter grundsätzlich als äußerst schwierig. Speziell im Hinblick auf die Bestimmung von Masse- und Trägheitseigenschaften der Menschmodelle, eröffnet die berührungslose Body-Scanner Technologie umfangreiche Möglichkeiten zur Anwendung im Bereich der Anthropometrie. Dabei handelt es sich um eine hochauflösende, dreidimensionale Erfassung und Darstellung der Körperoberfläche und verschiedenster Schnittebenen, die in Verbindung mit vereinfachten Annahmen hinsichtlich der Massenverteilung eine individuelle Ermittlung von anthropometrischen Daten erlaubt.

Die in dieser Arbeit durchgeführte, biomechanische Modellierung stützt sich insgesamt auf einen Starrkörperansatz. Im Hinblick auf medizinische Detailuntersuchungen ist diese vereinfachende Annahme jedoch unzureichend. Unter diesem Aspekt wäre die Modellierung gewisser Teilsysteme als elastische Strukturen in Verbindung mit einer modalen Reduktion sicherlich gerechtfertigt. Aufbauend auf die in dieser Arbeit vorgestellten Methoden und Modelle, wäre ein Schritt in Richtung von flexiblen Mehrkörpersystemen eine sinnvolle Erweiterung.

Bei der Modellierung der Gelenkkinematik wird hier die Grundidee verfolgt, die makroskopische Bewegung des Menschen zu betrachten und daraus die Kinematik einzelner Gelenke zu identifizieren. Dabei wird sowohl auf explizite als auch implizite Bindungsgleichungen zurückgegriffen, deren Parameter aus der relativen Bewegung der Starrkörper zueinander ermittelt werden. Die Gelenkverbindungen des menschlichen Körpers sind jedoch frei von strengen kinematischen Kopplungen. Alle Knochen werden ausschließlich durch Bänder, Knorpel und Muskeln, d.h. durch elastische Elemente zusammengehalten und besitzen in der Regel sechs Freiheitsgrade pro Gelenk. Die logische Konsequenz daraus wäre die Modellierung der Gelenke über geeignete Kraftelemente, die dem Bestreben nach realitätsnaher Simulationen der menschlichen Dynamik sicherlich einen Schritt näher kommt. Im Hinblick auf die rein kinematische Analyse von Bewegungsabläufen mit Hilfe der Motion-Capture-Technik ist die elastische Kopplung der Starrkörper jedoch nicht sinnvoll.

Vor dem Hintergrund eines uneingeschränkten Einsatzes der verfügbaren Menschmodelle in Zusammenhang mit biomechanischen Analysen, ist die Erweiterung der hier entwickelten Modelle um problemspezifische Kontaktformulierungen zwingend notwendig. Experimentelle Beobachtungen aus dem Bereich der Sportwissenschaft und Medizin zeigen beispielsweise, dass die Eigenschaften des Bodenkontakts beim Gehen, Laufen oder Springen entscheidenden Einfluss auf die Belastung der Gelenke haben. Auch im Hinblick auf die Simulation von Greifvorgängen ist eine entsprechende Kontaktformulierung erforderlich.

In Zusammenhang mit der in Kapitel 3 dargelegten Methode zur Übertragung von Motion-Capture-Daten auf Starrkörpersysteme in Verbindung mit der inversen Dynamik ergeben sich zwei weiterführende Fragestellungen. Zum einen wurde die Integration von Bodenreaktionskräften in die Berechnung der inversen Dynamik an dieser Stelle stillschweigend ignoriert. Diese sind jedoch Voraussetzung für eine zuverlässige Abschätzung der auftretenden Belastungen und sind entsprechend zu berücksichtigen. Zum anderen erfolgt die Berechnung der Gelenkkoordinaten grundsätzlich auf Lageebene. Im Hinblick auf die inverse Dynamik sind jedoch die Zeitableitungen der Koordinatenverläufe notwendig, die durch die numerische Differentiation auf erhebliche Artefakte in den berechneten Kraftgrößen führen. Eine Kombination von optischen Motion-Capture-Systemen mit Beschleunigungssensoren ist in diesem Zusammenhang denkbar.

Der in Kapitel 5 dieser Arbeit diskutierte Ansatz zur Identifikation der menschlichen Kinematik aus experimentell ermittelten Bewegungen konzentriert sich vorwiegend auf Gesamtbewegungen des Menschen. Unter diesem Aspekt beschränkt sich die Modellierung der Kinematik auf einfache Gelenkdefinitionen in Form von impliziten Bindungsgleichungen. Stehen jedoch Detailuntersuchungen der menschlichen Gelenke im Vordergrund, so sind die hier behandelten idealen Gelenke um erweiterte Gelenkdefinitionen zu ergänzen. Dabei lässt sich der in Kapitel 5 verfolgte Ansatz ohne Einschränkung auf beliebige im Sinne eines Optimierungsproblems formulierten Bindungsgleichungen erweitern.

Anhang

Anhang A

Das Simulationswerkzeug *MkdTools*

Dieser Anhang soll einen groben Überblick über die Eigenschaften und Funktionsumfang des im Rahmen der vorliegenden Arbeit entstandenen Simulationswerkzeuges *MkdTools* liefern. Die in den Kapiteln eins, zwei und drei dargestellten Methoden können dabei als eine Zusammenfassung der theoretischen Grundlagen verstanden werden, die in *MkdTools* Anwendung finden. In Zusammenhang mit den im Rahmen dieser Arbeit durchgeführten Simulationen kommt ausschließlich *MkdTools* zum Einsatz. Gleichzeitig dient die Toolbox für die hier entwickelten Mensch- und Robotermodelle als Simulationsplattform. Im Hinblick auf die Arbeiten innerhalb des SFB588 Teilprojektes M4 ist *MkdTools* ebenfalls als Grundlage zu sehen und soll zu den gesetzten Projektziele einen Beitrag leisten.

A.1 Modellierungselemente

Die Modellkonfigurationsdatei beinhaltet die Modelldefinition und wird aus einzelnen Modellierungselementen zusammengesetzt. Sie wird grundsätzlich in der MATLAB-Syntax eingegeben. Ein Modellierungselement wird in Form einer sog. MATLAB-Struktur (`structures`) definiert. Strukturen ermöglichen die Zusammenfassung von mehreren Variablen, in MATLAB als Felder (`fields`) bezeichnet, zu einer mehrdimensionalen Datenstruktur. Sie können mit Hilfe der Funktion `struct` oder durch direkte Zuweisung erzeugt werden. Jedes Modellierungselement besitzt eindeutige Felder, die das Element definieren. Dabei unterscheidet man zwischen zwingend notwendigen und optionalen Feldern. Die optionalen Elementdefinitionen werden bei Nichtangabe mit Standardparametern belegt und verwendet. Fehlen die zur Definition eines Elementes zwingend notwendigen Parameter, führt dies zum Anhalten des Präprozessors. Unnötige Angaben werden stets stillschweigend ignoriert.

Jedes Modellierungselement besitzt grundsätzlich eine Elementbezeichnung, die das Element eindeutig kennzeichnet. Die Eingabe erfolgt über das Feld `Name`, dem ein eindeutiger Name in Form einer MATLAB-Zeichenkette (`string`) zugewiesen wird. Die Elementbezeichnung dient grundsätzlich dazu, es von anderen Elementen aus referenzieren zu können. Auf die Eindeutigkeit der Elementnamen ist dabei stets zu achten.

Die Nomenklatur `parameter` = {`a,b`}; bezeichnet im Folgenden die Wahlmöglichkeit für den Parameter `parameter` zwischen den Werten `a` oder `b`. Dabei bezeichnet eine rote, in Hochkommas angegebene Zeichenkette einen MATLAB-String. Eine konstante

$m \times n$ - Matrix wird mit einem blauen Buchstabe $\mathbf{C}_{\mathrm{mn}}$ bezeichnet, wobei die Indizes die Dimension angeben. Alle Modellierungselemente sind monoton steigend zu nummerieren, wobei der Parameter `id` im Folgenden für die entsprechende ID innerhalb der Modelldefinition steht.

A.1.1 Starrkörper

Das Element `Body` definiert einen starren Körper. Dazu muss mindestens der eindeutige Name des Körpers in Form einer MATLAB-Zeichenkette angegeben werden. Weiterhin können die Masse `m`, der Trägheitstensor `js` bezüglich des Schwerpunktsystems sowie die Lage `cs` und die Transformationsmatrix `Ts` des Schwerpunktsystems relativ zum körperfesten Referenz-Koordinatensystem angegeben werden. Fehlen die optionalen Parameter, so werden diese mit Null- bzw. Einheitsmatrizen belegt.

```
Body(id).Name='EindeutigerName';
Body(id).m = C11;                                   % optional
Body(id).cs = C31;                                  % optional
Body(id).js = C33;                                  % optional
Body(id).Ts = C33;                                  % optional
```

Listing 1.1: Starrkörperdefinition

Dem Modell wird automatisch das Inertialsystem (Grundkörper `ground`) hinzugefügt, das die ID $n + 1$ trägt und über `sysvar.ground` referenziert werden kann. Dabei steht n für die Anzahl der definierten Starrkörper.

A.1.2 Gelenke

Das Modellierungselement `Joint` definiert ein Gelenk zwischen zwei Starrkörpern. Dabei bezeichnet im Folgenden Körper i den Vorgänger und Körper j den Nachfolger. Die Gelenkdefinition erfolgt dabei nach dem unten dargestellten Schema und bestimmt die relativen Freiheitsgrade des Körpers j bezüglich i.

```
Joint(id).Name = 'EindeutigerName';
Joint(id).Bodies = 'Koerper_i Koerper_j';
Joint(id).rx = {C11, 'q', 'f(q)', 's(q)', 'f(t)', 's(t)'};
Joint(id).ry = {C11, 'q', 'f(q)', 's(q)', 'f(t)', 's(t)'};
Joint(id).rz = {C11, 'q', 'f(q)', 's(q)', 'f(t)', 's(t)'};
Joint(id).w1 = {C11, 'q', 'f(q)', 's(q)', 'f(t)', 's(t)'};
Joint(id).w2 = {C11, 'q', 'f(q)', 's(q)', 'f(t)', 's(t)'};
Joint(id).w3 = {C11, 'q', 'f(q)', 's(q)', 'f(t)', 's(t)'};
Joint(id).Axes = C33;                        % Axes=[u1, u2, u3]
```

Listing 1.2: Gelenkdefinition

Während die Reihenfolge der Starrkörper im System beliebig ist, spielt die Gelenkreihenfolge im Hinblick auf die Modellierung von Starrkörperketten eine entscheidende Rolle. Durch eine Folge von `Body` bzw. `Joint` Anweisungen können zunächst nur offene Starrkörperketten modelliert werden. Auf eine reguläre Nummerierung der Gelenke muss also stets geachtet werden. Die Definition von Schleifenschließbedingungen erfolgt über das Modellierungselement `Constraint` und wird später vorgestellt. Ausgehend vom Grundkörper `ground` können aber beliebig viele Zweige definiert werden. Für jeden Zweig gilt: das erste Gelenk verbindet den ersten Körper mit dem Grundkörper `ground`.

Jedes Gelenk wird zunächst mit einem Namen in Form einer MATLAB-Zeichenkette versehen. Dem Feld `Bodies` werden die Namen der Körper i und j (durch Leerzeichen getrennt) ebenfalls in Form eines MATLAB-String zugewiesen. Die translatorischen Freiheitsgrade des Gelenkes werden über die Felder `rx`, `ry` und `rz` definiert. Sie bilden die Koordinaten des Ortsvektors vom Ursprung des Referenzsystems des Körpers i zum Ursprung des Referenzsystems des Körpers j. Die relative Orientierung beider Referenzsysteme wird über drei aufeinander folgende Elementardrehungen (Drehreihenfolge `[1,2,3]`) beschrieben, wobei die Drehachsen über die Variable `Axes` und die Winkel über die Felder `w1`, `w2` bzw. `w3` festgelegt wird. Die Eingabe der Drehachsen erfolgt mit Hilfe einer 3×3-Matrix, deren Spalten die Einheitsvektoren in Richtung der Achsen `[u1, u2, u3]` enthält.

Jede Lagekoordinate bzw. jeder Winkel kann entweder konstant, eine Funktion einer generalisierten Koordinate oder der Zeit sein. Dabei gelten folgende Konventionen:

- Die Zuweisung einer Konstante hat zur Folge, dass die entsprechende Koordinate bzw. Winkel diesen Wert beibehält und sich zeitlich nicht ändert.

- Die Zuweisung eines String, jedoch <u>nicht</u> beginnend mit dem Buchstabe f oder s, wird als Referenz auf eine generalisierte Koordinate gedeutet. D.h., die entsprechende Lagekoordinate bzw. Winkel entspricht einer generalisierten Koordinate, die über das Modellierungselement `GenCoor` definiert werden muss. Beispielsweise definiert `Joint(1).rx='q1';` die x-Koordinate des relativen Lagevektors als die generalisierten Koordinate `q1`.

- Die Zuweisung eines String beginnend mit dem Buchstabe f, gefolgt von einer beliebigen Zeichenkette und anschließend von einer in runden Klammern eingeschlossenen generalisierten Koordinate, bedeutet eine funktionale Abhängigkeit. Die entsprechende Funktion und die generalisierte Koordinate müssen über die Modellierungselemente `qFunction` bzw. `GenCoor` definiert werden. Beispielsweise definiert `Joint(1).rx='fabc123(q1)';` die x-Koordinate des relativen Lagevektors als eine Funktion einer generalisierten Koordinate `q1`. Der funktionale Zusammenhang wird dabei über die Funktion `fabc123` realisiert.

- Die Zuweisung eines String beginnend mit dem Buchstabe s, gefolgt von einer beliebigen Zeichenkette und anschließend von einer in runden Klammern eingeschlossenen generalisierten Koordinate, bedeutet ebenfalls eine funktionale Abhängigkeit. Im Gegensatz zur Option `f(q)`, erfolgt hier die Interpolation der kinematischen Zusammenhänge mit Hilfe von Splines. Die entsprechende Spline und die generalisierte Koordinate müssen über die Modellierungselemente `qSpline` bzw. `GenCoor` definiert werden. Beispielsweise definiert `Joint(1).ry ='sefg456(q2)';` die y-Koordinate des relativen Lagevektors als eine Funktion einer generalisierten Koordinate `q2`. Der funktionale Zusammenhang wird dabei über die Spline `sefg456` realisiert.

- Die Zuweisung eines String beginnend mit dem Buchstabe f oder s, gefolgt von einer beliebigen Zeichenkette und anschließend von einem in runden Klammern eingeschlossenen `t`, bedeutet eine explizite Abhängigkeit von der Zeit t. Die entsprechenden Funktionen `f(t)` bzw. `s(t)` müssen über die Modellierungselemente `qFunction` bzw. `qSpline` definiert werden. Beispielsweise definiert `Joint(1).rz ='fuvw789(t)';` die z-Koordinate des relativen Lagevektors als eine Funktion der Zeit `t`. Der funktionale Zusammenhang wird dabei über die Funktion `fuvw78` realisiert. Für den Fall `Joint(1).rz='suvw789(t)';` gilt entsprechendes, jedoch erfolgt hier die Interpolation der Zeitabhängigkeit mit Hilfe der Spline `suvw789`.

A.1.3 Funktionen

Wird in der Gelenkdefinition ein funktionaler Zusammenhang zwischen den generalisierten Koordinaten `q` und den relativen Lagekoordinaten `rx, ry, rz` bzw. den Winkeln `w1, w2, w3` in Form einer Funktion `f(q)` angegeben, so ist diese mittels `qFunction` zu definieren. Neben dem Funktionsnamen `Name` ist auch die Angabe einer gültigen MATLAB-Funktion erforderlich. Als Rückgabewert wird eine 3×1-Matrix in der Form $\begin{bmatrix} f(q) & \frac{\partial f(q)}{\partial q} & \frac{\partial^2 f(q)}{\partial q^2} \end{bmatrix}^T$ erwartet, wobei die Definition in der gewohnten MATLAB-Syntax erfolgt. Analoges gilt für eine explizite Zeitabhängigkeit `f(t)` der Gelenkkoordinaten, jedoch erfolgt hier die Angabe in der Form $\begin{bmatrix} f(t) & \frac{\partial f(t)}{\partial t} & \frac{\partial^2 f(t)}{\partial t^2} \end{bmatrix}^T$. In beiden Fällen ist jede gültige MATLAB-Syntax zur Definition von Funktionen (z.B. `m-file oder anonymous functions`) erlaubt.

```
qFunction(id).Name = 'EindeutigerName';
qFunction(id).Function = @FunktionsName;
% Beispiele:
% qFunction(id).Function=@(q) [2*q; 2; 0];
% qFunction(id).Function=@(t) [2*sin(4*t); 8*cos(4*t); -32*sin(4*t)];
```

Listing 1.3: Definition einer Funktion

A.1.4 Spline-Approximation der Gelenkkoordinaten

Wird in der Gelenkdefinition ein funktionaler Zusammenhang in Form einer Spline `s(q)` bzw. `s(t)` angegeben, so ist diese mittels `qSpline` zu definieren. Neben dem Funktionsnamen `Name` ist auch die Angabe einer MATLAB-Spline notwendig, wobei die erste und zweite Ableitung der angegebenen Funktion automatisch berechnet wird. Auf einen gültigen Wertebereich ist zu achten, da während der Auswertung aus Effizienzgründen keine Überprüfung stattfindet.

```
qSpline(id).Name = 'EindeutigerName';
qSpline(id).Spline = MatlabSpline;
% Beispiel: % t=[0:0.1:10]; qSpline(1).Spline=csapi(t,2*sin(4*t));
```

Listing 1.4: Definition der Spline-Approximation

A.1.5 Generalisierte Koordinaten

Die generalisierten Gelenkkoordinaten, die in der Gelenkdefinition referenziert werden, müssen mit Hilfe des Modellierungselementes `GenCoor` definiert werden. Die generalisierten Koordinaten stellen die Freiheitsgrade des Systems dar. Zwingend erforderlich ist die Zuweisung eines beliebigen Namens (`GenCoor.Name`) in Form eines MATLAB-String. Die restlichen Felder sind optional und haben folgende Funktion. Der zulässige Wertebereich für die optimierungsbasierte inverse Kinematik (Motion Mapping) kann über das Feld `Range` angegeben werden. Da es dabei einer Initialisierung des Modells bedarf, kann der Wertebereich der Anfangsstellung über `InitPoseRange` eingeschränkt werden. Die Anfangsbedingungen werden über die Felder `q0` (Anfangslage) und `qp0` (Anfangsgeschwindigkeit) berücksichtigt. Fehlen die Anfangsbedingungen, so werden diese mit Null belegt. Über das Feld `BiStop` können die Gelenkanschläge definiert werden (siehe Abschnitt 4.3), wobei folgende Parameter als Eingabe erwartet werden: Federsteifigkeit, Kraftexponent, Dämpferkonstante und die Eindringtiefe für maximale Dämpfung. Die Zuweisung erfolgt in der Form `GenCoor(id).BiStop=`$[c,\ e,\ d,\ \epsilon_d]$`;` Die unter `GenCoor(id).Range` angegebenen Werte dienen dabei als zulässiger Wertebereich. Die Modellierung eines Feder-Dämpfer-Elementes kann mit Hilfe des Feldes `SpringDamper` erreicht werden. Dabei gelten die gleichen Parameter wie unter `BiStop`, jedoch ergänzt um die Länge bzw. Winkel der entspannten Feder bzw. Drehfeder. Die Zuweisung erfolgt in diesem Fall mit `GenCoor(id).SpringDamper=`$[\ell_0, c,\ e,\ d,\ \epsilon_d]$`;`. Die optionalen Parameter `BiStop` und `SpringDamper` werden nur während einer dynamischen Simulation berücksichtigt.

```
GenCoor(id).Name = 'EindeutigerName';
GenCoor(id).Range = C12;                        % [min, max], optional
GenCoor(id).InitPoseRange = C12;                % [min, max], optional
GenCoor(id).q0 = C11;                                        % optional
GenCoor(id).qp0 = C11;                                       % optional
GenCoor(id).BiStop = C14;                   % [c, e, d, ed], optional
GenCoor(id).SpringDamper = C15;         % [l0, c, e, d, ed], optional
```

Listing 1.5: Definition der generalisierten Koordinaten

A.1.6 Koordinatensysteme

Das Modellierungselement `CoorSys` definiert ein körperfestes Koordinatensystem und wird z.B. für die Definition von äußeren Kräften und Momenten oder Schließbedingungen benötigt.

```
CoorSys(id).Name = 'EindeutigerName';
CoorSys(id).Body = 'KoerperName';
CoorSys(id).r = C31;
CoorSys(id).A = C33;
```

Listing 1.6: Definition eines körperfesten Koordinatensystems

Erforderlich ist die Angabe eines Elementnamens `Name`, eines Bezugskörpers `Body`, der relativen Lage `r` und der relativen Transformationsmatrix `A` bezüglich des körperfesten Referenzsystems des Körpers `Body`.

A.1.7 Implizite Bindungen

Implizite Bindungen werden mit Hilfe der Anweisung `Constraint` realisiert (siehe Abschnitt 1.3.5). Jedes Element definiert je nach Typ eine gewisse Anzahl von Bindungsgleichungen zwischen zwei Koordinatensystemen. Dabei kann eine beliebige Anzahl bzw. eine beliebige Kombination der sechs Grundtypen verwendet werden, jedoch ist auf deren Unabhängigkeit zu achten.

```
Constraint(id).Name = 'EindeutigerName';
Constraint(id).Type = {'AtPoint', 'Parallel', 'Perpendicular',
'Orientation'};
Constraint(id).CoorSys = 'Koordinatensystem_i Koordinatensystem_j';
```

Listing 1.7: Definition einer impliziten Bindung

```
Constraint(id).Name = 'EindeutigerName';
Constraint(id).Type = 'Distance';
Constraint(id).CoorSys = 'Koordinatensystem_i Koordinatensystem_j';
Constraint(id).l = C11;                                        % l > 0
```

Listing 1.8: Definition der Abstandsbedingung

```
Constraint(id).Name = 'EindeutigerName';
Constraint(id).Type = 'Ellipsoid';
Constraint(id).Bodies = 'Koerper_i Koerper_j';
Constraint(id).R = C31;            % Lage des Ellipsoids bzgl. Koerper_i
Constraint(id).A = C33;   % Orientierung des Ellipsoids bzgl. Koerper_i
Constraint(id).Radius = C13;               % Haupachsen des Ellipsoids
Constraint(id).Points = C3n;      % Auf Koerper_j n koerperfeste Punkte
```

Listing 1.9: Definition eines Ellipsoidgelenks

Neben der Definition eines Elementnamens über `Name` ist die Referenzierung zweier Koordinatensysteme $\mathcal{K}_i$ und $\mathcal{K}_j$ notwendig. Die Koordinatensysteme sind mittels `CoorSys` zu definieren, und deren Name ist in das Feld `Constraint(id).CoorSys` durch Leerzeichen getrennt einzutragen. Das Feld `Type` beeinflusst den Typ der erzeugten Bindung, wobei sechs Grundtypen implementiert sind:

- `AtPoint`:
  Die absolute Lage des Ursprung des Koordinatensystems $\mathcal{K}_i$ stimmt mit der des Koordinatensystems $\mathcal{K}_j$ überein.

- `Parallel`:
  Die z-Achse des Koordinatensystems $\mathcal{K}_i$ ist parallel zur z-Achse des Koordinatensystems $\mathcal{K}_j$.

- `Perpendicular`:
  Die z-Achse des Koordinatensystems $\mathcal{K}_i$ ist orthogonal zur z-Achse des Koordinatensystems $\mathcal{K}_j$.

- `Orientation`:
  Die Orientierung des Koordinatensystems $\mathcal{K}_i$ ist identisch mit der des Koordinatensystems $\mathcal{K}_j$.

- `Distance`:
  Der Abstand vom Ursprung des Koordinatensystems $\mathcal{K}_i$ zu dem des Koordinatensystems $\mathcal{K}_j$ beträgt den unter `Constraint(id).l` angegebenen konstanten Wert l, wobei $l > 0$ gilt.

- `Ellipsoid`:
  Die relativ zum Körper j festen Punkte `Constraint(id).Points` bewegen sich auf der Oberfläche eines Ellipsoids mit den Achsen `Constraint(id).Radius`. Die relative Lage `Constraint(id).R` und die Orientierung `Constraint(id).A` des Ellipsoids sind bezüglich Körper i zu verstehen. Die Anzahl n der Punkte beträgt $1 \leq n \leq 3$.

A.1.8 Kraftelemente

Erdbeschleunigung

Die Angabe der Erdbeschleunigung erfolgt mit Hilfe des Elements `Gravity` in Form einer 3×1-Matrix. Die entsprechende Syntax lautet:

```
Gravity = C31;                          % optional, default: Gravity=[0;0;0]
```

Listing 1.10: Starrkörperdefinition

Äußere Kraft

Eine äußere Kraft wird über das Modellierungselement `Force` definiert.

```
Force(id).Name = 'EindeutigerName';
Force(id).Type = {'1Body', '2Body';}
Force(id).CoorSys = 'Koordinatensystem_i Koordinatensystem_j';
Force(id).Function = {C31, C11, @FunktionsName};
```

Listing 1.11: Definition einer äußeren Kraft

Das Feld `Name` beinhaltet den Elementnamen, der in Form eines MATLAB-String eingegeben werden muss. Ebenfalls als MATLAB-String sind zwei Koordinatensysteme $\mathcal{K}_i$ und $\mathcal{K}_j$ durch Leerzeichen getrennt unter `CoorSys` anzugeben. Das Feld `Type` legt den Krafttyp fest, wobei eine der folgenden Möglichkeiten anzugeben ist:

- `1Body`:
  Der Ursprung des ersten Koordinatensystems $\mathcal{K}_i$ fungiert als Kraftangriffspunkt.

Das zweite Koordinatensystem gibt das Bezugsystem an, d.h. in welchem die Koordinaten des Kraftvektors angegeben sind. Sind die beiden Systeme $\mathcal{K}_i$ und $\mathcal{K}_j$ identisch, gelingt damit die Modellierung einer körperfesten Kraft. Die konstanten Koordinaten eines Kraftvektors sind dem Feld `Function` in Form einer 3×1-Matrix zuzuweisen. Die Modellierung einer veränderlichen Kraft erfolgt über die Angabe einer MATLAB-Funktion in dem Feld `Function`, die während der Simulation zu jedem Zeitschritt ausgewertet wird. Es wird eine Funktion in der Form `function F=FunktionsName(t, q, qp, Model)` in der MATLAB-Syntax erwartet, die eine 3×1-Matrix als Funktion der Zeit t, der Systemfreiheitsgrade `q` und deren Ableitungen `qp` ausgibt. Zusätzlich wird die Variable `Model` übergeben, welche die gesamte Modellinformation trägt.

- `2Body`:
  Es wirkt eine Kraft entlang der Verbindungsgeraden zwischen dem Ursprung des Koordinatensystems $\mathcal{K}_i$ und dem Ursprung des Koordinatensystems $\mathcal{K}_j$. Ist diese Option gesetzt, wird die Amplitude der Kraft in Form einer skalaren Größe erwartet. Entsprechendes gilt auch für eine evtl. vorhandene MATLAB-Funktion.

Äußeres Moment

Eine äußeres Moment wird über das Modellierungselement `Torque` definiert und besitzt die gleichen Felder wie das oben beschriebene Kraftelement. Es wird ebenfalls zwischen zwei Optionen unterschieden:

- `1Body`:
  Das Moment greift an dem Körper an, zu dem das erste Koordinatensystem $\mathcal{K}_i$ gehört. Wie beim Kraftelement, gibt das zweite System $\mathcal{K}_j$ das Bezugsystem des Momentenvektors an.

- `2Body`:
  Auf den Körper i, zu dem das Koordinatensystem $\mathcal{K}_i$ gehört, wirkt ein Moment um die z_i-Achse und auf Körper j, zu dem das System $\mathcal{K}_j$ gehört, wirkt das entgegengesetzte Moment um die z_j-Achse.

Auch hier kann entweder eine konstante Größe oder eine MATLAB-Funktion in das Feld `Function` eingetragen werden, wobei auch hier auf die Dimension zu achten ist.

```
Torque(id).Name = 'EindeutigerName';
Torque(id).Type = {'1Body', '2Body';}
Torque(id).CoorSys = 'Koordinatensystem_i Koordinatensystem_j';
Torque(id).Function = {C31, C11, @FunktionsName};
```

Listing 1.12: Definition einer äußeren Kraft

A.1.9 Marker

Zur Übertragung von Motion-Capture-Daten auf Starrkörpersysteme ist die Definition von körperfesten Markern notwendig. Diese werden über das Modellierungselement

Marker erzeugt. Das Feld Name trägt die Bezeichnung des Markers. Es ist darauf zu achten, dass die gewählten Markernamen mit denen übereinstimmen, die auch in den gemessenen Rohdaten vorhanden sind. Weiterhin ist die Angabe eines Bezugskörpers Body notwendig, der entsprechend mittels Body definiert sein muss. Der relative Lagevektor des Markers bezüglich des Referenzsystems des Körpers Body wird in dem Feld r berücksichtigt. Die Gewichtung einzelner Marker während eines Optimierungslaufs kann über das Feld weight gesteuert werden.

```
Marker(id).Name = 'EindeutigerName';
Marker(id).Body = 'KoerperName';
Marker(id).r = C31;
Marker(id).weight = C11;
```

Listing 1.13: Definition eines körperfesten Markers

A.1.10 Graphische Darstellung der Modellierungselemente

Jedem Element kann zur graphischen Darstellung unter dem Feld Graphics eine MATLAB-Funktion angegeben werden. Im Verzeichnis MkdTools\Graphics befinden sich eine Reihe von Standardroutinen, die zur Darstellung der Elemente dienen. Diese Funktionen werden von der Routine sysplot aufgerufen.

```
Body(id).Geometry = @GeometryFile;
Body(id).Graphics = @DefaultBody;
Joint(id).Graphics = @DefaultBody;
CoorSys(id).Graphics = @DefaultCoorSys;
Marker(id).Graphics = @DefaultMarker;
MoCapMarker(id).Graphics = @DefaultMoCapMarker;
GenCoor(id).Graphics = @DefaultGenCoor;
Constraint(id).Graphics = @DefaultConstraint;
Force(id).Graphics = @DefaultForce;
Torque(id).Graphics = @DefaultTorque;
```

Listing 1.14: Graphische Darstellung der Elemente

Das Element Body besitzt zusätzlich ein Feld Geometry, dass aus Effizienzgründen gesondert behandelt wird. Die Darstellung der Starrkörpergeometrie über das Feature Geometry ist vorzuziehen. Selbsterklärende Beispiele sind ebenfalls in dem Programmverzeichnis MkdTools\Graphics zu finden. Im Gegensatz zu Geometry können über das Feld Graphics auch Objekte dargestellt werden, deren Geometrie sich während der Animation ändert (z.B. Force oder Constraint). Grafische Objekte, die der Umgebung ground zugeordnet werden, können mit Hilfe von Geometry definiert werden.

```
Geometry(id).Name = 'EindeutigerName';
Geometry(id).Graphics = @GroundPlane;            % Darstellung einer Ebene
```

Listing 1.15: Graphische Darstellung der Elemente

A.2 Prinzipielle Vorgehensweise

Die Modellierungselemente sowie die globalen Einstellungen des Modells werden in einer MATLAB-Struktur zusammengefasst. Sinnvoll ist z.B. das Erstellen einer sog. Modellkonfigurationsdatei in Form eines Matlab-Skripts, die alle Elemente des Modells enthält. Das Ausführen der Modellkonfigurationsdatei in MATLAB und das anschließende Speichern mit Hilfe des Befehls `SaveModel` erzeugt die erforderlichen Modellstruktur und legt diese in der Datei `Model.mat` ab. Die Angabe des Toolbox-Verzeichnisses erfolgt mit dem Matlab-Befehl `addpath`. Alle weiteren Pfade setzt der Befehl `setpath`. Der prinzipielle Aufbau einer Modellkonfigurationsdatei erfolgt z.B. in der Form:

```
clear; clc; addpath('../MkdTools'); setpath;
% Hier folgt die Modelldefinition
Body(1).Name='Body1'; Body(1).m=1; % ...
Body(2).Name='Body2'; Body(2).m=1; % ...
Joint(1).Name='GroundBody1'; Joint(1).Bodies='ground Body1'; % ...
Joint(2).Name='Body1Body2'; Joint(2).Bodies='Body1Body2'; % ...
% etc.

SaveModel;                              % equivalent mit dem Matlab-Befehl:
save Model.mat Body Joint Gravity GenCoor CoorSys Constraint     % etc.
```

Listing 1.16: Abspeichern des Modells

A.2.1 Präprozessor

Die Aufgabe des Präprozessors ist es, alle notwendigen Schritte durchzuführen, die vor der numerischen Simulation gemacht werden können. Dabei wird z.B. das Modell auf Eingabefehler überprüft, die Anzahl der vorhandenen Modellierungselemente ermittelt und mit einer eindeutigen Identifikationsnummer (`id`) versehen, die Anfangsbedingungen und allgemeine Optionen für die grafische Darstellung gesetzt. Der erste Schritt ist also stets der Aufruf des Präprozessors, wie in folgendem Beispiel dargestellt.

```
clear; clc; addpath('../MkdTools'); setpath;
Model=load('Model.mat');                                 % Laden des Modells
% Präprozessor:
Model=PreProcess(Model,'verbose',true,'ConstraintsActive',true);
sysplot(Model, 'PlotState', 'draw');                  % Grafische Darstellung
```

Listing 1.17: Laden des Modells und Aufruf des Präprozessors

Zunächst werden die Pfade zur Programmbibliothek gesetzt (`addpath`) und das Modell mittels `load` geladen. Der Aufruf des Präprozessors erfolgt mit `PreProcess`. Dabei wird die Modellstruktur `Model.mat` um weitere Felder erweitert, die sämtliche Modellinformationen beinhalten.

Durch setzen der Option `verbose`={`true, false`} kann die Ausgabe von Warnungen ein- bzw. ausgeschaltet werden. Die Option `ConstraintsActive=true` schließt

Schleifenschließbedingungen, wobei diese mit `ConstraintsActive=false` unberücksichtigt bleiben.

Eine grafische Darstellung des Modells erfolgt mit Hilfe von `sysplot`. Dabei wird zunächst das Modell in seiner aktuellen Konfiguration dargestellt. Der optionale Parameter `PlotState = draw` bewirkt das Initialisieren einer MATLAB-Figure und das Zeichnen aller im Modell vorhandenen Elemente. Aus Effizienzgründen kann der Zustand der vorhandenen Elemente aktualisiert werden, ohne die grafischen Objekte neu zu generieren. Dies erfolgt mit `sysplot(Model, 'PlotState', 'move')`.

A.2.2 Dynamische Simulation

Eine dynamische Simulation kann mit dem Befehl `fdyn` gestartet werden. Wie in folgendem Beispiel können dabei in der gewohnten MATLAB-Syntax verschiedene Solver-Optionen gesetzt werden.

```
% Zeit
t=linspace(C11, C11, C11);                          % tStart, tEnd, NumPoints
% Anfangsbedingungen
q0=Model.q0;                                                           % Lage
qp0=Model.qp0;                                               % Geschwindigkeit
% Solver-Parameter bzw. -Optionen in Form eines Cell-array!!!
options={'OutPutFcn','ode_print','MaxStep', 0.1};              % Cell-Array!!!
% numerische Integration
[T,Q,Qp]=fdyn(t,q0,qp0,Model,'verbose',true,'SolverOptions',options);
```

Listing 1.18: Dynamische Simulation

Das Ergebnis der numerischen Integration wird dabei in die Variablen `T` (Zeit), `Q` (Gelenkkoordinaten) und `Qp` (Ableitungen der Gelenkkoordinaten) geschrieben. `fdyn` verwendet den um eine Koordinatenprojektion erweitere Version des MATLAB-Solvers `ode113`, womit die numerische Behandlung von geschlossenen Schleifen ermöglicht wird.

Alternativ zu `fdyn` kann eine numerische Integration auch direkt mit einem beliebigen MATLAB-Solver durchgeführt werden. Handelt es sich jedoch um ein System mit kinematischen Schleifen (`Constraint`), ist jedoch zu beachten, dass in diesem Fall keine Koordinatenprojektion zur Kompensation des Drift-Effekts erfolgt. Beispielsweise lässt sich die numerische Integration mit dem Befehl

```
[T,Z]=ode113(@ode_fun,[tStart tEnd],IC,options,Model);
```

Listing 1.19: Dynamische Simulation mit einem MATLAB-Solver

in der gewohnten MATLAB-Syntax starten. Die dazu notwendige Zustandsform $\dot{\mathbf{z}} = \mathbf{f}(t, \mathbf{q}, \dot{\mathbf{q}})$ liefert die Funktion

```
[zp, Model]=ode_fun(t, z , Model);                              % Zustandsform
```

Listing 1.20: Dynamische Simulation

Dabei beinhaltet die Variable `z` die generalisierten Koordinaten $\mathbf{q}$ und deren zeitlichen

Ableitungen $\dot{\mathbf{q}}$ in der Form $\mathbf{z} = \left[\mathbf{q}^T, \dot{\mathbf{q}}^T\right]^T$. Man findet nach Aufruf dieser Funktion in der Modellstruktur `Model` alle zum Aufbau der Bewegungsgleichungen notwendigen Matrizen (z.B. die Massenmatrix `MMat` und die rechte Seite der Dgl. `QMat`).

Die Berechnung der inversen Dynamik erfolgt anschließend mit Hilfe der Routine `idyn`, wobei die Matrizen `T`, `Q` und `Qp` das Ergebnis der numerischen Integration darstellen.

```
[fz, fa, fs]=idyn(T, Q, Qp, Model, 'verbose', true);
```

Listing 1.21: Inverse Dynamik

Dabei werden die Zwangsgrößen der Gelenke in `fz`, die Antriebe in `fa` und die Zwangsgrößen von Schleifenschließbedingungen in `fs` abgelegt.

A.2.3 Vorwärtskinematik

Unter der Vorwärtskinematik versteht man die Aufgabe, zu einem Satz von Gelenkkoordinaten die zugehörigen Absolutkoordinaten des mechanischen Systems zu berechnen. Die Durchführung der Vorwärtskinematik erfolgt mit Hilfe der Routine `fkin`, deren allgemeine Syntax

```
Model=fkin(t, q, qp, Model);
```

Listing 1.22: Vorwärtskinematik

lautet. Sie stellt die Grundlage des Programmsystems dar und wird von allen anderen Routinen benötigt. Nach Aufruf dieser Funktion, sind in der Modellstruktur `Model` alle absoluten Größen der Starrkörper und alle relativen Größen der Gelenke vorhanden.

Im Folgenden soll ein Berechnungsablauf mittels `fkin` beispielhaft dargestellt werden. Dabei wird davon ausgegangen, dass die Spaltenmatrix `T` (diskrete Zeitpunkte) und die dazugehörigen Matrizen `Q` (Gelenkkoordinaten) bzw. `Qp` (Ableitungen der Gelenkkoordinaten) gegeben sind. Zur Berechnung der absoluten Lage des ersten Körpers, der absoluten Geschwindigkeit und Winkelgeschwindigkeit des ersten Körpers, sowie des relativen Lagevektors des ersten Gelenks kann beispielsweise folgender Code-Abschnitt verwendet werden.

```
for i=1:length(T)
    Model=fkin(T(i), Q(:,i), Qp(:,i), Model); % Vorwärtskinematik
    R(:,i)=Model.Body(1).R; % absolute Lage des ersten Koerpers
    Rp(:,i)=Model.Body(1).Rp; % absolute Geschwindigkeit
    omega(:,i)=Model.Body(1).omega; % absolute Winkelgeschwindigkeit
    Rij(:,i)=Model.Joint(1).Rij % relative Lage Gelenk 1
end
```

Listing 1.23: Vorwärtskinematik

Damit stehen nun alle kinematischen Größen des Systems zur Verfügung. Zu beachten ist die Tatsache, dass `fkin` nur baumstrukturierte Systeme behandelt, womit evtl. vorhandene Schleifenschließbedingungen unberücksichtigt bleiben. Diese sind mittels

```
Model=ConstraintFun(t, q, qp, Model);
% Bindungsgleichung Lageebene:                 Model.C=0
% Bindungsgleichung Geschwindigkeitsebene: Model.Cq*qp=Model.Ct
% Bindungsgleichung Beschleunigungsebene:  Model.Cq*qpp=Model.Qd
```

Listing 1.24: Implizite Bindungen

zu berechnen. Nach Aufruf von `ConstraintFun` werden die Variablen bzw. die Matrizen `C`, `Ct`, `Cq` und `Qd` in Anlehnung an (1.129), (1.131) und (1.132) aufgebaut. Eine Projektion der generalisierten Koordinaten `q` bzw. deren Ableitungen `qp` im Hinblick auf konsistente Bindungsgleichungen erfolgt mit

```
[q, qp, Model] = projektion(t, q, qp, Model);
```

Listing 1.25: Projektion

Dabei werden `q` und `qp` im Sinne von (2.60) bzw. (2.61) verändert.

A.2.4 Inverse Kinematik

Zur Lösung der inverse Kinematik einer beliebigen Starrkörperkette steht die Routine `ikin` zur Verfügung. Dazu sind zunächst geeignete Bindungen mittels `Constraint` zu definieren. Die Lösung erfolgt mit Hilfe des Befehls

```
% Berechnungsmethoden: {minimize, solve1, solve2, solve3}
Model=ikin(Model, 'Method', 'minimize', 'verbose', true);
```

Listing 1.26: Inverse Kinematik

Dabei kann zwischen vier Berechnungsmethoden ausgewählt werden, die in Abschnitt 3.1 dargestellt sind. Der Parameter `verbose` steuert wie üblich die Ausgabe von Warnungen und Informationen.

A.2.5 Motion Mapping

Für die Übertragung von experimentell ermittelten Daten auf Starrkörpersysteme wurde eine Schnittstelle zum Motion-Capture-System *Vicon* geschaffen. Üblicherweise liegen die Daten spaltenweise in folgendem Format vor:

```
Field Time Messung:Marker:X Messung:Marker:Y Messung:Marker:Z ...
```

Listing 1.27: Vicon Datenformat

Die erste Spalte (`Field`) beinhaltet die aufgezeichnete Framenummer, die in der Regel ignoriert wird. In der zweiten Spalte (`Time`) erfolgt die Zeitangabe, üblicherweise in Millisekunden. Die nachfolgenden Spalten enthalten die Absolutkoordinaten der Markerpunkte. In der Spaltenüberschrift stehen der Name der Messung, der Name des Markers und die Koordinatenbezeichnung durch Doppelpunkt getrennt. Dabei werden nur die Markernamen und die Koordinatenbezeichnung ausgelesen, wobei die entsprechenden Marker in der Modellkonfigurationsdatei definiert werden müssen. Für eine eindeutige Zuordnung der Marker ist entsprechend zu sorgen. Das Einlesen der Vicon-Daten erfolgt mit der MATLAB-Importfunktion, die anschließend mit `save MoCapData.mat` abgespeichert werden. Die Datei `MoCapData.mat` enthält somit die Felder `colheaders` und `data`, die für die Weiterverarbeitung mit `mPreProcess` zwingend notwendig sind.

```
% Laden der Daten
MoCap=load('MoCapData.mat');
% optional: Frame-Auswahl, Umrechnung mm in m
MoCap.data=1/1000*MoCap.data(10:1:200,:);
% Verarbeitung der Daten
Model=mPreProcess(MoCap, Model, 'verbose', true);
% weitere Optionen:
% Smooth={true, false}, ShowMoCapMarker={all, used, none}
% Anfangsbedingungen
q0=Model.q0;
% Initialisierungsschritt (Frame=1)
[Frames, Q0, Model]=MapMocapData([1], q0, Model, 'Calibration', true);
% Optimierung jetzt mit Anfangsbed. Q0 (hier: Frame=1:2:50)
[Frames, Q, Model]=MapMocapData([1:2:50], Q0, Model, 'verbose', true);
% weitere Optionen:
% Bounds={true, false}, Smooth={true, false}
% PlotModel={true, false}, PlotResidual={true, false}
```

Listing 1.28: Motion-Mapping

`mPreProcess` überprüft zunächst die Absolutkoordinaten der Markerpunkte auf Konsistenz und Format, wobei gleichzeitig mit der Option `Smooth` eine Glättung erfolgt. Anschließend wird der Datensatz nach gültigen Markernamen durchgesucht und mit denen in der Modelldefinition verglichen. Wird ein Marker sowohl im Datensatz `MoCapData.mat` als auch im Modell `Model.mat` gefunden, so wird ein entsprechendes Element `MoCapMarker` erzeugt und mit dem dazugehörigen `Marker` verknüpft. Zur visuellen Überprüfung der Markerzuordnung dient die Option `ShowMoCapMarker`. Mit `ShowMoCapMarker=all` werden alle in `MoCapData.mat` verfügbaren Markerpunkte angezeigt. Im Gegensatz dazu werden mit `ShowMoCapMarker=used` nur die Marker mit gültiger Zuordnung dargestellt, d.h. die sowohl im Motion-Capture-Datensatz als auch in der Modelldefinition vorhanden sind. Mit `ShowMoCapMarker=none` wird die Darstellung der gefundenen Marker unterdrückt.

Die Übertragung der Bewegung erfolgt mit der Routine `MapMocapData`. In der Regel stimmt die Ausgangsstellung des Modells nicht mit der Messung überein. Um die Anfangsbedingungen `Q0` für die Optimierung festzulegen, erfolgt als erstes zunächst ein Initialisierungsschritt, in dem das Modell an das erste Frame der Messung angepasst wird. Gleichzeitig erfolgt die Anpassung der relativen Markerpositionen. Diese werden mit Hilfe des Parameters `Calibration=true` durchgeführt. Dabei werden die relativen Lagen der Modellmarker so korrigiert, dass ihre absoluten Lagen im ersten Zeitschritt mit denen der Messung übereinstimmen. Diese Korrektur ist nicht unbedingt erforderlich. Soll während der Initialisierung der Wertebereich `InitPoseRange` der Gelenkkoordinaten eingehalten werden, so muss die Option `Bounds=true` gesetzt werden.

Der eigentliche Optimierungslauf erfolgt im nächsten Schritt. Als Ergebnis der Optimierung werden die Matrizen `Frames` (diskrete Zeitpunkte) und `Q` (Gelenkkoordinaten) erzeugt. Eine Glättung der Koordinatenverläufe erfolgt durch den Parameter `Smooth=true`. Das durch `Calibration=true` veränderte Modell wird ebenfalls ausgegeben. Die Option `Bounds=true` bewirkt hier die Einhaltung des festgelegten Wertebereichs `GenCoor(id).Range`. Eine Animation der Bewegung erfolgt durch die Option `PlotModel=true` und `PlotResidual=true` liefert eine grafische Darstellung der Residuen.

A.2.6 Animation

Zur grafischen Darstellung bzw. Animation der Simulationsergebnisse kann die Routine `animation` verwendet werden. Dabei wird vorausgesetzt dass die Ergebnisse einer Simulation vorliegen, d.h. dass die Variablen `T` (Zeit), `Q` (Gelenkkoordinaten) und `Qp` (Ableitungen der Gelenkkoordinaten) vorhanden sind. Die allgemeine Syntax lautet

```
animation(T,Q,Qp,Model,'verbose',true);  % optional: Qp=zeros(size(Q))
% weitere Optionen:
% PictureName='BildName'                 % plottet jedes Frame in eine Datei
% PictureOptions={'-dtiff','-r300'}  % analog zum Matlab-Befehl: print
% MovieName='FilmName'             % speichert jedes Frame in eine avi-Datei
% MovieOptions={'fps',20}                 % analog zum Matlab-Befehl: avifile
```

Listing 1.29: Animation

Neben der Option `verbose` kennt die Routine weitere Parameter. Mit `PictureName` wird beispielsweise jedes dargestellte Frame mit Hilfe des MATLAB-Befehls `print` in eine Datei geschrieben. Dabei können mittels `PictureOptions` dem Befehl `print` weitere Parameter übergeben werden. Diese Angabe erfolgt in Form eines `cell-array`. Durch Hinzufügen des Parameters `MovieName` wird jedes Frame in eine avi-Datei geschrieben. Dabei kommt der MATLAB-Befehl `avifile` zum Einsatz, dem über `MovieOptions` ebenfalls in Form eines `cell-array` weitere Optionen übergeben werden. Die möglichen Optionen für `print` und `avifile` sind der MATLAB-Dokumentation zu entnehmen.

Abbildungsverzeichnis

Literaturverzeichnis

[1] *AnyBody Technology.* URL www.anybodytech.com/.

[2] *Human Solutions.* URL www.ergomax.de.

[3] *The Biomechanics Research Group, Inc. (BRG).* URL www.lifemodeler.com/.

[4] *Human Solutions.* URL www.ramsis.de.

[5] *MusculoGraphics Inc.* URL www.musculographics.com/.

[6] J. Aggarwal und Q. Cai. *Human motion analysis: A review. Computer Vision and Image Understanding*, 73(3):428–440, 1999.

[7] J. Ambrósio, M. Silva und J. Abrantes. *Inverse dynamic analysis of human gait using consistent data. Proceedings of the IV International Symposium on Computer Methods in Biomechanics and Biomedical Engineering*, Seiten 13–16.

[8] J. Apkarian, S. Naumann und B. Cairns. *A three-dimensional kinematic and dynamic model of the lower limb. J Biomech*, 22(2):143–55, 1989.

[9] K. Arun, T. Huang und S. Blostein. *Least-squares fitting of two 3-D point sets. IEEE Transactions on Pattern Analysis and Machine Intelligence*, 9(5):698–700, 1987.

[10] T. Asfour, K. Berns und R. Dillmann. *The Humanoid Robot ARMAR: Design and Control. The 1st IEEE-RAS International Conference on Humanoid Robots (HUMANOIDS 2000)*, Seiten 7–8, 2000.

[11] W. Associates. *Anthropometric Source Book Volume I: Anthropometry for Designers (NASA RP-1024). Webb Associates, Yellow Springs, OH (NTIS No. N79-13711)*, 1978.

[12] W. Associates. *Anthropometric source book volume II: A Handbook of Anthropometric Data (NASA RP-1024).* 1978.

[13] W. Associates. *Anthropometric Source Book Volume III: Annotated Bibliography of Anthropometry.*

[14] P. Baerlocher. *Inverse kinematics techniques for the interactive posture control of articulated figures.* Dissertation, Ecole Polytechnique Federale de Lausanne, 2001.

[15] P. Baerlocher und R. Boulic. *An inverse kinematics architecture enforcing an arbitrary number of strict priority levels. The Visual Computer*, 20(6):402–417, 2004.

[16] M. Benati, S. Gaglio, P. Morasso, V. Tagliasco und R. Zaccaria. *Anthropomorphic robotics. Biological Cybernetics*, 38(3):125–140, 1980.

[17] K. Berns, H. Vogt, T. Asfour und R. Dillmann. *Design and Control Architecture of an Anthropomorphic Robot Arm. The 3rd International Conference on Advanced Mechatronics ICAM*, 98:3–6.

[18] A. Bjorck und G. Golub. *Numerical Methods for Computing Angles Between Linear Subspaces. Mathematics of Computation*, 27(123):579–594, 1973.

[19] P. Bleich und M. Illner. *Strenge Loung der raumlichen Koordinatentransformation durch iterative Berechnung. Allgemeine Vermessungsnachrichten*, 96:133–144, 1989.

[20] O. Bottema und B. Roth. *Theoretical Kinematics*, volume 24 of *North Holland series in applied mathematics and mechanics.* North-Holland Publishing Company, 1979. ISBN 0-444-85124-0.

[21] S. Buss. *Introduction to Inverse Kinematics with Jacobian Transpose, Pseudoinverse and Damped Least Squares methods. Unpublished survey article*, 2004.

[22] G. Calafiore, B. Bona und D. e Inf. *Constrained optimal fitting of three-dimensional vector patterns. Robotics and Automation, IEEE Transactions on*, 14(5):838–844, 1998.

[23] K. Cheung, S. Baker und T. Kanade. *Shape-from-silhouette of articulated objects and its use for human body kinematics estimation and motion capture. Computer Vision and Pattern Recognition, 2003. Proceedings. 2003 IEEE Computer Society Conference on*, 1, 2003.

[24] L. Cheze, B. Fregly und J. Dimnet. *A solidification procedure to facilitate kinematic analyses based on video system data. J Biomech*, 28(7):879–84, 1995.

[25] L. Cheze, B. Fregly und J. Dimnet. *Determination of joint functional axes from noisy marker data using the finite helical axis. Human Movement Science*, 17(1): 1–15, 1998.

[26] E. de Aguiar. *Character Animation from a Motion Capture Database.* Master's thesis.

[27] J. de Groot. *A Three-Dimensional regression model of the scapulo-humeral rhythm. Proceedings of the First Conference of the ISG*, 1997.

[28] J. de Groot und R. Brand. *A three-dimensional regression model of the shoulder rhythm. Clinical Biomechanics*, 16(9):735–743, 2001.

[29] S. Delp. *Surgery Simulation: A Computer Graphics System to Analyze and Design Musculoskeletal Reconstructions of the Lower Limb.* 1990.

[30] S. Delp und J. Loan. *A graphics-based software system to develop and analyze models of musculoskeletal structures. Computers in Biology and Medicine*, 25(1): 21–34, 1995.

[31] S. Delp, J. Loan, M. Hoy, F. Zajac, E. Topp und J. Rosen. *An interactive graphics-based model of the lower extremity to studyorthopaedic surgical procedures. Biomedical Engineering, IEEE Transactions on*, 37(8):757–767, 1990.

[32] W. Dempster. *Space requirements of the seated operator (WADC-TR-55-159). Wright-Patterson Air Force Base, OH*, 1955.

[33] C. Dickerson. *A Biomechanical Analysis of Shoulder Loading and Effort During Load Transfer Tasks.* Dissertation, The University of Michigan, 2005.

[34] N. Doriot und L. Cheze. *A three-dimensional kinematic and dynamic study of the lower limb during the stance phase of gait using an homogeneous matrix approach. Biomedical Engineering, IEEE Transactions on*, 51(1):21–27, 2004.

[35] L. Draganich, T. Andriacchi und G. Andersson. *Interaction between intrinsic knee mechanics and the knee extensor mechanism. Journal of Orthopaedic Research*, 5(4):539–547, 1987.

[36] D. Eggert, A. Lorusso und R. Fisher. *Estimating 3-D rigid body transformations: a comparison of four major algorithms. Machine Vision and Applications*, 9(5): 272–290, 1997.

[37] E. Eich. *Projizierende Mehrschrittverfahren zur Lösung von Bewegungsgleichungen technischer Mehrkörpersysteme mit Zwangsbedingungen und Unstetigkeiten.* Dissertation, Universität Augsburg (TH), Fakultät für Mathematik, 1991.

[38] E. Eich-Soellner und C. Führer. *Numerical Methods in Multibody Dynamics.* B.G. Teubner Stuttgart, 1998. ISBN 3-519-02601-5.

[39] O. Faugeras und M. Hebert. *A 3D recognition and positioning algorithm using geometrical matching between primitive surfaces. Proc. 7th Int'l Joint Conf. on Artificial Intelligence*, Seiten 996–1002, 1983.

[40] R. Fazel-Rezai, E. Shwedyk und S. Onyshko. *Three dimensional kinematic model of the upper limb with ten degrees of freedom. Engineering in Medicine and Biology society, 1997. Proceedings of the 19th Annual International Conference of the IEEE*, 4.

[41] J. García de Jalón und E. Bayo. *Kinematic and Dynamic Simulation of Multibody Systems. The Real-Time Challenge.* Mechanical Engineering Series. Springer-Verlag, 1993. ISBN 0-387-94096-0.

[42] D. Gavrila. *Visual analysis of human movement: A survey. Computer Vision and Image Understanding*, 73(1):82–98, 1999.

[43] D. Goryn und S. Hein. *On the estimation of rigid body rotation from noisy data. Pattern Analysis and Machine Intelligence, IEEE Transactions on*, 17(12): 1219–1220, 1995.

[44] K. Grochow, S. Martin, A. Hertzmann und Z. Popović. *Style-based inverse kinematics. ACM Transactions on Graphics (TOG)*, 23(3):522–531, 2004.

[45] K. Gruber. *Entwicklung eines Modells zur Berechnung der Kräfte im Knie-und Hüftgelenk bei sportlichen Bewegungsabläufen mit hohen Beschleunigungen.* 1987.

[46] M. Günther. *Computersimulationen zur Synthetisierung des muskulär erzeugten menschlichen Gehens unter Verwendung eines biomechanischen Mehrkörpermodells.* Dissertation, Eberhard-Karls-Universität zu Tübingen, 1997.

[47] U. Hahn. *Entwicklung mehrgliedriger Modelle zur realistischen Simulation dynamischer Prozesse in biologischen Systemen.* Dissertation, Diplomarbeit, Universitat Tubingen, 1993. 3.1.

[48] E. Hanavan Jr. *A mathematical model of the human body. AMRL-TR-64-102. AMRL TR*, 18:1–149, 1964.

[49] M. Harrington. *Accelerometry for the Computer Recognition of Arm Gestures of People with Impaired Limb Control.* 1996.

[50] H. Hatze. *The complete optimization of a human motion. Mathematical Biosciences*, 28(99):135, 1976.

[51] H. Hatze. *A complete set of control equations for the human musculo-skeletal system. J Biomech*, 10(11/12):799–805, 1977.

[52] H. Hatze. *A mathematical model for the computational determination of parameter values of anthropomorphic segments. J Biomech*, 13(10):833–43, 1980.

[53] E. J. Haug. *Computeraided kinematics and dynamics of mechanical systems, Volume I: Basic Methods.* Allyn and Bacon Series in Engineering. Allyn and Bacon, 1989. ISBN 0-205-11669-8.

[54] M. Hefzy und T. Cooke. *'Review of Knee Models: 1996 Update. Appl. Mech. Rev*, 49(10):187–193, 1996.

[55] M. Hefzy und E. Grood. *'Review of Knee Models. Appl. Mech. Rev*, 41(1):1–3, 1988.

[56] T. Hemmer. *Konzeption und Realisierung einer Evolutionsstrategie zum Abgleich eines anthropometrisch-kinematischen Menschmodells mit dreidimensionalen Sensordaten.* Dissertation, Diplomarbeit am Fachbereich Informatik der Universität Kaiserslautern, Oktober 1997.

[57] A. Henze. *Dreidimensionale biomechanische Modellierung und die Entwicklung eines Reglers zur Simulation zweibeinigen Gehens*, 2002.

[58] S. Hirokawa. *Biomechanics of the knee joint: a critical review. Crit Rev Biomed Eng*, 21(2):79–135, 1993.

[59] K. Holzbaur, W. Murray und S. Delp. *A Model of the Upper Extremity for Simulating Musculoskeletal Surgery and Analyzing Neuromuscular Control. Annals of Biomedical Engineering*, 33(6):829–840, 2005.

[60] B. Horn, H. Hilden und S. Negahdaripour. *Closed-form solution of absolute orientation using orthonormal matrices. Journal of the Optical Society of America A*, 5(7):1127–1135, 1988.

[61] B. Horn et al. *Closed-form solution of absolute orientation using unit quaternions. Journal of the Optical Society of America A*, 4(4):629–642, 1987.

[62] M. Hubbard, R. Hibbard, M. Yeadon und A. Komor. *A Multisegment Dynamic Model of Ski Jumping*, volume 5. 1989.

[63] M. Husty, A. Krager, H. Sachs und W. Steinhilper. *Kinematik und Robotik.* Springer-Verlag, 1997. ISBN 3-540-63181-X.

[64] M. Iiyama, Y. Kamed und M. Minoh. *Estimation of the Location of Joint Points of Human Body from Successive Volume Data. Proc. of 15th Internat. Conf. on Pattern Recognition*, 3:695–698, 2000.

[65] L. Jones, C. Holt und A. Bowers. *Movement of the Shoulder Complex. The development of a measurement technique based on proposed ISB standards.* URL `www.univ-valenciennes.fr/congres/3D2006/Abstracts/137-Jones.pdf`.

[66] K. Kanatani. *Analysis of 3-D rotation fitting. Pattern Analysis and Machine Intelligence, IEEE Transactions on*, 16(5):543–549, 1994.

[67] I. Kapandji. *Funktionelle Anatomie der Gelenke.* 1985.

[68] R. Keppler. *Zur Modellierung und Simulation von Mehrkörpersystemen unter Berücksichtigung von Greifkontakt bei Robotern.* Dissertation, Institut für Technische Mechanik, Universität Karlsruhe (TH), 2007.

[69] R. Keppler und W. Seemann. *A Reduction Algorithm for Open-Loop Rigid-Body Systems with Revolute Joints. to appear in Multibody System Dynamics*, 2005.

[70] A. King. *A review of biomechanical models. J Biomech Eng*, 106(2):97–104, 1984.

[71] T. Komura, A. Kuroda, S. Kudoh, T. Lan und Y. Shinagawa. *An inverse kinematics method for 3d figures with motion data. Proceedings of Computer Graphics International*, 3:266–271, 2003.

[72] B. Koopman, H. Grootenboer und H. de Jongh. *An inverse dynamics model for the analysis, reconstruction and prediction of bipedal walking. J Biomech*, 28(11): 1369–76, 1995.

[73] S. Kücük und Z. Bingül. *The Inverse Kinematics Solutions of Industrial Robot Manipulators. IEEE Conferance on Mechatronics, Istanbul, TURKEY*, 3-5 Juni 2004.

[74] W. Lebanon, N. Hampshire, I. MusculoGraphics und I. Evanston. *Virtual Reality and Medicine: From Training Systems to Performance Machines. Proceedings of VRAIS*, 96:5.

[75] J. Lenarcic und A. Umek. *Simple model of human arm reachable workspace. Systems, Man and Cybernetics, IEEE Transactions on*, 24(8):1239–1246, 1994.

[76] H. Li. *Ein Verfahren zur vollständigen Lösung der Rückwärtstransformation für Industrieroboter mit allgemeiner Geometrie.* Dissertation, Universität Duisburg, Fachbereich Maschienenbau, 1990.

[77] W. Liu und B. Nigg. *A mechanical model to determine the influence of masses and mass distribution on the impact force during running. J Biomech*, 33(2): 219–24, 2000.

[78] D. Manocha und J. F. Canny. *Efficient Inverse Kinematics for General 6R Manipulators. IEEE Transactions on Robotics and Automation*, 10(5):648–657, Oktober 1995.

[79] J. McCarthy. *Introduction to theoretical kinematics.* 1990.

[80] D. Meister. *Bilddatengetriebene Kinematiksimulation für den Robotergestützten Kreuzband-und Kniegelenkersatz.* Dissertation, Inst. für Prozessrechentechnik, Automation und Robotik; URS Ortho, 2003.

[81] A. Menschik. *Biometrie.* Springer, 1987.

[82] Z. Mi, J. Yang und K. Abdel-Malek. *Real-Time Inverse Kinematics for Humans. Proceedings of 2002 ASME Design Engineering Technical Conferences*, 2002.

[83] W. Müller. *Das Knie: Form, Funktion und ligamentäre Wiederherstellungschirurgie.* Springer, 1982.

[84] J. Monzani, P. Baerlocher, R. Boulic und D. Thalmann. *Using an Intermediate Skeleton and Inverse Kinematics for Motion Retargeting. Computer Graphics Forum*, 19(3):11–19, 2000.

[85] W. Murray, T. Buchanan und S. Delp. *Scaling of peak moment arms of elbow muscles with upper extremity bone dimensions. Journal of Biomechanics*, 35(1): 19–26, 2002.

[86] W. Niemeier. *Ausgleichungsrechnung.: eine Einführung für Studierende und Praktiker des Vermessungs-und Geoinformationswesens.* Walter de Gruyter, 2002.

[87] M. Nietert. *Untersuchungen zur Kinematik des menschlichen Kniegelenkes im Hinblick auf ihre Approximation in der Prothetik.* Dissertation, Fachbereich Konstruktion und Fertigung der Technischen Universität Berlin, 1975.

[88] B. Nigg und W. Herzog. *Biomechanics of the musculo-skeletal system.* Wiley New York, 1994.

[89] R. Nisell. *Mechanics of the knee. A study of joint and muscle load with clinical applications. Acta Orthop Scand Suppl*, 216:1–42, 1985.

[90] J. O'Brien, R. Bodenheimer Jr, G. Brostow und J. Hodgins. *Automatic Joint Parameter Estimation from Magnetic Motion Capture Data.* 1999.

[91] M. Pandy und N. Berme. *A numerical method for simulating the dynamics of human walking. J Biomech*, 21(12):1043–51, 1988.

[92] M. Pandy, B. Garner und F. Anderson. *Optimal control of non-ballistic muscular movements: a constraint-based performance criterion for rising from a chair. J Biomech Eng*, 117(1):15–26, 1995.

[93] P. S. Paul Klein. *Biomechanik der menschlichen Gelenke : Grundlagen, Becken, untere Extremität.* Urban & Fischer, 2004.

[94] M. Peinado, B. Herbelin, M. Wanderley, B. Le Callennec, R. Boulic und D. Thalmann. *Towards Configurable Motion Capture with Prioritized Inverse Kinematics. Proceedings of the Third International Workshop on Virtual Rehabilitation*, 2004.

[95] E. Pennestrì, A. Renzi und P. Santonocito. *Dynamic Modeling of the Human Arm with Video-Based Experimental Analysis. Multibody System Dynamics*, 7 (4):389–406, 2002.

[96] V. Potkonjak und A. Krstulovic. *Mathematical modelling of a redundant anthropomorphic arm(part I). ROBOT. AUTON. SYST.*, 9(3):165–170, 1992.

[97] M. Raghavan und B. Roth. *Kinematic Analysis of the 6R Manipulator of General Geometry. Proceedings of the Fifth International Symposium on Robotics Research, MIT Press, Cambridge*, 5, 1990.

[98] J. Reinbolt, J. Schutte, B. Fregly, B. Koh, R. Haftka, A. George und K. Mitchell. *Determination of patient-specific multi-joint kinematic models through two-level optimization. Journal of Biomechanics*, 2004.

[99] R. Riener und T. Fuhr. *Patient-driven control of FES-supported standing up: a simulationstudy. Rehabilitation Engineering, IEEE Transactions on [see also IEEE Trans. on Neural Systems and Rehabilitation]*, 6(2):113–124, 1998.

[100] H. Rieseler und F. M. Wahl. *Fast Symbolic Computation of the Inverse Kinematics of Robots. Proceedings IEEEE International Conference on Robotics and Automation*, Seiten 462–467, 1990.

[101] M. Ringer und J. Lasenby. *A Procedure for Automatically Estimating Model Parameters in Optical Motion Capture. Image and Vision Computing*, 22(10): 843–850, 2004.

[102] R. E. Roberson und R. Schwertassek. *Dynamics of Multibody Systems.* Springer-Verlag, 1988. ISBN 0-387-17447-8.

[103] C. Rose III, P. Sloan und M. Cohen. *Artist-Directed Inverse-Kinematics Using Radial Basis Function Interpolation. Computer Graphics Forum*, 20(3):239–250, 2001.

[104] C. Runge, F. Zajac III, J. Allum, D. Risher, A. Bryson Jr und F. Honegger. *Estimating net joint torques from kinesiological data using optimallinear system theory. Biomedical Engineering, IEEE Transactions on*, 42(12):1158–1164, 1995.

[105] B. Sabata und J. Aggarwal. *Estimation of motion from a pair of range images: A review. CVGIP: Image Understanding*, 54(3):309–324, 1991.

[106] F. Sanso. *An exact solution of the roto-translation problem. Photogrammetria*, 29:203–216, 1973.

[107] M. Scharmacher. *Entwicklung eines Kinematikmodells der menschlichen Brust- und Lendenwirbelsäule.* Master's thesis, Universität Karlsruhe (TH), 2006.

[108] W. Schiehlen. *Programmsystem NEWEUL.* Institut für Mechanik B – Universität Stuttgart.
`www.mechb.uni-stuttgart.de/research/neweul/NEWEUL_Anleitung.pdf`.

[109] W. Schiehlen und P. Eberhard. *Technische Dynamik - Modelle für Regelung und Simulation.* B.G. Teubner, 2. Auflage, 2004. ISBN 3-519-12365-7.

[110] W. Schiehlen, A. Rükgauer und T. Schirle. *Force Coupling Versus Differential Algebraic Description of Constrained Multibody Systems. Multibody System Dynamics*, 4(4):317–340, November 2000.

[111] B. Schmölzer. *Nordic Walking. Überprüfung der Funktion von Stöcken und der Effektivität des Bewegungsablaufes.* Dissertation, Geisteswissenschaftlichen Fakultät der Universität Salzburg, Institut für Sportwissenschaften, 2003.

[112] M. Schünke. *Funktionelle Anatomie-Topographie und Funktion des Bewegungssystems.* Thieme, 2000.

[113] H. Schwameder, R. Roithner, E. Muller, W. Niessen und C. Raschner. *Measuring Device for on-line calculating and screening of knee joint forces.* In *In H. Riehle & M. Vieten (Eds.), Proceedings of the 16. International Symposium on Biomechanics in Sports (ISBS 98)*, volume Volume I (pp. 578-581), Konstanz, 1998.

[114] H. Schwameder, R. Roithner, E. Muller, W. Niessen und C. Raschner. *Knee joint forces during downhill walking with hiking poles. Journal of Sports Sciences*, 17 (12):969–978, 1999.

[115] J. Schwartz und M. Sharir. *Identification of Partially Obscured Objects in Two and Three Dimensions by Matching Noisy Characteristic Curves. The International Journal of Robotics Research*, 6(2):29, 1987.

[116] R. Schwertassek und O. Wallrapp. *Dynamik flexibler Mehrkörpersysteme.* Vieweg & Sohn Verlagsgesellschaft, 1999. ISBN 3-528-06629-6.

[117] W. Seemann, G. Stelzner und C. Simonidis. *Correction of motion capture data with respect to kinematic data consistency for inverse dynamic analysis.* In *Proceedings of International Design Engineering Technical Conferences & Computers and Information in Engineering Conference, ASME*, 2005.

[118] A. Seyfarth, A. Friedrichs, V. Wank und R. Blickhan. *Dynamics of the long jump. J. Biomech*, 32:1259–1267, 1999.

[119] A. Shabana. *Dynamics of Multibody Systems.* Cambridge University Press, 2005.

[120] A. A. Shabana. *Computational Dynamics.* John Wiley & Sons Inc., 2 Auflage, 2001. ISBN 0-471-37144-0.

[121] M. Silva und J. Ambrósio. *Kinematic Data Consistency in the Inverse Dynamic Analysis of Biomechanical Systems. Multibody System Dynamics*, 8(2):219–239, 2002.

[122] C. Simonidis, M. Scharmacher und W. Seemann. *Reduced Kinematic Model of the Human Spine.* ICIAM 07, July 2007.

[123] C. Simonidis, G. Stelzner und W. Seemann. *A Kinematic Study of Human Torso Motion.* Proceedings of ASME 2007 International Design Engineering Technical Conferences & Computers and Information in Engineering Conference, September 2007.

[124] I. Söderkvist und L. Gustafsson. *On Methods for Computing Rotations of Spheres.* URL `http://www.sm.luth.se/ inge/publications/sphere.pdf`.

[125] T. Spägele. *Modellierung, Simulation und Optimierung menschlicher Bewegungen.* 1998.

[126] A. Stoddart, P. Mrazek, D. Ewins und D. Hynd. *A Computational Method for Hip Joint Centre Location From Optical Markers. Proceedings of the BMVC*, 99, 1999.

[127] B. Tillmann, H. Leonhardt, A. Rauber und F. Kopsch. *Bewegungsapparat: Hrsg. Und Bearb von B. Tillmann..* Thieme, 1987.

[128] D. Tolani, A. Goswami und N. Badler. *Real-time inverse kinematics techniques for anthropomorphic limbs. Graphical Models*, 62(5):353–388, 2000.

[129] D. Tolani, A. Gsowami und N. I. Badler. *Real-Time Inverse Kinematics Techniques for Antropomorpic Limbs. Grapical Models*, 62:353–388, 2003.

[130] S. Umeyama. *Least-squares estimation of transformation parameters between two-point patterns. Pattern Analysis and Machine Intelligence, IEEE Transactions on*, 13(4):376–380, 1991.

[131] T. VAN EIJDEN, W. DE BOER und W. WEIS. *The orientation of the distal part of the quadriceps femoris muscle as a function of the knee flexion-extension angle. Journal of biomechanics*, 18(10):803–809, 1985.

[132] R. von Schwerin. *Multibody System Simulation - Numerical Methods, Algorithms, and Software.* Lecture Notes in Computational Science and Engineering. Springer-Verlag, 1999. ISBN 3-540-65662-6.

[133] M. Walker, L. Shao und R. Volz. *Estimating 3-D location parameters using dual number quaternions. CVGIP: Image Understanding*, 54(3):358–367, 1991.

[134] L. Wang, W. Hu, T. Tan et al. *Recent developments in human motion analysis. Pattern Recognition*, 36(3):585–601, 2003.

[135] J. Wittenburg. *Dynamics of Systems of Rigid Bodies.* Leitfäden der angewandten Mathematik und Mechanik, Bd.32. B.G. Teubner Stuttgart, 1977. ISBN 3-519-02337-7.

[136] J. Wittenburg. *Closure conditions for spatial mechanisms: a non-recursive formulation. Archive of Applied Mechanics*, 72:933–948, 2003.

[137] C. Woernle. *Dynamik von Mehrkörpersystemen. (Manuskript zur Vorlesung).*, Sommersemester 2005.

[138] C. Woernle. *Ein systematisches Verfahren zur Aufstellung der geometrischen Schliessbedingungen in kinematischen Schleifen mit Anwendung bei der Rückwärtstransformation für Industrieroboter.* Dissertation, Universität Stuttgart (TU), Fakultät für Maschienenbau, 1988.

[139] J. Y. Wu. *A systematic approach to robot inverse kinematics. Proceedings IEEE International Conference on Robotics and Automation*, Seiten 523–526, 1990.

[140] G. Yamaguchi. *Performing whole-body simulations of gait with 3-d, dynamic musculoskeletal models. Multiple Muscle Systems*, Seiten 663–679, 1990.

[141] G. Yamaguchi und F. Zajac. *A planar model of the knee joint to characterize the knee extensor mechanism. J Biomech*, 22(1):1–10, 1989.

[142] M. Yeadon. *The simulation of aerial movement–II. A mathematical inertia model of the human body. J Biomech*, 23(1):67–74, 1990.

[143] X. Zhang und Y. Liu. *3D Articulated Structure and Motion Analysis from Monocular Images.*